国家自然科学基金–山西煤基低碳联合基金重点项目（U1910206）
国家自然科学基金面上项目（51874281，51974294）
江苏省自然科学基金面上项目（BK20181358）
深部煤矿采动响应与灾害防控国家重点实验室开放基金项目（SKLMRDPC19KF08）

# 高瓦斯煤层群
# 卸压开采机理与效果评价

张　村　屠世浩　张　磊　袁　永／著

U0323839

中国矿业大学出版社

·徐州·

# 内 容 提 要

本书主要内容包括研究背景、意义和国内外研究现状，采动损伤煤岩体应力渗流实验系统及实验方案设计，采动应力条件下不同损伤程度煤样渗流特征实验研究，采动裂隙煤样应力-裂隙-渗流耦合特征分析，重复采动损伤煤体渗流模型及其应力敏感性分析，煤层群卸压开采瓦斯渗流特征及工艺参数设计，卸压开采效果评价及采动覆岩稳定时空关系研究等。全书内容丰富、层次清晰、图文并茂、论述有据，具前瞻性和实用性。

本书可供采矿工程及相关专业的科研与工程技术人员参考。

**图书在版编目（C I P）数据**

高瓦斯煤层群卸压开采机理与效果评价/张村等著
. —徐州：中国矿业大学出版社，2020.12
ISBN 978 - 7 - 5646 - 4837 - 4

Ⅰ. ①高… Ⅱ. ①张… Ⅲ. ①瓦斯煤层采煤法—研究
Ⅳ. ①TD823.82

中国版本图书馆 CIP 数据核字（2020）第 239233 号

| | |
|---|---|
| 书　　名 | 高瓦斯煤层群卸压开采机理与效果评价 |
| 著　　者 | 张　村　屠世浩　张　磊　袁　永 |
| 责任编辑 | 王美柱 |
| 出版发行 | 中国矿业大学出版社有限责任公司 |
| | （江苏省徐州市解放南路　邮编 221008） |
| 营销热线 | （0516)83884103　83885105 |
| 出版服务 | （0516)83995789　83884920 |
| 网　　址 | http://www.cumtp.com　**E-mail**：cumtpvip@cumtp.com |
| 印　　刷 | 徐州中矿大印发科技有限公司 |
| 开　　本 | 787 mm×1092 mm　1/16　**印张** 11.75　**字数** 301 千字 |
| 版次印次 | 2020 年 12 月第 1 版　2020 年 12 月第 1 次印刷 |
| 定　　价 | 50.00 元 |

（图书出现印装质量问题，本社负责调换）

# 前　言

　　煤炭是我国主体能源,瓦斯作为煤的伴生产物,不仅是煤矿重大灾害源和大气污染源,更是一种宝贵的不可再生能源。我国瓦斯总量大,与天然气总量相当,且随着采深的增加,瓦斯含量将显著增大。实现煤与瓦斯共采,是高瓦斯煤炭资源开采的必然途径。高瓦斯煤层煤与瓦斯共采不仅能保障我国经济持续发展对能源的需求,还将进一步提升我国煤矿安全高效洁净的生产水平,尤其对优化我国能源结构、减少温室气体排放具有十分重要的意义。

　　但随着矿井开采深度的增加,煤层瓦斯压力、瓦斯含量、地应力和瓦斯涌出量不断增大。一方面,深部高瓦斯煤层逐步转化为突出煤层,瓦斯事故频发,而不同于浅部瓦斯主导型突出和瓦斯灾害,深部煤矿应力主导型突出、冲击地压、突出-冲击地压复合型动力灾害突出强度增大、诱因复杂,伴随瓦斯涌出量增大、采场及巷道矿压显现剧烈、地温升高、冲击地压、矿震等,灾害耦合相互加强,深部煤矿安全威胁巨大。另一方面,深部煤层瓦斯含量增高、瓦斯压力增大,而煤层透气性进一步降低,瓦斯抽采难度大,煤与瓦斯共采矛盾突出。卸压开采结合瓦斯抽采是实现高瓦斯煤层煤与瓦斯共采的有效方法。而应力-裂隙-渗流耦合作用机理是高瓦斯煤层群卸压开采的基础问题,直接影响着卸压开采的成败和效果。为此,本书拟结合淮南矿区及韩城矿区已有工程背景,根据上述问题以实验室研究为基础手段同时结合数值模拟、理论分析及现场实测研究不同损伤裂隙结构煤岩体渗流特征的应力敏感性及其内在影响机理,即不同损伤裂隙结构煤岩体的应力-裂隙-渗流的耦合特性。在此基础上建立应力-裂隙-渗流的耦合模型,嵌入数值模拟软件中模拟卸压开采覆岩渗透率演化规律及分布特征,并且结合现场实测数据定量给出采空区垮落带、贯穿裂隙带及离层裂隙带的渗透率分布特征。根据渗透率模拟结果,进一步研究卸压瓦斯渗流及抽采过程,直观地显示瓦斯渗流及抽采运移路径。结合上述数值模拟结果,确定淮南矿区下保护层及韩城矿区上保护层的最小采高、合理采高以及抽采钻孔的布置方式。同时,根据现场实测瓦斯抽采数据,结合数值模拟结果进行卸压开采效果评价及采空区压实特征的研究。研究结果对煤层群卸压开采工作面及抽采钻孔布置的时空关系确定,卸压开采效果评价,采空区残余瓦斯抽采以及工作面安全开采具有重要的作用,可为实现高瓦斯低透气性煤层群煤与瓦斯共采提供实验及理论基础。

　　本书研究主要取得的成果包括:(1) 研制了各向异性采动损伤煤岩体应力渗流实验系统,揭示了不同损伤裂隙煤岩体应力-渗流作用机理。(2) 提出了裂隙煤岩体流固耦合参数的数值模拟表征方法,揭示了应力-裂隙-渗流的耦合作用机理。(3) 建立了重复采动覆岩应力-裂隙-渗流耦合模型,提出了卸压开采及瓦斯抽采参数的设计方法。(4) 建立了煤层群卸压开采效果评价模型,揭示了卸压开采覆岩运动的时空演化关系。

　　在本书所涉课题研究过程中,袁亮院士、姜耀东教授、孟祥瑞教授、王凯教授、张东升教授、刘长友教授、蒋金泉教授、赵毅鑫教授、杨科教授、徐超副教授、郝宪杰副教授、滕腾老师、郭海军老师等专家给予了悉心指导；在现场实施过程中，淮南矿业集团、淮北矿业集团、韩城矿业公司相关领导及技术人员给予了支持帮助，为课题顺利开展奠定了良好基础。课题组王方田教授、屠洪盛老师、白庆升老师、王沉老师、朱德福老师、郝定溢博士等协助了实验模拟和现场实测工作。在此，笔者一并表示感谢。

　　由于作者水平所限，书中难免存在疏漏和欠妥之处，恳请读者批评指正。

著　者

2020 年春于北京

# 目　　录

# 1 绪 论

## 1.1 研究背景与意义

2019 年发布的《中国矿产资源报告》[1]显示,2 000 m 以浅煤炭预测资源量 $3.88 \times 10^{12}$ t,约占世界煤炭储量的三分之一,查明储量为 17 085.73 亿 t,且查明储量逐年增长。2015 年全国煤炭产量 38.7 亿 t,连续多年居世界第一位。但由于煤炭行业的低迷,预计未来一段时间内的煤炭生产总量逐渐下滑,但仍能维持在较高水平。《能源中长期发展规划纲要(2004—2020)》明确提出坚持以煤炭为主体、电力为中心、油气和新能源全面发展的战略目标。预期到 2030 年前后中国能源发展将出现历史性转折点,煤炭年利用量越过峰值,其战略地位将从主力能源调整为重要的基础能源。因此,煤炭工业在中国国民经济中的基础地位将是长期的和稳固的,具有不可替代性。中国不仅有丰富的煤炭资源,而且还蕴藏着极为丰富的瓦斯资源。据第二次全国煤田预测结果[2],我国累计探明煤层气地质储量 1 023 亿 m³,可采储量约 470 亿 m³;埋深浅于 2 000 m 的瓦斯储量中,可开采量达 36.81 亿 m³,相当于 $5.2 \times 10^{10}$ t 标准煤,仅次于俄罗斯、加拿大,居世界第 3 位,开发潜力巨大[3]。中国煤层瓦斯与煤炭资源伴生分布,具有显著的地域富集特征。如晋陕内蒙古地区的煤炭资源量占全国 40.6%,其中所含煤层气资源量占全国煤层气总资源量的 54.83%。我国煤矿高瓦斯及煤与瓦斯突出矿井数量多、分布广,全国 3 284 处高瓦斯及煤与瓦斯突出矿井在主要采煤省份大多都有分布;且主要分布在我国西南和中东部地区,如贵州、四川、湖南、山西、云南、江西、重庆、河南 8 省(市)有高瓦斯和煤与瓦斯突出矿井 2 865 处,占全国高瓦斯和煤与瓦斯突出矿井总数的 87.2%[4-6]。

我国埋深在 600 m 以浅的预测煤炭资源量,仅占全国煤炭预测资源总量的 26.8%,埋深在 600~1 000 m 的占 20%,埋深在 1 000~1 500 m 的占 25.1%,埋深在 1 500~2 000 m 的占 28.1%。我国煤炭井工开采平均深度已超过 600 m,且目前每年开采深度以 20 m 的速度增加。井下煤层赋存及开采条件复杂,瓦斯含量普遍较高,且随着矿井开采深度的增加,地应力、瓦斯压力和含量显著增加,开采受冲击地压和煤与瓦斯突出等动力灾害威胁的可能性增加,成为深部煤层群开采亟待解决的难题[7-10]。据统计,自中华人民共和国成立至 2006 年,全国共发生 24 起一次死亡百人以上的煤矿特别重大事故,其中 22 起是瓦斯事故或者有瓦斯参与的事故[11]。2008—2018 年瓦斯事故统计情况如图 1-1 和图 1-2 所示。由图 1-1 可以看出,随着近年来瓦斯防治手段的逐渐丰富,以及国家和煤炭企业的重视,瓦斯事故发生起数及死亡人数逐年降低,这表明瓦斯防治措施的可行性与有效性。但是瓦斯事故死亡人数及瓦斯事故发生起数仍然在煤矿事故中占有很大比例,且居高不下,占比分别达到 30% 及 10% 左右。

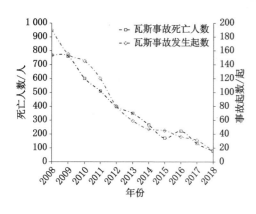

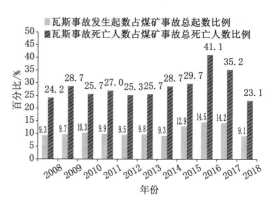

图 1-1　2008—2018 年间瓦斯事故总体情况　　图 1-2　2008—2018 年间瓦斯事故发生起数及死亡人数占比

为了保证开采的安全性,《煤矿安全规程》(2016 版)规定[12]:高瓦斯、突出矿井的容易自燃煤层,应当采取以预抽方式为主的综合抽采瓦斯措施和综合防灭火措施,保证本煤层瓦斯含量不大于 6 $m^3$/t。煤矿瓦斯抽采是煤矿瓦斯灾害治理的最根本性措施,也是实现煤与瓦斯共采的主要手段,这不仅能缓解我国日益严峻的能源压力,保护大气环境,也能有效降低煤层瓦斯含量和压力,防止瓦斯爆炸和煤与瓦斯突出灾害的发生。然而,我国煤田地质条件复杂,煤层普遍表现为高压、高温、低渗透率和强吸附的特点,绝大多数煤矿(如淮南矿区)煤层渗透率为 $10^{-19} \sim 10^{-18}$ $m^2$,这要比美国煤层的渗透率低四个数量级,比澳大利亚的低三个数量级,水城、丰城、鹤岗、开滦、柳林等渗透率较高的矿区也仅为 $10^{-16} \sim 1.8 \times 10^{-15}$ $m^2$[13-16]。表 1-1 为国内外煤层渗透性比较情况。

表 1-1　国内外煤层渗透性比较情况[17-19]

| 煤层赋存地区 | | 煤层渗透率范围/$m^2$ |
|---|---|---|
| 德国、波兰 | | $10^{-17} \sim 10^{-16}$ |
| 澳大利亚 | Bowen 盆地 | $10^{-17} \sim 10^{-13}$ |
| | Sydney 盆地 | $10^{-18} \sim 1.5 \times 10^{-13}$ |
| 美国 | Black Warrior 盆地 | $5 \times 10^{-15} \sim 5 \times 10^{-14}$ |
| | San Juan 盆地 | $10^{-14} \sim 1.5 \times 10^{-13}$ |
| 中国 | 绝大多数矿区 | $10^{-19} \sim 10^{-18}$ |
| | 平顶山矿区 | $10^{-19} \sim 2.28 \times 10^{-17}$ |
| | 水城、丰城、鹤岗、开滦、柳林矿区 | $10^{-16} \sim 1.8 \times 10^{-15}$ |

针对我国煤层渗透率低、抽采效果差、煤与瓦斯突出等问题,理论研究和开采实践表明,采用保护层卸压开采配合立体式的瓦斯抽采技术可以有效地防治煤与瓦斯突出等动力灾害[20-21]。保护层开采能改变上下邻近突出危险煤层的应力状态和瓦斯动力状态,使被保护层卸压,有利于被保护层的破裂、瓦斯流动与解吸,从而降低煤层瓦斯压力,达到预防煤与瓦斯突出的目的。同时,邻近层的透气性显著增加,有利于煤层瓦斯的高效抽采[4,22]。近年来,两淮矿区、阳泉矿区以及韩城矿区等的瓦斯突出矿井,通过预先开采保护层实现了被保

护层的卸压瓦斯抽采,取得了显著的技术与经济效果。国内外许多专家针对保护层卸压开采展开了大量的研究,取得了丰硕的研究成果,基本构建了单一保护层卸压瓦斯抽采的理论技术体系[22-24]。但是,在研究卸压开采导致覆岩渗透率的变化过程中很难定量描述各个区域渗透率的变化情况,大多仍处于定性的"O"形裂隙圈、瓦斯赋存"三带"[4,25-26]等区域性评价状态,卸压瓦斯具体的运移路径及被保护层卸压抽采效果评价仍然差别较大,并不能直观定量地给出瓦斯渗流路径及渗透率的分布特征。此外,我国对单一保护层开采的卸压效果研究比较充分,但对多个邻近层开采的叠加影响研究较少。在很多情况下,深部煤层多以煤层群的形式存在[27]。与单一保护层开采相比较,煤层群多个保护层开采过程中,实测应力路径及围岩的裂隙场演化和分布特征复杂多变,进而导致覆岩内瓦斯渗流特征发生改变,使得重复采动作用下瓦斯运移规律和富集区域难以掌握,影响工作面及抽采钻孔的精确合理布置。比如,对于保护层开采过后采空区以及被保护层在采空区压实过程中的瓦斯运移规律、瓦斯压力和含量的大小及分布特征研究较少,对于保护层开采过后被保护层的卸压效果的评价并没有形成体系,对于覆岩运动的时空演化规律研究大多仍处于定性分析阶段,很难指导被保护层开采过程中巷道、工作面及抽采钻孔布置[28-33]。

煤层在重复采动作用下卸压效果的不同,很大一部分原因是煤岩体受一次采动与多次采动影响后的力学形态显著不同。在一般情况下,煤层受多次采动影响后力学性质会大幅降低。每一次采动后邻近层都会产生明显的卸压区及增压区,如图1-3所示,这使得后续开采的煤层重复承受应力的加卸载,每一次采动过后煤层内的裂隙分布特征发生变化。煤层裂隙结构的变化直接影响煤层的渗流特征及其应力敏感性[34],导致煤层在重复采动过程中的卸压效果差别很大。同时,由于煤层本身以及不同分带内裂隙发育的各向异性,卸压过后不同损伤结构煤体在各个方向的渗透特性也存在明显的区别。因此,研究煤层群开采过

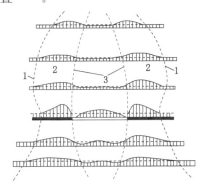

1—采动影响带边界;2—支承压力区(增压区);
3—卸压区边界。

图1-3  煤层开采时邻近层应力分布情况[27]

程中不同损伤结构煤体渗流特征及其应力敏感性有利于掌握煤层群卸压开采瓦斯运移特征和时空关系,以及指导工作面及抽采钻孔布置。

本书拟结合淮南矿区及韩城矿区已有工程背景,根据上述问题以实验室研究为基础手段,同时结合数值模拟、理论分析及现场实测研究不同损伤裂隙结构煤岩体渗流特征的应力敏感性及其内在影响机理,即不同损伤裂隙结构煤岩体的应力-裂隙-渗流的耦合特性。在此基础上建立应力-裂隙-渗流的耦合模型,嵌入数值模拟软件模拟卸压开采覆岩渗透率演化规律及分布特征,并且结合现场实测数据定量给出采空区垮落带、贯穿裂隙带及离层裂隙带内的渗透率分布特征。根据渗透率模拟结果进一步研究卸压瓦斯渗流及瓦斯抽采过程,直观地显示瓦斯渗流及抽采运移路径。结合上述数值模拟结果,确定淮南矿区下保护层及韩城矿区上保护层的最小采高、合理采高以及抽采钻孔的布置方式。同时,根据现场实测瓦斯抽采数据,结合数值模拟结果进行卸压开采效果评价及采空区压实特征的研究。研究结果对于煤层群卸压开采工作面及抽采钻孔布置的时空关系确定,卸压开采效果评价,采空区

残余瓦斯抽采以及工作面安全开采具有重要的作用,可为实现高瓦斯低透气性煤层群煤与瓦斯共采提供实验及理论基础。

# 1.2 国内外研究现状

## 1.2.1 煤层群保护层卸压开采及抽采研究

随着矿井开采深度的增加,地应力、瓦斯压力和含量显著增加,开采受冲击地压和煤与瓦斯突出等动力灾害威胁的可能性增加,成为深部煤层群开采亟待解决的难题。理论研究和开采实践表明,采用保护层卸压开采可以有效地防治冲击地压和煤与瓦斯突出等动力灾害[35-37]。在煤层群开采条件下,选择瓦斯含量低、无突出危险(或突出危险性较小)的煤层作为首先开采的煤层,定义为保护层[38]。保护层开采技术已经作为我国最主要的一种区域防突措施,特别是针对我国深部高应力煤与瓦斯突出矿井的安全高效开采[39]。我国自1958年以来,先后在北票、南桐、天府等矿区进行了保护层开采防治煤与瓦斯突出的试验研究,并取得了显著的效果,近几年在两淮矿区、阳泉矿区以及韩城矿区等的瓦斯突出矿井实行保护层开采结合卸压瓦斯抽采取得了良好效益[8,23,40-42]。因此,对于保护层开采过程中工作面及巷道布置方式、保护层开采时空关系、开采工艺设备配套、通风方式、保护层卸压范围、围岩裂隙发育规律、围岩应力演化规律、瓦斯运移规律、卸压增透机理、渗透率演化规律等,国内外学者运用理论分析、物理模拟、数值模拟以及现场实测等手段进行了大量的研究,取得了丰硕的成果,基本上形成了保护层卸压抽采体系。

李树刚等[43]将瓦斯运移规律和采场矿压与岩层控制有机结合,对覆岩结构变化、裂隙变化形态以及孔隙渗流特性等进行了深入系统研究,提出了有效治理综放开采瓦斯问题的新方法。石必明等[44]通过RFPA数值模拟、相似材料模拟等研究手段,得出了保护层开采后覆岩的变形、移动特性、被保护层的卸压规律、煤岩体的裂隙分布特征与煤层渗透性的耦合关系,并进行了保护层开采现场工业性试验,取得了良好的经济效果。

程远平等[45-48]通过总结分析各个矿区保护层的开采条件及卸压效果,给出了保护层的分类及判定方法,同时提出关键保护层的概念;针对保护层保护范围盲区等问题,提出在保护层盲区布置抽采钻孔,使得保护层保护范围进一步扩展。屠世浩等[23]通过数值模拟分析了薄煤层保护层开采对邻近煤层群卸压效果,研究了巷道布置方式对高瓦斯煤层瓦斯抽采的影响。胡国忠等[49-51]针对急倾斜煤层保护范围内的瓦斯压力变化进行了研究,同时提出了保护层保护范围的极限瓦斯压力判别准则,说明了关键层对保护层开采的影响作用。涂敏等[52]基于数值模拟研究了关键层结构对保护层开采的影响作用。

上述研究大多基于近距离煤层群保护层卸压开采。关于远距离保护层卸压效果的研究主要集中在远距离下保护层的开采对被保护层变形特征、渗透性动态变化、覆岩裂隙发育情况等影响方面,阐明了远距离保护层卸压开采的卸压机理[53-56]。

高瓦斯煤层瓦斯抽采一般分为采前预抽、采中抽采以及采后抽采三类[24,40,57-58],具体如图1-4所示。我国煤层渗透性普遍偏低,采前预抽效果较差;为了提高瓦斯抽采效率,对于单一/首采煤层或者不具备保护层开采条件的煤层,一般采用水压致裂或者水力冲孔等措施提高煤层透气性[59-60],或者采用注入 $N_2$ 及 $CO_2$ 的手段驱替煤层瓦斯来提高煤层气采收率[61-63]。在大多数情况下,煤层均以煤层群形式存在,采用保护层开采对邻近层进行卸压。

受保护层的采动影响,其上下一定区域的煤层得以卸压,产生"卸压增透增流"效应,形成瓦斯"解吸-扩散-渗流"活化流动的条件,大量的卸压瓦斯将会涌入保护层工作面,威胁工作面的安全生产。因此,保护层开采一般配合合理高效的瓦斯抽采方法和抽采系统:卸压抽采,以实现瓦斯资源的高效开采[2,22,64-66]。

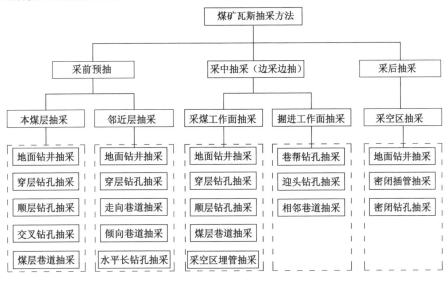

图 1-4　煤矿瓦斯抽采方法的分类

由图 1-4 可以看出,卸压开采地面瓦斯抽采由于在采前、采中及采后均可采用,其抽采范围涉及保护层本煤层瓦斯、邻近层瓦斯以及采空区残余瓦斯,因此地面瓦斯抽采技术一直是国内外研究的重点及热点。地面瓦斯抽采钻井是指从地面向井下施工的各种形式的水平或竖直钻井,用于预抽或抽采采空区、采动区卸压煤层瓦斯。与井下瓦斯抽采工程相比,地面钻井抽采瓦斯具有多方面的优势:抽采位置选择不受巷道及工作面布置的影响、钻孔直径大、抽采范围广、采气量大以及易管理、抽采寿命长等。结合煤层群卸压开采,有关学者提出了"一井三用"的地面卸压瓦斯抽采模式[24,67-68]。即保护层开采之前先对保护层及被保护层进行采前预抽(相当于煤层气瓦斯地面抽采钻井);在保护层开采过程中,对被保护层卸压瓦斯、保护层采空区瓦斯进行抽采(卸压瓦斯地面抽采钻井);在被保护层开采过后,对整个采空区残余瓦斯进行抽采(采空区瓦斯地面抽采钻井),具体如图 1-5 所示。

针对采空区瓦斯地面抽采,国外学者主要针对采空区残余瓦斯抽采运用数值模拟、现场实验对采空区地面钻井抽采效果进行评价,提出采空区瓦斯抽采量预测模型,反演采空区赋存性质,为采空区地面钻井布置提供了理论指导[26,29,69-73]。为了掌握地面钻井抽采效果的影响因素,国内学者通过理论分析、数值模拟以及现场实测等方法进行了大量研究。袁亮等[32]通过对比抽采管径分别为 244.5 mm 和 177.8 mm 的大直径地面钻井抽采瓦斯试验,认为大直径地面抽采钻井抽采效果优于普通抽采钻孔。梁运培[74]采用 CFD 数值模拟和考察试验的方法研究了影响地面钻井抽采效果和服务期限的不同因素。胡千庭等[75]对地面抽采井的类型及特点进行了深入分析,将煤矿采动区地面井抽采技术细分为邻近层采动发展区地面井抽采、本煤层采动发展区地面井抽采和采动稳定区地面井抽采 3 种类型;确定了抽采资源评估、布井位置优选、井型结构优化、高危位置防护、地面安全抽采等 5 项核心技

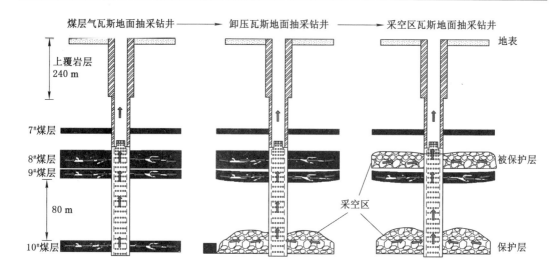

图 1-5 "一井三用"地面瓦斯抽采模式[24]

术,提出了不同类型采动区地面井的逐级优化设计方法。涂敏[76]通过相似模拟分析了卸压开采后的覆岩移动破坏、卸压煤层移动变形、采动裂隙垂向分带和卸压煤层应力分带特征,得出了首采层采空侧顶板至上覆卸压煤层顶板中存在环形裂隙区、竖向裂隙区、远程卸压煤层裂隙区的结论,根据采动裂隙区发育特征,提出了卸压瓦斯抽采地面钻井的部署方法。

综上所述,我国对于保护层开采方面的研究已经较为丰富,基本形成了保护层开采体系。在煤层群开采过程中,后期开采的煤层将受到前期开采煤层的多次扰动,前期开采煤层形成的覆岩裂隙结构同样受后期煤层开采的多次扰动。每一次采动过程中邻近层应力随着工作面的推进将重新分布,造成应力路径复杂多样,并且在每一次采动作用下其内部裂隙结构会发生明显的变化,进而使煤层应力-渗流特征存在明显的差异。因此,有必要将煤层群视为一个开采整体,研究煤层群重复采动过程中覆岩的应力-裂隙-渗流的耦合特征。

### 1.2.2 煤层渗流的应力敏感性及应力-裂隙-渗流耦合特性研究

煤层渗透率的应力敏感性是指煤层渗透率受应力影响的程度;随着卸压开采在高瓦斯低透气性煤层中的广泛应用,高瓦斯煤层的应力敏感性直接影响着卸压开采的效果[77-81]。有关煤层的应力敏感性的研究大多基于油气抽采,如 P&M、S&D、C&B 等应力-渗透率模型[82-84]起初都应用于预测煤层气开采过程中渗透率的变化。在油气抽采过程中,油气的采出使得有效应力发生改变,进而导致煤岩储层渗透率发生动态变化,因此研究渗透率的应力敏感性对煤层气抽采至关重要。很多学者针对不同煤阶、超低渗透性储层、不同温度、不同水分等情况下的渗透率应力敏感性进行了大量研究,建立了基于上述条件的煤样孔隙率、渗透性与有效应力之间的相关关系和模型[85-88]。

除了油气开采,很多领域均展开了煤岩体渗透率应力敏感性的研究:比如煤与瓦斯共采,核废料存储等。有关应力-裂隙-渗透率的研究手段主要分为实验室实验以及数值模拟分析。事实上,数值模拟很多情况下也是基于实验室实验进行的。因此,应力-裂隙-渗流研究主要基于实验室室内实验。国外在应力-渗流实验基础研究方面进行得相对较早,但由于实验装备的限制,早期应力-渗流的实验精度、测量研究范围有限[89-91]。随着实验装备及技术的发展,实验室实验已经成为煤岩体应力-渗透率及其主要影响因素研究的最主要手段。

对于煤岩体应力-渗透率模型,国内外学者通过实验室实验进行了大量相关研究,建立诸如上述提到的 P&M、S&D、C&B 等模型,并在很多情况下结合扫描电镜(SEM)、CT 等设备[92-93],将煤岩体的孔隙率及裂隙结构考虑进来。模型中的应力一般指的是有效应力,基于比奥系数,有效应力 $\sigma$ 可以表示为[94]:

$$\sigma = \sigma_t - \alpha P \tag{1-1}$$

式中 $\sigma_t$——作用在模型上的总应力;

$P$——孔压;

$\alpha$——比奥系数。

式(1-1)中压应力为正。

基于前人的研究,比奥系数一般设为 1[95]。根据有效应力公式,许多学者研究了不同应力、不同瓦斯压力等情况下的含瓦斯煤体的渗流特征,实验装置如图 1-6 所示[96-98]。这些研究包括不同大小的围压、孔压和轴压以及不同的加卸载路径。研究结果表明,煤岩体的渗透率随着有效应力的增加而减小;基于达西定律,给出了完整煤岩体有效应力与渗透率的关系式。

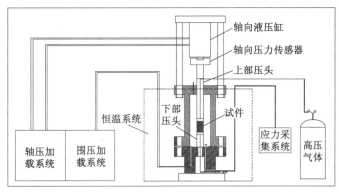

图 1-6 传统应力-渗流实验装置[98]

由于裂隙对渗流的影响较大,国内外学者对于裂隙岩体的应力-渗流的实验室实验研究较多,特别是针对贯穿大裂隙提出了裂隙岩体的应力-裂隙-渗流的耦合模型。杨金保、肖维民和 K. K. Singh 等研究了预制贯穿大裂隙对应力-渗流的影响,研究成果有利于扩展"立方定律"的适用条件,为理论研究及数值模拟提供实验基础[99-101]。为了研究多组裂隙对渗流的影响,L. F. Zou 等[102]运用多组小金属块的组合试件研究节理裂隙对应力-渗流的影响,如图 1-7 所示。除此之外,国内外学者针对裂隙表面的粗糙度、裂隙角度、裂隙内填充颗粒

图 1-7 小金属块组合实验模型[103]

的大小等因素均进行了相关的实验室研究,为应力-裂隙-渗流的耦合模型的建立提供了实验基础[103-104]。

对于损伤程度更大的煤岩体应力-渗透率模型的研究则相对较少,且大多属于特定条件下的定性分析。E. Hoek 等[105]研究发现,当岩体发生剪切破坏时,其水平与垂直方向上的渗透率将增加 100 mD,而当发生拉破坏时,水平方向上的渗透率将增加 50 mD,垂直方向上的渗透率不变。B. N. Whittaker 等[106]则通过直接测定垮落带岩体渗透率得出,垮落带渗透率要扩大约 40 倍。采空区压实过程是不同损伤程度煤岩体在卸载后二次压实的过程,属于重复加卸载,应力路径复杂多样。对于复杂路径重复加卸载的实验室研究,尹光志等通过含瓦斯煤渗透特性实验研究,系统分析复杂应力路径下含瓦斯煤渗透性的变化规律,建立含瓦斯煤渗透率与轴压、围压、瓦斯压力、围压升降、全应力-应变过程等之间的定性与定量关系,深入探讨不同应力路径下含瓦斯煤渗透性的控制机制和变化规律[107-108]。魏建平等[109]利用自行研制的"受载含瓦斯煤温控三轴加载渗流实验装置",以河南方山煤矿煤样为研究对象,进行了不同含水率条件下二次加-卸载围压的三轴渗流实验,系统研究了水分和加-卸载围压对含瓦斯煤渗透特性的影响规律。许江等[110]通过不同温度条件下的循环载荷实验,探讨了煤的变形及渗透特性规律。李东印等[111]基于采煤工作面的边界条件,进行了不同加载路径下大尺寸煤样在双向应力作用下的渗透性实验。

除了实验室研究,数值模拟由于其成本较低、变量可控性强、裂隙演化规律更加直观等特点,能够进一步完善应力-裂隙-渗流耦合特性研究。数值模拟的一般步骤分为裂隙煤岩体裂隙结构分布特征的描述及统计,根据统计的裂隙分布特征进行实验室或者数值模拟的重构,然后进行重构模型的修正,利用所建的模型进行相关的模拟研究[112-114]。现有研究中,主要采用扫描电镜、3D 激光扫描以及 CT 扫描等手段对裂隙煤岩体裂隙结构的分布特征进行研究[115-117]。在很多情况下,数值模拟重构裂隙煤岩体利用 F 分布及蒙特卡罗随机裂隙函数或者分形函数模拟块体内裂隙网格的分布[118-119],进行定性或者半定量的裂隙煤岩体的网格模拟。数值模拟裂隙煤岩体一般优先获得裂隙煤岩体的最小表征单元体(REV)[120-123],或者将数值模拟与原裂隙煤岩体实验数据进行对比用于校正重构模型,并用获得的裂隙煤岩体重构模型进行力学渗流实验。

综上可知,有关煤岩体应力-裂隙-渗流模型的实验室研究成果已经较为丰富,建立了诸多模型。但研究对象仍集中在应力或者裂隙发育特征对煤岩体渗流特征的影响方面,很少研究三者之间的关联性,且应力-渗流模型构建大多基于采动影响较小的油气开采条件。有关裂隙煤岩体的裂隙结构数值表征和重构方法较多,且相对成熟,这有助于裂隙结构的量化描述,进而使得重构的数值模型更加可靠。但如何结合实验室实测结果合理选择节理及裂隙的流固耦合模拟参数,直接决定着数值模拟的可靠性。最为重要的是,无论是实验室研究还是数值模拟,基本上都以传统的轴向渗流为基础进行实验研究。因此上述研究很少考虑径向渗流,或者在研究径向渗流的过程中采用型煤或者立方体煤样。型煤由于重新压制,煤的原先裂隙结构不复存在;立方体煤样由于加工及加载的局限性应用较少[124-126]。但在很多情况下,煤岩孔隙及层理结构导致煤岩的渗透率存在明显的各向异性[16,127-129],再加上采动形成的裂隙损伤结构同样存在各向异性,都会对实验结果产生比较大的影响,因此有必要进行轴向及径向渗流实验研究以掌握不同损伤程度各向异性煤岩体在不同渗流方向的应力敏感性差异。

### 1.2.3 卸压开采覆岩渗透率及瓦斯流场分布特征研究

学者们对于卸压开采覆岩渗透率发育情况的研究,主要采用现场实测、实验室相似模拟及数值模拟方法。现场实测一般被视为最直接可靠的描述覆岩裂隙及渗透率演化规律的手段,国内外均有大量使用。由 R. A. Koenig 等[130]和 D. M. Shu 等[131]提出的分段注水方法在测试覆岩渗透率及裂隙发育分布特征中最为常见,特别是针对饱水煤层的测试[132]。除此之外,压泵测试法、流量测试法也在现场渗透率测试中有所使用[133]。孙庆先等[134]利用地表钻孔冲洗液漏失量观测、钻孔彩色电视观测和井下瞬变电磁法物探三种技术手段,对采空区上覆岩层"两带"高度进行了探测,并比较了三种测量手段之间的优劣,认为钻孔彩色电视观测最优,瞬变电磁法物探观测效果最差。

国内外学者也有通过现场抽采数据来反演覆岩渗透率分布规律的。如屠世浩等[33]运用淮南某矿地面钻井抽采数据,结合质量守恒定律、达西渗流定律反演出采空区垮落带渗透率的演化规律及分布特征,并且引入抽采衰减系数缩小倍数来评价保护层卸压效果。C. Ö. Karacan[28,70]则通过分析采空区抽采钻孔抽采效果得出了采空区瓦斯含量分布情况,优化了采空区抽采钻孔的布置方式。V. Palchik[30]通过分析采空区抽采钻孔抽采效果得出了采空区瓦斯分布特征,瓦斯抽采量随抽采时间的演化特征,为抽采钻孔布置提供了参考。

虽然现场实测具有诸多优点,但是在很多情况下由于费用高、安全性差、可行性低等,应用该方法不能全方位、大面积地进行测量,只能进行定点定性的分析。国内外很多学者采用实验室相似模拟或者数值模拟等手段结合现场观测进行覆岩裂隙发育及渗透率分布特征的研究。袁亮等[25,32]通过现场实测得出采空区顶板存在环形裂隙体,是卸压瓦斯主要聚集地的结论,并结合数值模拟提出大直径地面瓦斯抽采钻孔的布置方案。张军等[135]基于相似模拟实验结合仰斜钻孔分段注水及钻孔参数分析等现场实测方法确定覆岩"三带"发育高度。许兴亮等[136]通过实验室研究结合现场实测覆岩裂隙发育情况,将工作面前方煤体分区,确定了渗透率较强的区域。张勇等[137]运用数值模拟软件分析了近距离煤层群开采底板不同分区采动裂隙动态演化规律,得到底板不同分区裂隙发育特点。刘洪涛等[138]借助岩石裂隙分形理论分析了近距离煤层群围岩碎裂特征与裂隙的分布关系,认为裂隙分布规律与劈裂碎块尺度大小无关,而与碎块尺度均匀性密切相关。王文学等[139]则研究了采动岩体应力恢复对裂隙带渗透性的影响,但是主要用于防治水害。

在上述覆岩渗透率研究的基础上,国内外学者运用数值模拟及相似模拟进一步研究了卸压开采瓦斯运移规律。涂敏等[140]认为煤层在采动影响变形过程中瓦斯气体在孔隙内流动为非达西渗流,引入了修正参量,有效揭示了煤层瓦斯运移规律。张拥军等[141]运用 RF-PA-Gas 程序模拟了近距离上保护层采动顶底板岩层变形破坏、裂隙演化规律与瓦斯运移规律。模拟结果较好地再现了保护层开采过程中煤岩层应力变化、顶底板损伤及裂隙演化过程。吴仁伦[142]则采用相似模拟、数值模拟和理论分析相结合的方法就覆岩关键层对煤层群开采瓦斯卸压运移规律的影响进行深入研究,认为关键层的存在对瓦斯运移规律产生十分重要的影响。高建良等[143]根据多孔介质渗流理论,利用计算流体力学软件 FLUENT,设定采空区渗透率均匀分布、分段均匀分布和连续性分布,分别模拟这三种情况的采空区漏风流场,认为渗透率分布对采空区的流场影响很大,因此为了得到采空区瓦斯运移规律,需要采用更能如实反映采空区垮落带岩石垮落和压实规律的渗透率。尹光志等[144]基于煤层瓦斯抽采动态过程的含瓦斯煤弹塑性固气耦合模型,通过对三维空间的原岩体进行开挖模拟得出接近真实的地层应力分布情况,得到了煤体在固气耦合作用下瓦斯的运移规律和煤层透气性的演化规律。

D. N. Whittles 等[145],G. S. Esterhuizen 等[146-147]通过总结完整岩石及裂隙面的应力-渗透率关系、采空区垮落带渗透率变化关系,运用 FLAC3D 内嵌的 Fish 语言模拟了工作面开采过程中围岩渗透率的变化状况以及分析了钻孔瓦斯抽采效果。G. Y. Si 等[148]运用 FLAC3D 模拟特厚煤层分层综采过程中的应力分布规律,然后利用 MATLAB 将应力结果导入 ECLIPSE300 进行瓦斯运移规律研究。

综上可以看出,有关卸压瓦斯的运移特征及覆岩渗透率演化规律研究大多仍处于定性分析阶段,缺乏进一步的定量描述。现有的数值模拟方法主要通过围岩破坏情况间接反映保护层开采对本煤层和被保护层瓦斯渗流的影响,或者根据经验直接设置渗透率的分布情况。随着计算机技术的发展,目前很多软件能够实现直接或者间接的流固耦合模拟,但其存在模拟程序相对复杂、效率偏低、对参数依赖性偏高、对计算机硬件要求高、计算容易出错等问题,因此这些软件很难适用于大型开采扰动损伤模型的流固耦合模拟[144,149-150]。因此,如何更加准确高效地实现卸压开采覆岩渗透率及瓦斯运移流固耦合模拟对卸压开采及瓦斯抽采具有重要意义。

### 1.2.4 卸压开采覆岩压实演化特征的时空关系研究

煤层开采后采空区上覆岩层一般可划分为"三带",由下至上依次为垮落带、贯穿裂隙带以及弯曲下层带(弯曲下沉带一般包含离层裂隙带及弯曲变形带)。其中采空区垮落带一般由破碎煤岩体组成,根据实验室实测其孔隙率高达 30%～45%[151]。根据 C. J. Booth 等[152]的研究,随着工作面的持续推进,上覆岩层的不断下沉压实采空区垮落带,垮落带自身的应力、密度、孔隙率、渗透率等参数均会发生变化。而采空区垮落带压实特征的时空演化关系对整个覆岩瓦斯运移特征具有重要的影响。本书总结国内外研究现状,分析工作面推进过程中地面抽采钻井附近采空区垮落带应力及渗透率的变化规律,一般认为采空区垮落带压实程度分为三个区域。

(1)采空区垮落带垮落煤岩散乱堆积区域:工作面的开采使得上覆顶板不断垮落堆积在工作面后方,具体如图 1-8(a)所示。在垮落煤岩散乱堆积区域,由于煤岩体不接顶,只受自身重力影响,理论分析及实验室实测表明其孔隙率高达 30%～45%[28,151]。此时,采空区垮落带的渗透率最大,可以根据式(1-2)计算获得[153]。

$$k_{g0} = -4 \times 10^{-16} \varepsilon_{vol}^3 - 6 \times 10^{-15} \varepsilon_{vol}^2 - 7 \times 10^{-14} \varepsilon_{vol} + 10^{-11} \tag{1-2}$$

式中　$k_{g0}$——垮落带初始渗透率;

　　　$\varepsilon_{vol}$——煤岩体的体积应变。

由于煤岩体不接顶,垮落煤岩散乱堆积区域的垂直应力及体积应变相对较小。

(2)采空区垮落带逐渐压实区域:随着工作面的继续推进,垮落带上覆岩层逐渐下沉压实采空区垮落带,地面抽采钻井进入逐渐压实区域,具体如图 1-8(b)所示。在垮落带压实过程中,其自身密度、弹性模量及泊松比随着压实时间的增加逐渐升高。采空区垮落带所受的垂直应力随着垂直应变的增加呈指数规律增长,具体可以根据 Salamon 公式进行计算[154],或者基于实测结果采用双屈服模型根据应变更新应力[146]。在很多情况下,为了数值模拟的方便,许多学者根据实验结果给出一些半经验公式用以模拟采空区压实过程中应力的变化过程。可以根据垂直应变计算采空区垮落带压实过程中的垂直应力,见式(1-3)[155]:

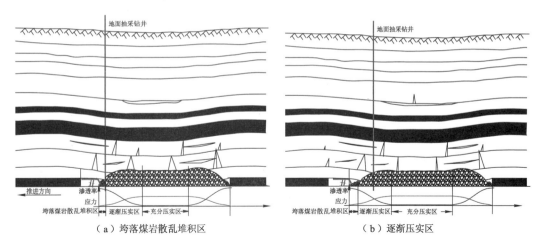

（a）垮落煤岩散乱堆积区　　　　　　（b）逐渐压实区

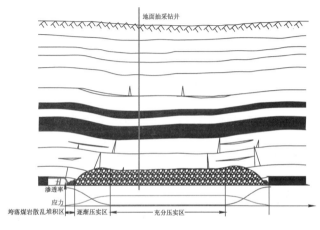

（c）充分压实区

图 1-8 不同推进距离垮落带渗透率变化示意图

$$\sigma = \frac{E_0 \varepsilon}{1 - \varepsilon / \varepsilon_m} \tag{1-3}$$

式中 $\sigma$——采空区垮落带的平均应力，Pa；

$\varepsilon$——采空区垮落带煤岩体切应变；

$\varepsilon_m$——采空区垮落带煤岩体的最大切应变；

$E_0$——初始剪切模量，Pa。

$E_0$ 和 $\varepsilon_m$ 可由下列公式计算获得：

$$E_0 = \frac{10.39 \sigma_c^{1.042}}{b^{7.7}}, b = (\frac{c_1 h + c_2}{100}) + 1, \varepsilon_m = \frac{b-1}{b} \tag{1-4}$$

式中 $b$——煤岩体的碎胀系数；

$\sigma_c$——煤岩体单轴抗压强度，Pa；

$c_1$ 和 $c_2$——垮落带高度系数，取值范围见表 1-2。

表 1-2　垮落带高度系数[155]

| 直接顶岩性类型 | 单轴抗压强度 /MPa | 垮落带高度系数 | |
|---|---|---|---|
| | | $c_1$ | $c_2$ |
| 硬 | ≥40 | 2.1 | 16 |
| 中硬 | 20～<40 | 4.7 | 19 |
| 软 | <20 | 6.2 | 32 |

除应力变化之外,垮落带煤岩体的孔隙率及渗透率随着上覆岩层的下沉逐渐减小。国内外学者提出一些模型用于计算压实过程中渗透率的大小,如 Carman-Kozeny 和 Happel 公式[147,156]经常用来计算采空区垮落带的渗透率。C. Ö. Karacan 提出了采空区垮落带的不规则碎片模型[28],该方法结合渗流及不规则碎片公式可以计算破碎颗粒的渗透率及孔隙率;同时考虑颗粒尺寸分布的影响,得出颗粒尺寸对采空区垮落带渗透率及孔隙率有着重要的影响。有关学者结合非线性达西渗流公式,通过不同粒径破碎煤样的应力-渗透率实验室实验得出,破碎煤样粒径越大,其在同等应力条件下的孔隙率及渗透率越大[157-161]。L. Fan 等[156]则提出破碎煤岩体的逐渐压实过程又可以分为四个阶段,并给出了基于割线模量的应力-渗透率计算模型。

(3)采空区垮落带充分压实区域:随着工作面的继续推进,地面抽采钻井进入充分压实区域,具体如图 1-8(c)所示。在该区域内,采空区垮落带将处于相对稳定的状态。采空区垮落带内的垂直应力、渗透率及垂直应变增长缓慢。L. Fan 等[156]认为颗粒的割线模量控制着采空区充分压实区域的渗透率演化情况。如果不再继续开采煤层,采空区垮落带将处在长期的沉积环境下。因为成岩作用,其渗透率将会发生变化。由于沉积时间远超过煤矿开采时间,一般不考虑采空区垮落带长时间的沉积效应。

然而,对于煤层群开采,采空区垮落带应力及渗透率将会由于邻近层的开采重新发生变化。反复的卸压压实作用致使采空区内煤岩体进一步破碎,孔隙率也随之发生变化,进而影响渗透率的大小。因此,煤层群重复采动过程中的应力-渗透率变化与第一次开采过程中的应力-渗透率关系存在明显的区别,有必要进行破碎煤岩样在重复采动过程中应力-渗透率的实验,以分析煤层群开采过程中损伤破碎煤岩体的应力-渗流特征。除此之外,采空区垮落带的压实时间、压实程度及距采空区边缘的距离三者之间的关系仍处于定性分析阶段,需要在实验室实验的基础上结合数值模拟及现场实测对其进行定量分析。

### 1.2.5　保护层卸压开采及瓦斯抽采效果评价研究

对于保护层卸压开采及卸压瓦斯抽采效果,一般从被保护层增透情况、裂隙发育情况、被保护层残余瓦斯含量及瓦斯压力、被保护层卸压范围、卸压瓦斯抽采效率及保护层工作面瓦斯涌出量等方面进行评价。

国外对于开采条件差的煤层开采利用不多,近期关于卸压开采的相关文献并不多。但对于煤层开采导致邻近层瓦斯涌入本煤层及邻近层后瓦斯的抽采研究较多。而邻近层瓦斯涌出情况及地面瓦斯抽采效果与保护层卸压开采及卸压瓦斯抽采效果基本一致。国外对于邻近层瓦斯涌出及抽采效果评价大多基于数值模拟及现场瓦斯抽采数据的分析。T. X. Ren 等[162]根据实验室所得应力-渗透率曲线,借助 CFD 数值模拟软件模拟了工作面开采对邻近层渗透率的影响,认为本煤层的开采使得邻近层的渗透率大幅度提高,这进一步表明了保护层卸压开采对邻近层的卸压增透作用。D. P. Adhikary 等[163]运用数值模拟结合部分现场压水试验分析了煤层开采引起邻近煤岩层渗透率的变化情况。实测得出距离开采煤层 11.2～11.5 m 层位的岩体渗透率至少扩大了 50 倍。

对于邻近层瓦斯涌出及抽采情况,C. Ö. Karacan[164]通过分析地面采空区瓦斯抽采钻孔的抽采数据认为,煤层的开采使得邻近层瓦斯大量释放,采空区卸压瓦斯抽采效率要高于普通煤层气抽采钻井,地面抽采钻井的抽采半径在 330～380 m 之间,邻近层瓦斯的抽采率能够达到 70%。

E. Krause 等[165]通过长期的实测与分析给出了煤层开采对邻近层瓦斯卸压的大致区域,具体如图 1-9 所示。图中,$L_s$ 为工作面长度;$\alpha$ 为煤层倾角;$h_g$ 及 $h_d$ 分别为上下邻近层距开采煤层的垂直距离。同时给出了 $h_g$ 及 $h_d$ 的经验公式及对应的参数取值。

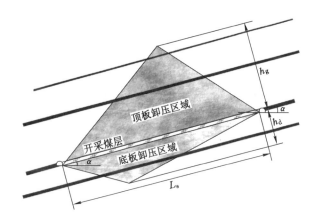

图 1-9　长壁工作面开采卸压范围[165]

A. Saghafi 等[166]运用同位素气体追踪手段判断工作面开采过程中涌出瓦斯的来源,认为工作面涌出瓦斯主要来自本煤层及邻近层,并且得出上部煤层开采后下部煤层瓦斯涌入上部采空区的临界距离为 40 m。

国内由于卸压开采及卸压抽采技术的推广应用,对于卸压开采及卸压抽采效果的评价研究较多。谢和平等[167]在综合考虑煤体不同开采方式形成的支承压力、孔隙压力和瓦斯吸附膨胀耦合作用对损伤裂隙煤体体积改变影响的基础上,定义了"增透率"来反映单位体积改变下煤体渗透率的变化,并且推导了 4 种增透率的理论表达式用以定量描述开采过程中覆岩和煤层中增透率的分布和演化。结果表明,增透率能够很好地评价保护层卸压开采效果,可为煤与瓦斯共采工程中的煤层增透效果评价提供定量指标和科学方法。

胡国忠等[49]针对传统的保护层开采保护范围的残余瓦斯压力判别准则在实际应用中的局限性,结合现场实际工程背景提出了保护层开采范围的极限瓦斯压力判别准则。

袁亮等[168]结合淮南矿区潘三煤矿保护层工作面开采实践,提出了利用煤层瓦斯含量来确定保护层消突范围的技术方法。运用该技术可以很好地确定消突范围,指导工作面安全高效开采。刘彦伟等[169]将可靠性理论引入保护层开采技术应用中,归纳了 7 类影响保护层开采技术可靠性的主要因素,提出了相应的评价指标,建立了由目标层、准则层和子准则层构成的可靠性评价体系;并将所建评价体系与工程实践相比对,认为所建评价体系能够很好地指导保护层开采。

程远平等[39,47,170]通过实测保护层工作面瓦斯涌出情况,认为保护层工作面瓦斯涌出量预测结果小于实际瓦斯涌出量。这是由于保护层开采的卸压作用,使被保护层卸压瓦斯抽采率远大于被保护层卸压瓦斯的自然排放率,表明卸压开采及瓦斯抽采有利于保护层安全开采。同时,程远平等认为在保护层开采过程中配合瓦斯抽采手段可以使保护层开采卸压范围扩界,以实现被保护层工作面与保护层工作面的等长、等宽布置及被保护层在倾向上的连续开采。研究表明,卸压开采瓦斯抽采率达 60% 以上,不仅消除了煤与瓦斯突出危险性,而且相对瓦斯涌出量由原来 25 $m^3/t$ 下降到 5 $m^3/t$。

王宏图等[51]认为关键层对保护层卸压开采的保护效果产生重要的影响。关键层破断之前,其上部的被保护层卸压并不明显;关键层破断以后,保护层的保护作用逐渐明显;且被保护层的瓦斯涌出规律与关键层破断距呈周期变化关系。涂敏等[52]同样认为保护层与被保护层之间有无关键层对保护层卸压效果影响十分显著。

卢守青等[48]针对红菱煤矿上保护层开采的工程背景,运用数值模拟分析保护层不同开采高度对被保护层卸压效果的影响。基于煤层应力分布、膨胀变形情况判断得出红菱煤矿上保护层开采的最小开采高度为 0.67 m。范晓刚等[171]运用数值模拟结合现场被保护层瓦斯动力参数实测结果得出了急倾斜煤层俯伪斜下保护层开采的卸压范围,并对保护层开采效果进行了评价。

张拥军等[141]通过建立的岩体渗流-应力-裂隙模型计算得到了被保护层瓦斯流量分布、瓦斯压力分布和透气性系数的变化规律,卸压煤层瓦斯透气性增大了 2 500 倍。刘三钧等[53]通过对被保护层卸压前后渗透率实测结果对比得出,保护层卸压开采使得煤层透气性增加 2 000 多倍。薛东杰等[172]通过理论分析加之相似模拟实验建立了"两带"裂隙分布模型及其简化力学模型,并基于煤的全应力-应变渗透实验曲线认为体积应变大于 0.015 的范围,其卸压增透效果最好。

综上所述,有关卸压开采及卸压抽采效果的评价手段及评价模型较多,但主要研究手段仍然集中在数值模拟、相似模拟及现场实测方面。目前,数值模拟方法主要通过围岩破坏情况或者煤层应变间接地反映保护层开采对本煤层和被保护层卸压效果。通过现场实测被保护层渗透率、残余瓦斯含量及瓦斯压力来评价卸压抽采效果具有费用高、安全性差及覆盖率低等特点。因此,如何结合现场已有的生产数据提出一种新的卸压抽采评价方法对卸压瓦斯抽采效果进行评价,以指导被保护层的开采,对煤层群卸压开采具有重要意义。

# 1.3 主要研究内容、方法和技术路线

## 1.3.1 主要研究内容

(1) 采动损伤煤岩体的分类及渗流实验系统的研制

介绍自主设计的受载煤体注气驱替瓦斯测试实验系统的研制情况及主要功能。将煤层开采覆岩"三带"内及底部煤岩体按照不同损伤程度进行分类及制备。具体包括:弹性煤样(处于离层裂隙带以上及底鼓变形带以下)、贯穿裂隙煤样(处于离层裂隙带、贯穿裂隙带、底鼓裂隙带及底鼓变形带)以及破碎煤岩样(处于垮落带)。按照煤层群采动应力路径设计不同损伤程度裂隙煤岩样实验的加卸载方案。

（2）不同损伤程度煤岩样采动过程中渗流特征研究

根据设计的加卸载方案进行弹性煤样、贯穿裂隙煤样以及破碎煤岩样循环加卸载条件下的应力-渗透率实验研究。循环加卸载过程中应力加载方式为三向等压模式，瓦斯压力保持不变。其中对弹性煤样同时进行轴向及径向的应力-渗透率研究。除了三向等压实验外，在实验室还进行弹性煤样及贯穿裂隙煤样的非等压偏应力渗流实验，分析轴向渗流对围压及轴压应力敏感性的区别。同时研究瓦斯抽采过程中瓦斯压力变化对弹性煤样及贯穿裂隙煤样渗透率的影响。

（3）重复采动煤体渗透率模型及应力敏感性分析

根据弹性煤样、贯穿裂隙煤样以及破碎煤岩样循环加卸载条件下的应力-渗透率实验结果建立重复采动煤岩体的渗透率模型。根据所建渗透率模型提出相对及绝对应力敏感性系数，用以评价对比弹性煤样、贯穿裂隙煤样以及破碎煤岩样在不同次加卸载情况下的应力敏感性。

（4）采动裂隙煤样应力-裂隙-渗流耦合特征分析

根据研究内容（2）获得的弹性煤样及贯穿裂隙煤样渗流的应力敏感性实验研究结果，运用离散元数值模拟软件进行应力-裂隙-渗流的耦合模拟，以揭示弹性煤样及贯穿裂隙煤样应力敏感性的内在影响机理。具体研究内容分为各向同性煤体、各向异性煤体及贯穿裂隙煤体的的实验室反演研究，给出一般情况下的建模反演方法。在此基础上研究节理裂隙参数对模型应力敏感性的影响。综合以上研究结果，研究裂隙煤样的应力-裂隙-渗流的耦合特性。

（5）煤层群卸压开采瓦斯渗流特征及工艺参数设计

根据上述实验室及数值模拟建立的弹性煤样、贯穿裂隙煤样及破碎煤岩样的渗透率模型，运用 FLAC3D 内嵌的 Fish 语言对渗流模式进行二次开发。结合淮南矿区及韩城矿区的实际地质条件，确定上下保护层临界采高及合理采高，以及其与层间距的相关关系。定量分析保护层开采过程中的渗透率演化规律及分布特征。在此基础上进行瓦斯渗流模拟得出保护层开采的瓦斯渗流路径，以指导保护层开采过程中抽采钻孔的布置。同时运用数值模拟研究地面抽采钻井抽采效果及抽采渗流路径。最终利用现场实测数据对数值模拟结果进行可靠性验证。

（6）高瓦斯煤层群卸压开采效果评价

充分利用淮南矿区工作面抽采监测数据，结合现有的研究建立更为简捷的地面钻井抽采卸压煤层及采空区瓦斯的流量计算模型。根据所建模型计算出地面钻采过程中被保护层瓦斯抽采量，并结合保护层开采覆岩运动规律及煤层气抽采衰减规律得出卸压开采被保护层抽采量的演化规律及其主要影响因素。根据抽采瓦斯分源模型提出卸压开采效果评价指标，并通过物质守恒定律求出卸压抽采后被保护层瓦斯含量及瓦斯压力，利用现场实测数据对其进行验证。

（7）卸压开采覆岩稳定的时空关系研究

在地面钻井抽采瓦斯分源模型的基础上建立采空区垮落带渗透率的计算模型，结合渗透率模拟结果得出采空区垮落带渗透率的演化规律及分布特征。在此基础上研究垮落带不同位置不同压实时间的压实程度以及工作面开采参数对采空区压实程度的影响。同时运用采空区垮落带压实应力的实测结果对理论计算及数值模拟结果进行验证。

### 1.3.2 研究方法及技术路线

　　根据本书的研究内容,拟运用采矿学、岩石力学、流体力学与损伤力学相结合的理论方法,以实验室实验为基础,借助数值模拟进一步定量分析不同损伤裂隙结构重复加卸载应力-裂隙-渗流的耦合机理。并将实验室研究成果与数值模拟研究、现场实测分析相结合,用以指导煤层群煤与瓦斯共采,评价卸压瓦斯抽采效果。具体研究技术路线如图1-10所示。

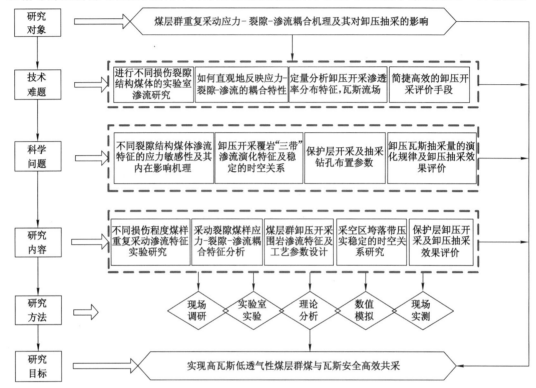

图 1-10　本书研究的技术路线

# 2 采动损伤煤岩体应力渗流实验系统及实验方案设计

煤层群开采过程中,后期开采的煤层受前期开采煤层的多次采动影响。其承受的应力复杂多变,使得煤层内部裂隙结构更加复杂,且位于不同分带内的煤岩体损伤程度差别较大,进而导致煤层内瓦斯渗流特征发生改变。再加上煤体本身及损伤裂隙的各向异性,煤层在重复采动过程中不同方向渗透率的大小及应力敏感性存在差异。而传统的轴向渗流实验研究在很大程度上满足不了各向异性煤体的研究要求。本章介绍了自主研制的采动损伤煤岩体应力渗流实验系统,同时结合煤层开采过程中覆岩"三带"内煤岩体的损伤程度对煤岩体进行区分。最终基于实验设备以及重复采动过程中的应力情况给出了不同损伤煤岩体等压重复加卸载渗流实验、非等压偏应力渗流实验以及瓦斯压力变化渗流实验的实验方案。

## 2.1 采动损伤煤岩体应力渗流实验系统

### 2.1.1 实验系统构成

为了实现采动损伤煤岩体渗透率各向异性测试等方面的研究,课题组自主研发了一套采动损伤煤岩体应力渗流实验系统(受载煤体注气驱替瓦斯测试实验系统)。设备系统原理结构如图 2-1 所示,其主要系统构成如下。

(1) 机柜面板及承载框架系统;

(2) 自动加载系统:可由电脑直接控制,加载范围 0~70 MPa,用于轴压的加卸载;

(3) 高压釜体:尺寸 $\phi$150 mm×150 mm,耐压 30 MPa;

(4) 气体流量计:按照流量安装 3 套流量计,量程分别为 100 mL/min,15 L/min 以及 2 L/min,可自动切换;

(5) 液压加载系统:用于围压的自动加卸载,加载范围 0~30 MPa;

(6) 恒温水浴系统:用于整个实验的温度控制,控制范围 −25~95 ℃;

(7) 应变测试系统:TS3862 型应变测试系统,用于测试煤体的应变;

(8) 抽真空系统:在注气驱替实验过程中用于高压釜体抽真空;

(9) 温度传感器:用于监测釜体内温度;

(10) 压力传感器:用于实测进、出气口的实时压力;

(11) 色谱仪:在注气驱替实验过程中用于实测气体组分;

(12) 数据采集系统;

(13) 远程操作系统。

### 2.1.2 各实验的主要流程

(1) 传统的轴向渗透率测试及其对温度、应力的敏感性研究

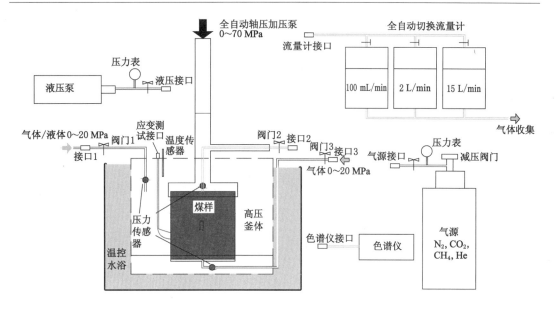

（a）设备原理图

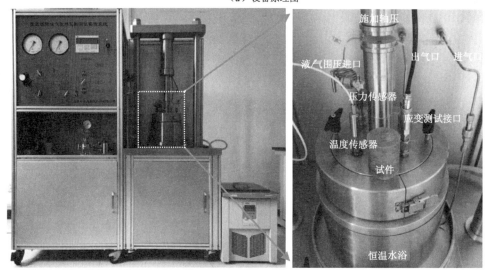

（b）设备实物图

图 2-1　实验系统原理及实物图

轴向渗透率测试煤岩样直径一般为 50 mm，长度为 100 mm，具体尺寸可调。进行传统的轴向渗透率测试时"接口 3"与测试气体相连接，通过"阀门 3"控制上游气压；下游气压"接口 2"与流量计接口连接，用于监测流量。在实验过程中，围压由"接口 1"连接气/液压泵提供，由传感器实时监测；轴压则由全自动加压泵提供。轴向渗流实验原理如图 2-2 所示。在整个实验过程中，通过水域循环加热釜体控制温度。因此，该系统可以完成轴压、围压、上下游气压及温度等参数的研究。气体渗透率的计算公式如式（2-1）所示：

$$k = \frac{2P_0 Q_0 \mu L}{A(P_1^2 - P_2^2)} \tag{2-1}$$

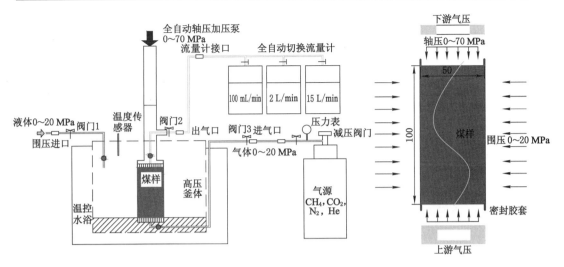

图 2-2　轴向渗流实验原理

式中　$k$——气体渗透率，$10^{-6}$ $\mu$m$^2$；

　　　$A$——煤样的横截面积，cm$^2$；

　　　$L$——煤样长度，cm；

　　　$P_1$，$P_2$——煤样的上下游压力，MPa；

　　　$P_0$——大气压力，MPa；

　　　$\mu$——气体的黏度，MPa·s；

　　　$Q_0$——大气压力下的流量，cm$^3$/s。

（2）径向渗透率测试及其对温度、应力敏感性的研究

径向渗透率测试煤岩样直径一般为 50 mm，长度为 50 mm，具体尺寸可调。采用钻机在煤岩样中心钻直径为 3～5 mm 的圆孔，具体如图 2-3 所示。在径向渗透率测试过程中，"接口 1"与测试气源相连接，通过"阀门 1"调节上游气压；下游气压"接口 2"与流量计接口连接，用于监测流量；"阀门 3"始终处于关闭状态。径向渗流实验原理如图 2-3 所示。在整个实验过程中可以改变轴压、气围压以及温度等参数。同时，由于采用气围压，煤样周围并不需要密封胶套，进而可以直接贴应变片，用于监测渗流过程中煤样的应变特征。这有助于研究煤样瓦斯吸附对渗透率的影响。径向渗透率的计算公式如式（2-2）所示：

$$k = \frac{\mu Q_0 \ln\left(\dfrac{r_0}{r_i}\right)}{\pi L (P_1^2 - P_2^2)} \tag{2-2}$$

式中　$r_0$——煤样的半径，cm；

　　　$r_i$——钻孔半径，cm。

（3）受载煤体注气驱替瓦斯实验研究

除了煤体各向渗透率的研究，受载煤体注气驱替瓦斯测试实验系统还可用于注气驱替瓦斯研究。注气驱替瓦斯是提高煤层气产量及增加 $CO_2$ 等温室气体存储量的有效手段。注气驱替瓦斯实验，煤样制作方法与径向渗流实验一样。"接口 2"与注入气体相连接，如常见的 $N_2$、$CO_2$；"接口 3"则与驱替气体相连接，一般为甲烷气体；"接口 1"与流量计接口相连接，用于监测驱替流量；气体收集接口则与色谱仪相连接，用于测试气体组分。注气驱替瓦

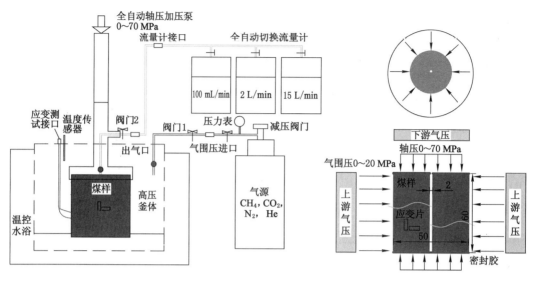

图 2-3  径向渗流实验原理

斯实验原理如图 2-4 所示。

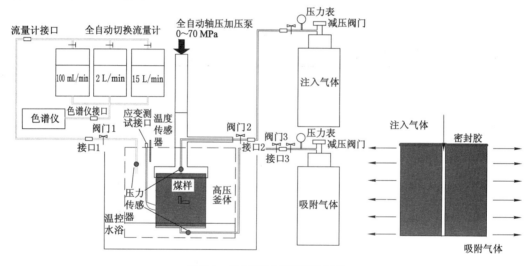

图 2-4  注气驱替瓦斯实验原理

注气驱替的主要实验步骤为:① 采用真空泵对煤样及釜体内气体进行抽真空处理。② 注入一定压力的甲烷气体,密封釜体进行煤体瓦斯的吸附。③ 等到瓦斯吸附平衡后,通过煤样的中心孔注入一定压力的驱替气体。④ 实时监测驱替流量及气体组分。在整个实验过程中可以改变的参数有轴向压力、吸附瓦斯压力、注入气体压力、温度等,从而能够很好地模拟现场的实际注气驱替情况(图 2-5),研究各变量对注气驱替瓦斯的影响程度。同时,可以利用应变片监测驱替实验过程中煤样的应变情况。关于注气驱替的相关实验本书不再详细介绍,具体可以参考相关文献[16]。

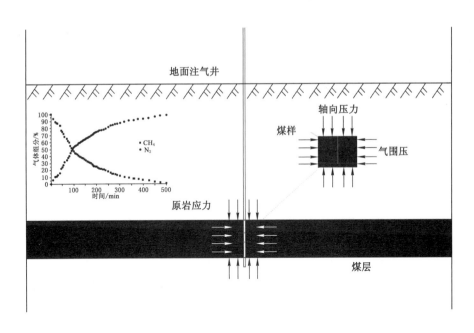

图 2-5 注气驱替实验与现场实际相关示意图

# 2.2 不同采动损伤程度煤样的分类及制备

## 2.2.1 不同采动损伤程度煤样的分类

煤层群开采过程中煤层的开采使得覆岩形成典型的"三带"结构[173],即垮落带、裂隙带及弯曲下沉带(裂隙带上部及弯曲下沉带下部交叉区域又可称为离层裂隙带,裂隙带中下部区域可称为贯穿裂隙带),位于开采层底部的煤层则会出现底鼓裂隙带以及底鼓变形带,具体如图 2-6 所示。

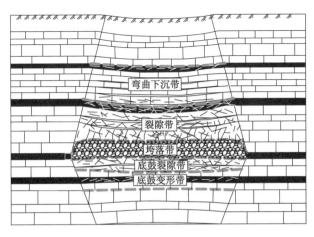

图 2-6 围岩结构区域划分

一般认为位于离层裂隙带以上和底鼓变形带以下的煤层相对较为完整,无明显的大裂隙,煤层处于弹性状态,本书将这类煤体定义为"弹性煤体":特指位于离层裂隙带以上及底鼓变形带以下煤层中的煤体。位于离层裂隙带、贯穿裂隙带、底鼓裂隙带以及底鼓变形带内的煤层一般存在较大裂隙;其中离层裂隙带以及底鼓变形带内主要为水平张拉裂隙,而贯穿裂隙带以及底鼓裂隙带则同时包含垂直贯穿裂隙及水平裂隙。本书将这类煤体定义为"贯穿裂隙煤体"。垮落带则由破碎残煤及岩块组成。本书将垮落带内的煤岩体定义为"破碎煤岩体"。

### 2.2.2 不同采动损伤程度煤样的制备

（1）轴向弹性煤样的制备

实验煤样取自淮南矿区 13-1 煤层。13-1 煤层（被保护层）与下部 11-2 煤层（保护层）平均间距 66 m,13-1 煤层原始瓦斯含量 8.78 $m^3/t$,原始瓦斯压力 3.7 MPa。13-1 煤层的透气性系数小于 0.1 $m^2/(MPa^2 \cdot d)$,属于难抽采煤层。13-1 煤层煤质工业分析与吸附常数 $a$、$b$ 测定结果见表 2-1[174],煤样的物理力学参数测定结果见表 2-2。本实验采用的均为原煤煤样,直接选取采煤工作面或掘进工作面块度较大、完整性较好、未风化的煤块,在实验室按《煤和岩石物理力学性质测定方法 第 7 部分:单轴抗压强度测定及软化系数计算方法》(GB/T 23561.7—2009)规定加工成标准原煤煤样,尺寸分别为 $\phi50$ mm $\times 100$ mm 及 $\phi50$ mm $\times 50$ mm,具体如图 2-7 所示。

表 2-1　煤质工业分析与吸附常数 $a$、$b$ 测定结果

| 水分 $M_{ad}$/% | 灰分 $A_{ad}$/% | 挥发分 $V_{ad}$/% | 全硫 $S_{t,ad}$/% | 真密度/(g/cm³) | $a$/(cm³/g) | $b$/MPa⁻¹ |
|---|---|---|---|---|---|---|
| 1.70 | 18.28 | 29.75 | 0.10 | 1.67 | 8.521 | 2.133 |

表 2-2　煤样物理力学参数测定结果

| 弹性模量 $E_m$/GPa | 泊松比 $\nu_m$ | 内聚力 $C_m$/MPa | 抗拉强度 $\sigma_t$/MPa | 内摩擦角 $\varphi_m$/(°) | 单轴抗压强度 $\sigma_c$/MPa |
|---|---|---|---|---|---|
| 1.59 | 0.15 | 1.14 | 1.09 | 37.13 | 15.98 |

图 2-7　弹性原煤煤样

（2）径向弹性煤样的制备

为了研究各向异性煤样的轴向及径向渗透率对应力敏感性的差异,运用自主研制的"受载煤体注气驱替瓦斯测试实验系统"进行了弹性煤样的径向渗流实验。需要说明的是,对于贯穿裂隙煤样及破碎煤样,煤样本身的结构已经破坏,渗流主要沿着贯通裂隙进行,因此本

书不进行贯穿裂隙煤样及破碎煤样的径向渗流实验。为了保证与轴向渗流实验煤样一致，径向渗流实验煤样直接采用轴向渗流实验煤样并加工成 $\phi50\ \mathrm{mm}\times50\ \mathrm{mm}$ 的试件。利用玻璃胶对煤样两端进行密封处理以确保气体不从煤样两端渗流。采用直径 3.8 mm 的钻头在煤样中心钻孔，直至钻透煤样，具体如图 2-8 所示。

（3）贯穿裂隙煤样的制备

将煤样力学测试过程中发生剪切破坏的煤样进行进一步加工，修补拼接用以进行贯穿裂隙煤样的应力-渗流相关关系的研究。首先用 $\phi50\ \mathrm{mm}\times50\ \mathrm{mm}$ 的标准煤样进行剪切实验，在发生剪切破坏后选取两半较为完整的煤样进行进一步加工，剪切破坏煤样如图 2-9 所示。由图 2-9 可以看出，剪切破坏后煤样一般分为两半，且每一半煤样的完整性较好，贯穿裂隙则垂直于煤样两端。

（a）煤样钻孔　　　　　（b）钻孔完成

图 2-8　径向渗流煤样制作过程

（4）破碎煤样的制备

直接选取淮南矿区采空区垮落带内残煤进行进一步破碎，将破碎煤样按照颗粒的粒径进行分类，得到不同尺度的破碎煤样，具体如图 2-10 所示。

（a）煤样柱面　　　　　（b）煤样上端面　　　　　（c）煤样下端面

图 2-9　贯穿裂隙煤样

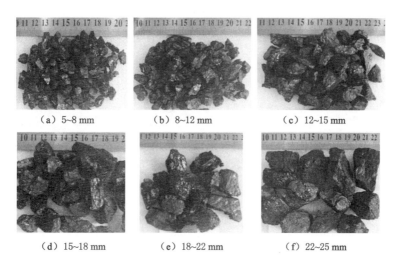

（a）5~8 mm　　　　　（b）8~12 mm　　　　　（c）12~15 mm

（d）15~18 mm　　　　　（e）18~22 mm　　　　　（f）22~25 mm

图 2-10　不同尺度破碎煤样

# 2.3　基于采动应力的煤体渗流实验加卸载方案设计

### 2.3.1　煤层群卸压开采重复采动应力分布情况

实测发现,重复采动作用下煤层在每一次采动卸压过程中的瓦斯抽采量差异很大,其卸压效果存在明显的区别,直接影响瓦斯抽采效果[22]。这主要是由于煤层经受重复采动影响过程中,每一次采动对煤岩体损伤程度相差较大,其内部裂隙结构发生明显的变化。每一次采动后邻近层都会产生明显的卸压区及增压区,具体如图1-3所示,这使得后续开采的煤层重复承受应力的加卸载作用,造成每一次采动过后煤层的损伤程度发生变化,进而造成渗透率的应力敏感性发生变化。随着工作面的推进,工作面前方煤体及对应的邻近层产生增压区,工作面煤壁、支架后方采空区边缘及对应的上覆煤层形成明显的卸压区;且随着工作面的推进,后方采空区逐渐压实,采空区及上下邻近岩层的应力逐渐恢复,如图2-11所示。因此,一般一次采动邻近层经历应力升高→应力降低→应力恢复三个阶段。

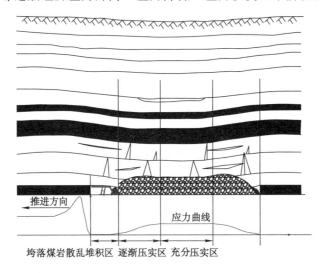

图 2-11　保护层开采煤层应力曲线

### 2.3.2　煤层群重复采动渗流实验加卸载方案

（1）等压循环加卸载渗流实验应力加卸载方案

为了研究煤层群重复采动过程中,后期开采的煤层及前期开采形成的采空区受多次加卸载的影响,结合实际开采过程中的煤层应力分布情况设计弹性煤样、贯穿裂隙煤样以及破碎煤样循环加卸载的应力路径。对于轴向渗流实验,弹性煤样的轴压及围压最大加至25 MPa（埋深1 000 m）,瓦斯压力则维持在0.2 MPa,实验过程中瓦斯压力保持不变。对于径向渗流实验,由于没有围压,且考虑煤样的单轴抗压强度为15.98 MPa,轴压最大加至10 MPa,瓦斯压力则维持在0.2 MPa。对于贯穿裂隙煤样和破碎煤样,最大轴压及围压均加至16 MPa,瓦斯压力则维持在0.2 MPa。在实际过程中,针对特定煤样应力路径会相应加密,应力峰值也会相应改变。图2-12为弹性煤样轴向及径向渗流实验的第一次加卸载的应力曲线,本书研究三次加卸载的应力-渗透率情况。

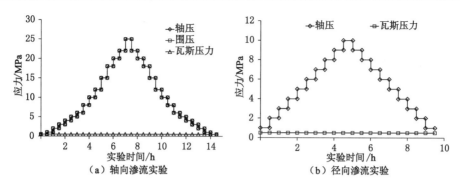

图 2-12 弹性煤样第一次加卸载应力路径

贯穿裂隙煤样及破碎煤样与弹性煤样存在一定的区别,其内部结构已经发生破坏,损伤程度较高。因此,应力的作用时间对其裂隙的闭合及破碎煤岩体的再次破坏存在一定的影响。每次加载与卸载之间停留一段时间,以模拟停采准备过程中采空区压实效果,具体如图 2-13 所示。

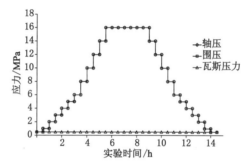

图 2-13 破碎煤样及贯穿裂隙煤样第一次加卸载应力路径

（2）非等压偏应力渗流实验应力加卸载方案

上文根据煤矿实际开采过程中的主要应力变化路径设置了弹性煤样、贯穿裂隙煤样及破碎煤样循环加卸载过程中的应力加卸载方案。在上述应力变化过程中,应力默认为三向等压状态,即轴压等于围压,具体如图 2-14（a）所示。而在实际生产过程中,离层、岩体垮落下沉等因素造成轴压与围压不等的情况,即非等压偏应力状态,具体如图 2-14（b）和图 2-14（c）所示。

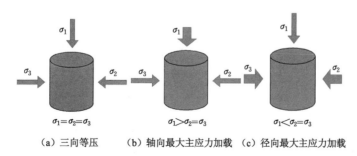

（a）三向等压 　（b）轴向最大主应力加载 　（c）径向最大主应力加载

图 2-14 煤样三种受力状态

谢和平等[175-176]研究认为,在深部煤层开采过程中,垂直应力与水平应力的变化不一。

在保护层开采过程中,处于裂隙带内的被保护层工作面前方煤体垂直应力由静水压力逐渐升高至峰值,之后塑性区发育,垂直应力逐渐降低。水平应力则由静水压力逐渐降为一个相对较低值,具体如图 2-15 所示。但本书除了考虑裂隙带内煤层开采过程中的应力变化情况外,还考虑离层裂隙带以上区域被保护层的应力变化情况。而处于离层裂隙带以上的煤层无论是垂直应力还是水平应力变化情况与裂隙带内存在较大区别,其主要原因是离层裂隙带以上煤层水平应力及垂直应力变化幅度相对较小,煤岩体始终处于弹性状态。

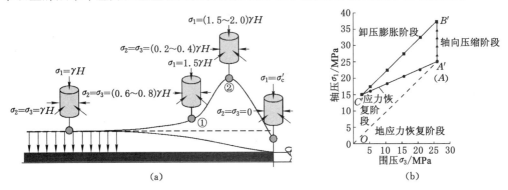

图 2-15　保护层开采条件下被保护层工作面前方煤岩应力环境[175-176]

为了尽可能将各种应力情况考虑进来,许多学者一般利用有效应力来表示煤样所受应力状态,有效应力计算公式如下[107]:

$$\sigma = (\sigma_1 + 2\sigma_3)/3 - P \tag{2-3}$$

式中　$\sigma$——有效应力,MPa;

$\quad\quad \sigma_1$——轴压,MPa;

$\quad\quad \sigma_3$——围压,MPa;

$\quad\quad P$——煤样内部的瓦斯压力,MPa。

对于径向渗流实验,由于不存在围压,轴向有效应力 $\sigma_r$ 计算公式如下:

$$\sigma_r = \sigma_1 - P \tag{2-4}$$

虽然在有效应力的计算公式中包括轴压与围压,但在轴压与围压差别较大的时候,计算公式实际上并不适用,即上述有效应力计算公式仅适用于等压的应力状态。这是由于基于有效应力的渗透率计算模型在很多情况下是基于煤层气抽采的,该条件下覆岩结构及原岩应力状态改变没有卸压开采显著,且很多情况属于等压状态。考虑煤体本身的各向异性,不同渗流方向渗透率的敏感性对轴压及围压并不一样[125,177]。本书为了研究不同轴压及围压对轴向渗流的影响,进行了不同轴压及围压的轴向渗流实验,具体应力加卸载方案如图 2-16 所示。图中围压分别为 2 MPa、4 MPa、6 MPa、8 MPa、10 MPa,在每一个围压状态下,轴压从 1 MPa 一直升至 10 MPa。需要说明的是,对于破碎煤样而言,由于其基本不存在裂隙结构,所以本书不进行破碎煤样的非等压偏应力实验。

(3) 不同瓦斯压力渗流实验加卸载方案

有效应力的计算过程同样考虑了瓦斯压力对渗透率的影响,由式(2-3)可以看出,瓦斯压力越大有效应力则会相应减小,从而使渗透率升高。但在实际过程中,由于克林肯贝格效应的存在,渗透率随着瓦斯压力的增加一般呈现先减小后增大的变化规律[178]。煤层群卸

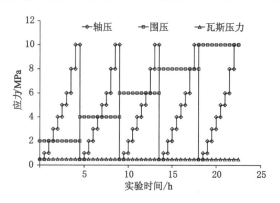

图 2-16 轴向渗流实验非等压偏应力应力路径

压开采瓦斯抽采过程中,抽采煤层所受外部应力随着邻近层的开采压实不断变化。而在瓦斯抽采过程中,瓦斯压力不断减小同样会造成煤层渗透率发生变化。这就要求在瓦斯抽采过程中必须同时考虑瓦斯压力及外部应力变化两个因素,以判断瓦斯抽采过程中渗透率的变化情况。除此之外,在卸压开采过程中,抽采煤层若处于贯穿裂隙带或者离层裂隙带内,在瓦斯抽采过程中煤样渗透率的变化与弹性煤样存在区别。为了研究渗透率对瓦斯压力的敏感性,进行了不同瓦斯压力下的渗流实验,瓦斯压力变化路径如图 2-17 所示。图中应力路径分为两种,第一种是恒定环压,即轴压与围压相等且恒定不变。第二种为恒定有效应力,即在气压上升的时候按照式(2-3)同时升高轴压及围压保持有效应力不变,这可以降低有效应力对渗透率的影响。径向渗流情况下不同瓦斯压力的应力路径基本上与轴向渗流一样,但不存在围压。由于贯穿裂隙煤样渗透率太大,在高瓦斯压力状态下,气体流量极易超过流量计量程,因此裂隙煤样最高瓦斯压力取决于流量计量程。

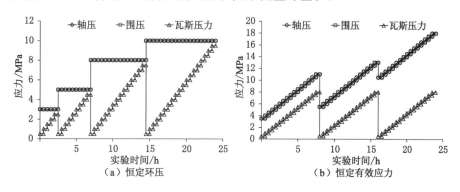

（a）恒定环压　　　　　　　（b）恒定有效应力

图 2-17 不同瓦斯压力渗流实验加卸载应力路径

# 2.4　本章小结

（1）为了满足不同采动损伤煤样的渗透率测试要求,自主研制了受载煤体注气驱替瓦斯测试实验系统,该实验系统可以用于不同采动损伤煤岩样轴向及径向渗透率以及注气驱替瓦斯实验研究。在轴向渗透率实验过程中,可以研究轴压、围压、上下游压力以及温度对渗透率的影响;在径向渗透率实验过程中,可以研究轴压、气围压以及温度对渗透率的影响;同时可以实时监测渗透率实验过程中煤样的应变。

(2)根据煤层开采过程中覆岩损伤程度的不同,结合覆岩各带分布情况,将煤岩体分为弹性煤样、贯穿裂隙煤样以及破碎煤岩样。

(3)根据煤层群重复开采及瓦斯抽采过程中应力的变化情况设计了等压条件下循环加卸载方案、非等压偏应力条件下轴压及围压的加卸载方案、同等环压及同等有效应力情况下瓦斯压力加卸载方案,为后续实验室实验提供基础。

# 3 采动应力条件下不同损伤程度煤样渗流特征实验研究

在煤层群开采及瓦斯抽采过程中,煤层的重复采动以及瓦斯压力的变化使得覆岩各分带内的煤岩层应力复杂多变,不同损伤程度煤样(弹性煤样、贯穿裂隙煤样以及破碎煤岩样)的渗流特征在不同应力状态下各不相同。其中主要包括循环等压加卸载条件下,损伤程度类似煤样在不同加卸载应力状态下的渗流特征;不同损伤程度煤样在相同加卸载应力状态下渗流特征的区别;非等压偏应力状态下,轴压及围压对相同及不同损伤程度煤样渗流特征的影响;瓦斯压力变化过程中,不同损伤程度煤样渗流特征的变化等。而煤层不同采动应力状态下的渗流特征直接影响着卸压开采过程中的瓦斯抽采效果及瓦斯运移路径。因此,本章研究不同损伤程度煤样重复采动及瓦斯抽采过程中的渗流特征。

## 3.1 煤层群重复采动覆岩渗流特征实验研究

### 3.1.1 弹性煤样渗流特征

按照重复加卸载实验方案进行了 4 组弹性煤样轴向渗流实验和 4 组径向渗流实验,煤样的基本参数尺寸见表 3-1。

表 3-1 循环加卸载弹性煤样基本参数尺寸

| 序号 | 煤样编号 | 煤样长度/mm | 煤样直径(内径)/mm | 实验类型 |
|------|---------|------------|------------------|---------|
| 1 | Z1 | 98.56 | 49.58 | 轴向渗流实验 |
| 2 | Z2 | 99.63 | 49.76 | |
| 3 | Z3 | 100.08 | 50.04 | |
| 4 | Z4 | 99.82 | 49.25 | |
| 5 | R1 | 51.86 | 50.24(3.6) | 径向渗流实验 |
| 6 | R2 | 50.84 | 49.86(3.6) | |
| 7 | R3 | 50.18 | 50.45(3.6) | |
| 8 | R4 | 51.27 | 50.28(3.6) | |

(1)轴向渗流实验

按照弹性煤样轴向渗流具体的应力加卸载方案进行实验,实验结果如图 3-1 所示。图中每个应力点的渗透率均为 10 组数据的平均值。图中横坐标为有效应力,纵坐标为煤样的实测渗透率。

由图 3-1 可以看出,弹性煤样重复加卸载轴向渗流实验第一次加载过程中渗透率要明显大于后两次加载过程中的渗透率。第一次卸载到初始应力点状态下,渗透率大幅度降低。

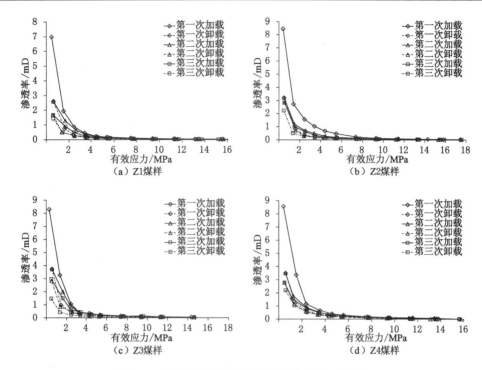

图 3-1　弹性煤样轴向渗流重复加卸载实验结果

之后第二、三次加卸载渗透率变化幅度相对减小,每次加卸载渗透率减小量也逐渐减小。这主要是由于在煤样制作过程中,弹性煤样产生大量微裂隙,且长期处于无应力状态,渗透率大幅度提高;在初次加载过程中,微裂隙应力敏感性很高,能够迅速闭合,渗透率急剧降低;而在第一次卸载过程中煤体内部的微裂隙很难再次张开,且由于重复加卸载采用的是三向等压实验,原有的裂隙难以进一步扩展。这也证实了王登科[179]在其博士论文中得出的"煤样在实验过程中将被二次压密"的结论。

在第二次及第三次加卸载过程中,弹性煤样渗透率变化趋势基本一样,每一次卸载过程中,同一应力点的渗透率要小于同次加载过程中该应力点的渗透率。但与第一次加卸载表现不同的是,在卸载到某一应力点后,渗透率迅速增加,与加载过程中初始点渗透率的差距逐渐缩小。具体表现为,卸载过程中随着应力的减小,加卸载同应力状态下的渗透率差值先增大后减小;且随着加卸载次数的增加,初始点渗透率的差值越来越小,基本上能够恢复到加载过程中初始点的渗透率。具体弹性煤样第二次及第三次加卸载实验结果如图 3-2 所示,由于各煤样表现基本一致,且在图 3-1 中已经给出了弹性煤样各次加卸载曲线,因此图 3-2 仅给出 Z1 煤样的第二、三次加卸载曲线。

(2)径向渗流实验

按照上一章中径向渗流的重复加卸载方案进行了 4 组煤样的径向渗流实验,煤样编号分别为 R1—R4,实验结果如图 3-3 所示。

由弹性煤样的径向渗透率-轴向有效应力[根据式(2-4)计算]曲线可以看出,煤样的径向渗透率要明显大于其轴向渗透率。煤样自身的各向异性导致其轴向及径向裂隙发育不一样是轴向及径向渗透率差异的主要原因。在煤样制作过程中,煤心一般垂直于层理面钻取,

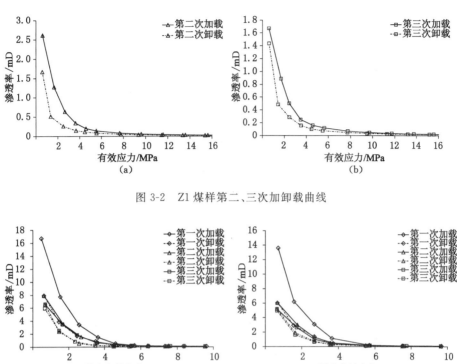

图 3-2　Z1 煤样第二、三次加卸载曲线

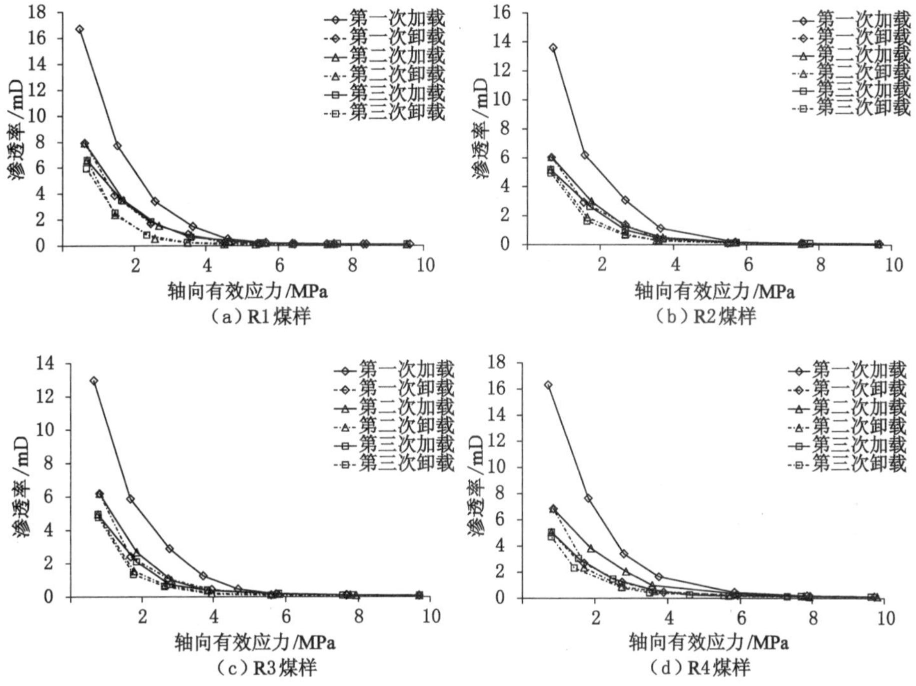

图 3-3　弹性煤样径向渗流重复加卸载实验结果

这导致煤样横向节理面较轴向发育,具体如图 3-4 所示。除此之外,由于径向渗流不存在围压,在相同轴向有效应力情况下,轴向渗流具有同等大小的围压。因此,本书进行的径向渗流实验与现场实际情况仍存在一定的区别,在以后的研究过程中将进一步完善,设计能够进一步施加围压的径向渗流实验。虽然径向渗流存在一定的缺陷,但是相关实验以及后文中偏应力渗流实验表明,平行于渗流方向的应力对渗流影响较小[177],因此围压对径向渗透率实验影响很小,本书中径向渗透率的实测结果仍具有参考价值。径向渗透率随着轴向有效应力的增加呈指数规律减小。第一次卸载到初始应力点状态下,径向渗透率大幅度降低,约为原渗透率的 1/2。对于第二次及第三次加卸载过程,径向渗透率-应力曲线与轴向渗透率-应力曲线表现基本一样,每一次卸载过程中,同一应力点的渗透率要小于同次加载过程中该应力点的渗透率。且随着加卸载次数的增加,初始点渗透率的差距越来越小,基本上能够恢

复到加载过程中初始点的渗透率。

图 3-4　煤样取心方向与节理裂隙发育情况

为了进一步分析煤体各向异性对其渗流敏感性的影响,本书将径向渗流与轴向渗流有效应力-渗透率实验结果进行对比分析,具体如图 3-5 所示。考虑各个煤样实验结果基本一致,本书仅给出 Z1 与 R1 煤样三次加卸载的对比曲线。

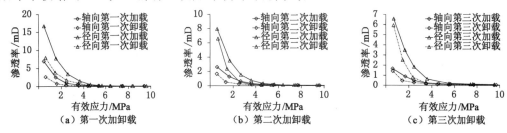

图 3-5　轴向渗流及径向渗流重复加卸载实验结果

由图 3-5 可以看出,在同等应力条件下,径向渗透率要明显大于轴向渗透率。尤其是在低应力情况下,煤样的径向渗透率要远大于轴向渗透率,这表明煤样横向面节理要比端割理更加发育。同时,横向面节理发育直接导致径向渗流对应力的敏感性要大于轴向渗流,这由图 3-5 可以看出,随着应力的增加,径向渗透率变化幅度要大于轴向渗透率,即随着应力的增加轴向渗透率与径向渗透率的差值越来越小。且随着重复加卸载次数的增加,弹性煤样因加工造成的微裂隙受到二次压密,径向与轴向的应力敏感性差异逐渐加大。

### 3.1.2　贯穿裂隙煤样渗流特征

按照第 2 章设计的应力路径,本书共进行了 4 组贯穿裂隙煤样的渗流实验,4 组贯穿裂隙煤样具体参数见表 3-2,实验结果如图 3-6 所示。实验采用的 4 组贯穿裂隙煤样,其剪切裂隙面均垂直于煤样两端,平行于轴向渗流方向且为贯通裂隙。

表 3-2　循环加卸载贯穿裂隙煤样基本参数尺寸

| 序号 | 煤样编号 | 煤样长度/mm | 煤样直径/mm | 实验类型 |
|---|---|---|---|---|
| 1 | S1 | 50.58 | 50.58 | |
| 2 | S2 | 50.74 | 51.26 | |
| 3 | S3 | 50.48 | 50.84 | 轴向渗流实验 |
| 4 | S4 | 50.25 | 50.75 | |

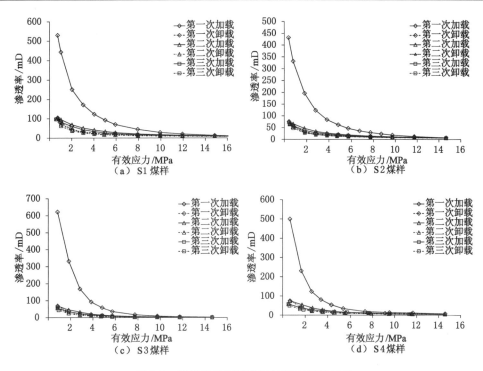

图 3-6 贯穿裂隙煤样重复加卸载实验结果

由图 3-6 可以看出,与弹性煤样类似,贯穿裂隙煤样第一次加载过程中渗透率要远高于第二次及第三次加载过程中的渗透率。第一次加卸载过程中贯穿裂隙煤样在同等应力状态下的渗透率要高出弹性煤样 2 个数量级。与弹性煤样稍有区别的是,在第一次加卸载过程中,贯穿裂隙煤样的渗透率损失量要明显大于弹性煤样。弹性煤样第一次加卸载过程中的渗透率损失量为初始渗透率的 59.65%,而贯穿裂隙煤样的渗透率损失率达到了 84.33%。这是由于发生剪切破坏拼接后的煤样大裂隙开度大,几乎不受力,裂隙剪切面较为粗糙而很难贴合,在第一次加载过程中,大裂隙受外力作用重新闭合,裂隙表面相互嵌入,产生一定的凝聚力,这就导致贯穿裂隙煤样第一次卸载到初始应力状态下裂隙开度大幅度减小。除此之外,裂隙表面粗糙,且已经发生剪切破坏,裂隙表面不平整煤屑及煤粉在加载过程中易掉落堵塞大裂隙通道,导致贯穿裂隙煤样的渗透率相对降低。

为了进一步验证贯穿裂隙煤样渗透率受煤粉堵塞裂隙面的影响,本书利用煤粉及剪切破坏煤样制作了两组煤样(S6 和 S7 煤样)进行对比研究,具体如图 3-7 所示。由于只进行对比,在实验室仅进行了一次加卸载实验,实验结果如图 3-8 所示。

（a）S6 煤样　　　　　（b）S7 煤样

图 3-7 裂隙面受煤粉填充的贯穿裂隙煤样

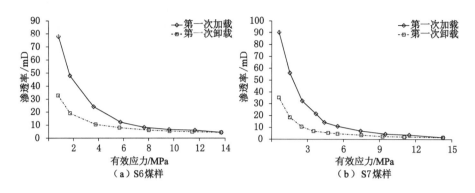

图 3-8　煤粉堵塞贯穿裂隙煤样实验结果

由图 3-8 可以看出,煤粉堵塞贯穿裂隙煤样渗透率明显小于不含煤粉的贯穿裂隙煤样。第一次加载过程中,初始应力条件下渗透率约为不含煤粉贯穿裂隙煤样的 1/5。但其渗透率仍约为弹性煤样初始渗透率的 10 倍。在第一次卸载过程中,其渗透率恢复情况要明显优于不含煤粉的贯穿裂隙煤样,第一次加卸载渗透率损失率为 58.48%,这与弹性煤样相近,要明显小于不含煤粉的贯穿裂隙煤样。这从另一方面说明了贯穿裂隙煤样第一次加卸载渗透率损失量高的主要原因之一就是,在加载过程中裂隙面掉落的煤粉对裂隙通道起堵塞作用。但对于贯穿裂隙煤样而言,即使后期裂隙被堵塞,其渗透率也要大于弹性煤样的渗透率。

与弹性煤样类似的是,贯穿裂隙煤样在第二、三次卸载过程中,随着应力的减小,加卸载同等应力状态下的渗透率差值先增大后减小。且随着加卸载次数的增加,初始点渗透率的差距越来越小,基本上能够恢复到加载过程中初始点的渗透率。具体贯穿裂隙煤样第二次及第三次加卸载实验结果如图 3-9 所示。

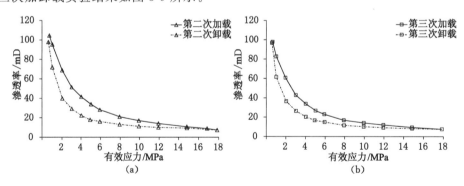

图 3-9　S1 贯穿裂隙煤样第二次及第三次加卸载实验结果

### 3.1.3　破碎煤岩样渗流特征

破碎煤样按照粒径共分为 6 组。由于破碎煤样形状不规则,各粒径尺寸不易测量,本书以分级筛分法划分颗粒粒径,破碎煤样具体参数见表 3-3,实验结果如图 3-10 所示。由图可以看出,破碎煤样在高应力状态下,其渗透率仍可以维持在 100 mD 以上。这表明在采空区压实的情况下,垮落带的渗透率仍然能够处于非常高的水平,其孔隙率依然非常高。

表 3-3　循环加卸载破碎煤样基本参数尺寸

| 粒径/mm | 5～8 | 8～12 | 12～15 | 15～18 | 18～22 | 22～25 |
|---|---|---|---|---|---|---|
| 样品编号 | G1 | G2 | G3 | G4 | G5 | G6 |

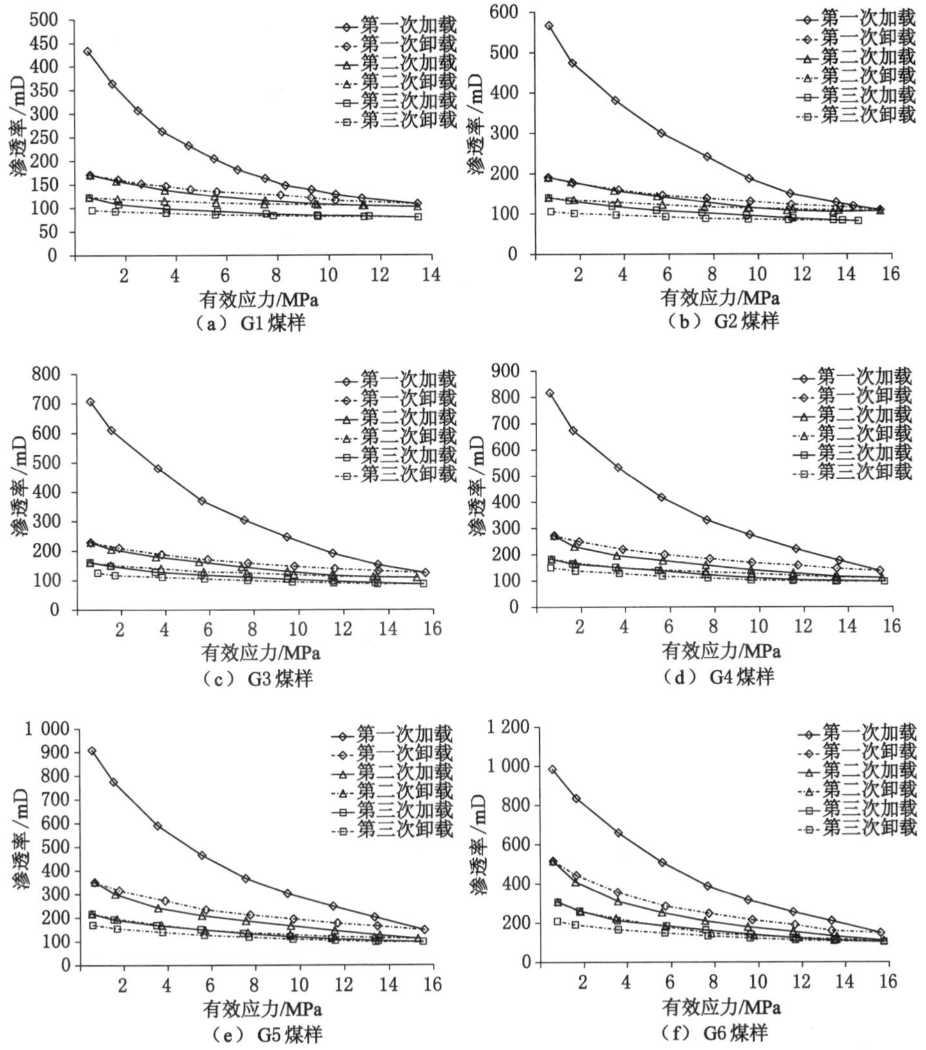

（a）G1 煤样

（b）G2 煤样

（c）G3 煤样

（d）G4 煤样

（e）G5 煤样

（f）G6 煤样

图 3-10　破碎煤样重复加卸载实验结果

在卸载过程中,破碎煤样本身基本不存在裂隙结构,在加载压密之后孔隙恢复能力差,导致卸载过程中渗透率增长非常缓慢。加之破碎煤样在加载过程中进一步被压碎,具体如图 3-11 所示,内部孔隙结构进一步缩小,这就导致在后期加卸载过程中破碎煤样渗透率变化幅度逐渐减小。

破碎煤样第二次、第三次加卸载过程应力-渗透率曲线与弹性煤样及贯穿裂隙煤样并不一样,破碎煤样本身基本不存在裂隙结构,且煤样越压越碎,孔隙空间很难恢复,在卸载过程中基本不存在类似弹性及塑性煤样的转折点,即在卸载过程中渗透率的差值越来越大。但是随着加载次数的增多,破碎煤样每次加卸载渗透率减小幅度降低。由于破碎煤样粒径的不同,在煤

（a）加卸载实验　（b）G1煤样　（c）G4煤样　（d）G5煤样　（e）G6煤样

图 3-11　破碎煤样重复加卸载实验结束后形态

样加卸载过程中,其再次破碎的程度也存在区别,具体如图 3-11 所示,破碎煤样粒径越大再次破碎后同样存在较大粒径煤样。这就导致不同粒径破碎煤样在加卸载过程中的应力敏感性、渗透率损失率以及渗透率大小均存在差别,不同粒径破碎煤样重复加卸载曲线如图 3-12 所示。

由图 3-12 可以看出,在每次加卸载过程中煤样的渗透率随着粒径的增大而增大。实验结果与 T. X. Chu 等[157]的实验结果存在一定的区别,但与马占国等[158]及吴金随[160]的实验及理论分析结果一致。出现上述实验结果差异的因素较多,如实验设备、渗透率计算方法、所选实验参数、实验主要流程等。但整体实验结果均在各个领域存在参考价值,本书不进行进一步的分析。随着有效应力的增大,不同粒径破碎煤样的渗透率差值越来越小,这表明破碎煤样粒径越大,其应力敏感性越强,越容易被压密,这与上述文献实验结果基本一致。在第二、三次加卸载过程中,小粒径破碎煤样受应力的影响逐渐减小,而大粒径破碎煤样仍然

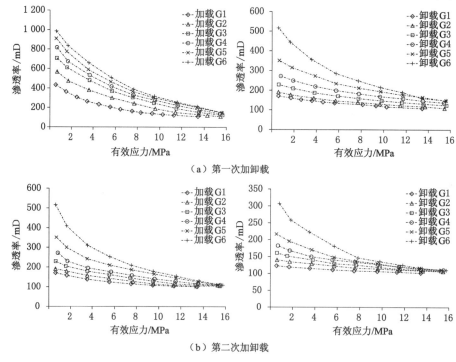

图 3-12　不同粒径破碎煤样加卸载对比曲线

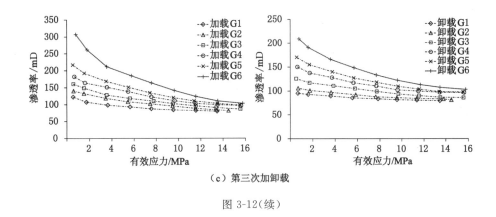

（c）第三次加卸载

图 3-12（续）

具有很强的应力敏感性。第 5 章将结合现有模型对破碎煤样的应力敏感性进行定量分析。

事实上采空区垮落带内破碎残煤仅占一部分,而绝大部分为破碎的直接顶。为了更进一步研究垮落带内应力-渗透率相关关系,本书进行了破碎岩样及煤岩组合试样的应力渗流实验,破碎煤岩样结构如图 3-13 所示。组合破碎煤岩样的基本参数见表 3-4,实验结果如图 3-14 所示。为了尽量减小破碎煤岩样粒径对渗透率的影响,采用粒径为 5～20 mm 的混合煤岩样。

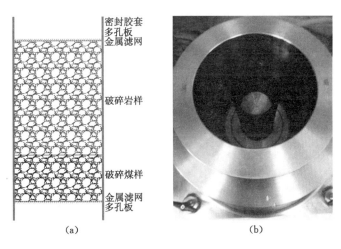

图 3-13 组合试样结构及实物图

表 3-4 不同煤岩组合比例试样编号

| 煤岩长度比例(煤∶岩) | 0∶1 | 1∶4 | 1∶2 | 1∶1 |
|---|---|---|---|---|
| 样品编号 | G7 | G8 | G9 | G10 |

由图 3-14（a）G7 岩样实验结果可以看出,破碎岩样的渗透率随着有效应力的增加呈指数规律减小,但减小幅度要明显小于破碎煤样,这就导致在高应力阶段破碎岩样的渗透率要高于破碎煤样。在卸载过程中,破碎岩样渗透率随着有效应力的减小增长缓慢。破碎岩样 G7 第二、三次加卸载过程与破碎煤样相类似,但破碎岩样渗透率的变化幅度略小。

组合破碎煤岩样的渗透率随着煤样比例的增加而减小。在第一次加卸载初期（有效应

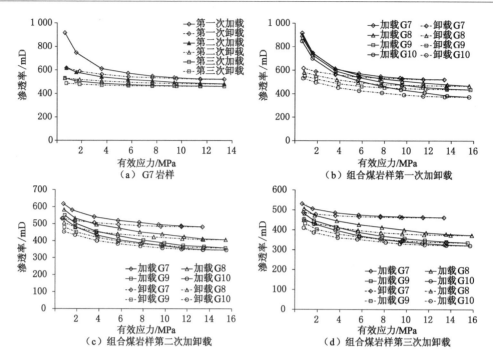

图 3-14  组合煤岩样重复加卸载实验结果

力小于 4 MPa），不同煤岩组合试样的渗透率差别不大。随着有效应力的进一步增加，组合煤岩试样的渗透率下降幅度随着含煤比例的升高而增大。在卸载过程中煤样比例高的试样随着应力降低，渗透率升高幅度相对较高。组合煤岩样中破碎煤样的比例越高，渗透率的应力敏感性越高，渗透率相对要小。为了进一步说明破碎煤岩样在有效应力作用下渗透率的变化情况，本书利用 Hertz 接触变形原理对散体颗粒变形量进行计算[180]，颗粒孔隙结构变化示意图如图 3-15 所示。

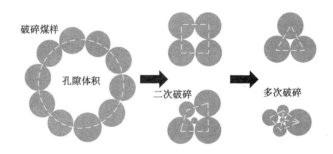

图 3-15  破碎煤岩样加载孔隙结构变化示意图

由图 3-15 可以看出，在破碎颗粒堆积初期，一般由多个颗粒组成大孔隙结构，此时试样的渗透率达到最大，且组成孔隙的颗粒越大、数目越多，其孔隙空间越大、渗透率越高。随着应力的升高，颗粒与颗粒之间由于并不存在内聚力，多颗粒孔隙结构开始发生破坏，形成类似如图 3-15 的四颗粒孔隙结构。此时，其孔隙渗流通道面积大幅度降低。随着应力的进一步升高，最终能够形成较为稳定的三颗粒孔隙结构，这部分渗透率损失主要由于孔隙空间的调整。

与此同时,由于破碎煤岩样(特别是煤样)强度很低,形状不规则,在孔隙结构变化过程中一直伴随着颗粒的再次破碎,这由图3-11可以看出。破碎小颗粒直径要明显小于大颗粒直径,其组成的相同体积试样的孔隙空间也要明显减小。除此之外,有些更小的破碎颗粒则会直接填充大颗粒的孔隙空间,同时伴随着颗粒结构的再次调整,具体如图3-15所示。破碎煤样孔隙结构的变化及再次破碎导致的渗透率降低在应力卸载过程中并不能恢复,进而导致破碎煤岩样在第一次加卸载过程中渗透率大幅度减小。而后期加卸载过程中,煤岩样再次破碎程度要远低于第一次加卸载过程,颗粒之间的结构也相对稳定。因此,破碎煤岩样第二次及第三次加卸载过程中渗透率减小幅度较小,应力敏感性相对较低。除了破碎煤样自身的孔隙结构变化及再次破碎等不可逆的渗透率损失外,破碎颗粒在形成孔隙结构过程中相互的挤压变形也是渗透率减小的原因,具体如图3-16所示。

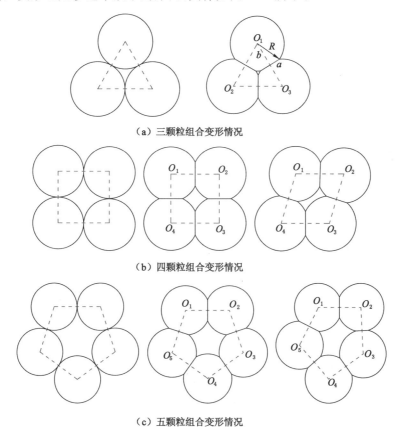

（a）三颗粒组合变形情况

（b）四颗粒组合变形情况

（c）五颗粒组合变形情况

图 3-16　组合颗粒变形结构示意图

由于颗粒之间的相互挤压,中部孔隙空间大幅度减小,本书结合 Hertz 接触变形原理对图 3-16 所示的三颗粒、四颗粒及五颗粒破碎煤样受应力挤压变形进行定量分析。根据 Hertz 变形法则[181-182],颗粒接触面半径 $a$ 可由式(3-1)计算:

$$a = \sqrt[3]{\frac{3FR(1-\nu^2)}{4E}} \tag{3-1}$$

式中　$E$——破碎颗粒弹性模量;

$\nu$——破碎颗粒泊松比;

$R$——颗粒粒径;

$F$——颗粒上的应力。

模型力 $F$ 可以表示为:

$$\begin{cases} F_3 = \dfrac{2\sigma\pi b^2}{3} \\[3mm] F_4 = \dfrac{\sigma\pi b^2}{2} \\[3mm] F_5 = \dfrac{2\sigma\pi b^2}{5} \end{cases} \qquad (3\text{-}2)$$

式中　$\sigma$——有效应力;

$b$——颗粒变形后的长度;

$F_3$,$F_4$ 和 $F_5$——三颗粒、四颗粒及五颗粒的模型力。

$$b = \sqrt{R^2 - a^2} \qquad (3\text{-}3)$$

破碎颗粒变形前的渗流面积为:

$$\begin{cases} A_{30} = \sqrt{3}R^2 - \dfrac{\pi R^2}{2} \\[3mm] A_{40} = 4R^2 - \pi R^2 \\[3mm] A_{50} = \sqrt{25 + 10\sqrt{5}}\,R^2 - \dfrac{3\pi R^2}{2} \end{cases} \qquad (3\text{-}4)$$

颗粒发生变形后,渗流面积为:

$$A_3 = \sqrt{3}\,b^2 - 3ab - \frac{3}{2}\left[\frac{\pi}{3} - 2\arctan\left(\frac{a}{b}\right)\right]R^2 \qquad (3\text{-}5)$$

$$A_4 = 4b^2 - 4ab - \left[\pi - 4\arctan\left(\frac{a}{b}\right)\right]R^2 \qquad (3\text{-}6)$$

$$A_5 = \sqrt{25 + 10\sqrt{5}}\,b^2 - 5ab - \left[\frac{3\pi}{2} - 5\arctan\left(\frac{a}{b}\right)\right]R^2 \qquad (3\text{-}7)$$

变形后的渗流面积为粒径 $R$、弹性模量 $E$、泊松比 $\nu$ 及有效应力 $\sigma$ 的函数,由于公式太长本书以 $A(R,\sigma,E,\nu)$ 代替,$A_0(R,\sigma,E,\nu)$ 代表变形前的渗流面积。对应变形前后的孔隙率比值为:

$$\frac{\varphi}{\varphi_0} = \left[1 - \frac{\sqrt{A_0(R,\sigma,E,\nu)} - \sqrt{A(R,\sigma,E,\nu)}}{\sqrt{A_0(R,\sigma,E,\nu)}}\right]^3 = \left[\frac{A(R,\sigma,E,\nu)}{A_0(R,\sigma,E,\nu)}\right]^{\frac{3}{2}} \qquad (3\text{-}8)$$

式中　$\varphi$——变形后的孔隙率;

$\varphi_0$——变形前的孔隙率。

根据立方定律给出的孔隙率与渗透率比值关系为[83]:

$$k/k_0 = (\varphi/\varphi_0)^3 \qquad (3\text{-}9)$$

因此,破碎颗粒煤变形后的渗透率的计算公式为:

$$k = k_0\left[\frac{A(R,\sigma,E,\nu)}{A_0(R,\sigma,E,\nu)}\right]^{\frac{9}{2}} \qquad (3\text{-}10)$$

本书根据表 2-2 所示煤的物理力学参数:$\nu = 0.15$,$E = 1\,590$ MPa,分别绘制三颗粒、四颗粒及五颗粒组合结构的有效应力-渗透率比值曲线,具体如图 3-17 所示,图中粒径 $R$ 为

5 mm。由图 3-17 可以看出,破碎煤样颗粒组合结构的应力敏感性随着组合颗粒数的增多而减小。作为最小组合结构的三颗粒组合模型的应力敏感性要远大于四颗粒及五颗粒组合结构。而三颗粒组合结构一般出现在颗粒结构组合调整之后,即第一次加载后期基本上为三颗粒组合结构,这意味着在第一次加载过程中破碎煤样应力敏感性越来越强,这与实验室所得结果(图 3-12)相反。另外,由三颗粒组合结构的有效应力-渗透率比值曲线可以看出,在有效应力达到 15 MPa 时,渗透率降为原来的 10%,这要明显小于实验室实测结果。

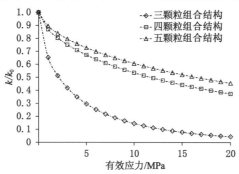

图 3-17　有效应力-渗透率比值曲线

出现第一个问题的主要原因是四颗粒及多颗粒组合结构在挤压过程中除了颗粒变形外,还会发生结构调整和颗粒的再次破碎,具体如图 3-16(b)和图 3-16(c)所示。而颗粒自身变形造成的渗透率损失要远小于颗粒结构调整和颗粒再次破碎造成的渗透率损失。随着加载次数增多,颗粒再破碎的能力逐渐减小,由此造成的渗透率损失也逐步降低。因此,虽然三颗粒组合结构的应力敏感性要高于四颗粒及五颗粒组合结构,但是在加载过程中结构变形及煤样再次破碎是渗透率减小的主要原因。

第二个问题:卸载过程中颗粒组合煤样由变形导致的渗透率减小量要远高于实验室实测结果。这是由于颗粒煤均为破碎煤样,其对应的弹性模量与表 2-2 中根据单轴抗压实验测得的煤体的弹性模量存在明显的区别;且随着颗粒的不断破坏,整个破碎煤样的等效弹性模量(割线模量)不断增加[156]。国内外学者研究发现,岩体的弹性模量与岩体的尺寸存在类似图 3-18 所示的负指数关系[183]。即岩体尺寸越大,相应的弹性模量越小,但存在最小表征尺寸,当岩体尺寸大于该尺寸后,岩体的弹性模量基本保持不变,具体如图 3-18 中的 $D$ 点[184]。而表 2-2 中煤样的弹性模量一般是大于 $D$ 点尺寸条件下的弹性模量。根据赵庆新等[185]的测量,粒径在 0.1 mm 范围内的颗粒煤弹性模量为 17.9～55.3 GPa,平均为 34.3 GPa。因此,本书中破碎煤样随着加卸载次数的增加,粒径越来越小(参考图 3-11),其弹性模量不断增加。为了研究不同弹性模量对颗粒变形的影响,本书给出了弹性模量为 10 GPa、20 GPa、30 GPa、40 GPa、50 GPa、60 GPa 的三颗粒及四颗粒组合结构的有效应力-渗透率比值曲线,具体如图 3-19 所示。

由图 3-20 可以看出,煤样颗粒弹性模量的升高使得渗透率的应力敏感性降低。当颗粒的弹性模量达到 30 GPa 时,三颗粒、四颗粒及五颗粒组合结构在有效应力达到 16 MPa 时的渗透率降为原来的 70%、88% 以及 91%,具体如图 3-20 所示。这比结构变形及颗粒破碎导致的渗透率减小量要小得多。因此,虽然随着加卸载次数的增加,三颗粒组合结构逐渐增多,但在加载过程中颗粒变形引起的渗透率减小量远小于结构变形及颗粒破碎造成的渗透

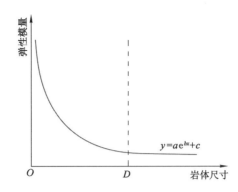

图 3-18　岩体尺寸与弹性模量的相关关系

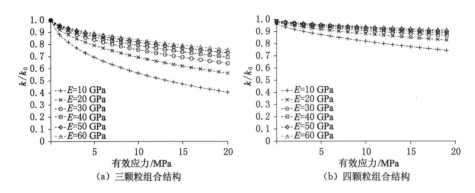

（a）三颗粒组合结构　　　　　　　（b）四颗粒组合结构

图 3-19　不同弹性模量下有效应力-渗透率比值曲线

率减小量。而由变形引起的渗透率损失在卸载过程中是可以恢复的，即卸载过程中随着颗粒压碎后弹性模量的升高，其应力敏感性降低，这与实验结果基本一致。

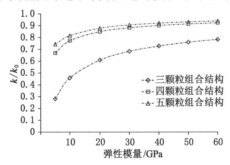

图 3-20　有效应力为 16 MPa 时的渗透率比值

　　除此之外，本书还研究了泊松比 $\nu$ 对颗粒变形的影响，具体如图 3-21 所示。图中弹性模量 $E$ 取 30 GPa，$R$ 取 5 mm，组合结构为三颗粒结构。由图 3-21 可以看出，泊松比对渗透率应力敏感性的影响要远低于弹性模量，且组合颗粒数越多，泊松比对其影响越小。而在实际情况下，煤样颗粒尺寸对煤样泊松比影响较小。因此，在加卸载过程中，煤样泊松比对应力敏感性的影响很小。

　　对式（3-10）中另一个主要参数破碎颗粒的粒径 $R$ 对应力敏感性影响的研究发现，在相同泊松比及弹性模量的情况下，渗透率比值的应力敏感性与其基本无关，这可由式（3-10）进

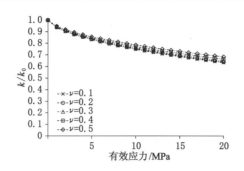

图 3-21　不同泊松比下有效应力-渗透率比值曲线

一步化简得到。直接将式(3-1)至式(3-8)代入化简公式过于复杂,本书根据上述结论作出如下假设:由于破碎颗粒弹性模量较大,其变形量 $a$ 相对 $R$ 非常小,因此假设式(3-2)中的 $b$ 约等于 $R$,其余公式不变,代入化简得到简化式(3-11)。

$$
\frac{A}{A_0} = \frac{1}{2\sqrt{3}-\pi}\left\{\frac{2\sqrt{3}-\pi+6\arctan\left[\dfrac{\sqrt[3]{\dfrac{\pi}{2}\sigma\dfrac{(1-\nu^2)}{E}}}{\sqrt{1-\sqrt[3]{\dfrac{\pi^2}{4}\sigma^2\dfrac{(1-\nu^2)^2}{E^2}}}}\right]-}{\sqrt{3}\sqrt[3]{2\pi^2\sigma^2\dfrac{(1-\nu^2)^2}{E^2}}-3\sqrt[6]{2}\sqrt[3]{\pi\sigma\dfrac{(1-\nu^2)}{E}}\sqrt{2-\sqrt[3]{2\pi^2\sigma^2\dfrac{(1-\nu^2)^2}{E^2}}}}\right\} \tag{3-11}
$$

由式(3-11)可以看出,化简后的公式中不存在粒径 $R$,只受弹性模量 $E$ 及泊松比 $\nu$ 影响。而实验结果(图 3-12)显示粒径越大其应力敏感性越高。其中的主要原因包括:① 粒径越大,其初始渗透率越高,这由式(3-4)初始渗流面积可知,这与实验结果一致。② 破碎煤样的粒径越大,其弹性模量越小,而由图 3-19 可知,弹性模量越小其应力敏感性越高。因此,虽然粒径 $R$ 并不直接影响渗透率的应力敏感性,但其通过弹性模量间接影响着破碎煤样的应力敏感性。因此,破碎煤样粒径越大,加载过程中应力敏感性越高。③ 在卸载过程中,由于基本不存在结构再次调整及颗粒破碎情况,煤样渗透率的应力敏感性基本上由颗粒变形产生。因此,在卸载过程中,大粒径煤样的应力敏感性更高,但其要小于同次加载过程中的应力敏感性。因此,破碎煤样粒径越大,初始渗透率越高,应力敏感性也越强。

综合以上分析,同一粒径的破碎煤样在第一次加载过程中应力敏感性较高的原因主要有以下三个方面:① 破碎煤样多颗粒结构变形调整造成孔隙率大幅度减小。② 破碎煤样颗粒的再次破碎,使得颗粒粒径减小,初始孔隙率及变形后孔隙率均减小,并且小颗粒填充大颗粒孔隙空间。③ 颗粒与颗粒之间的挤压变形减小了颗粒之间的孔隙率。前两个因素将会导致渗透率大幅度减小,且在应力卸载过程中无法恢复,为不可逆损失。第三个因素造成的渗透率降低在卸载过程中可以恢复,但对渗透率的影响程度低于前两个因素。

在第二、三次加载阶段,颗粒的进一步破碎及相应的结构调整能力逐渐减弱造成渗透率的应力敏感性逐渐降低,但仍是第二、三次加载过程中渗透率损失的主要原因,且随着加载次数的增加,颗粒粒径逐渐减小,破碎煤样的割线模量持续升高,破碎煤样因颗粒变形造成的渗透率降低量也逐渐减小。上述原因均导致随着加载次数的增加破碎煤样渗透率减小幅度及损失率逐渐降低。

在所有的卸载阶段,基本上只有颗粒变形导致渗透率减小的部分可以恢复。因此,卸载过程中的应力敏感性要明显小于同次加载阶段的应力敏感性,但由于每次加载都会减小颗粒粒径,而颗粒粒径的减小导致其割线模量逐渐升高,进而导致随着加卸载次数的增加,卸载过程中渗透率的应力敏感性逐渐降低。由上文分析得出,影响卸载过程中破碎煤样渗透率变化的主要因素是割线模量。本书利用各粒径煤样的卸载应力-渗透率曲线,根据式(3-11)拟合求出每次加载结束后的割线模量,具体如图 3-22 所示。

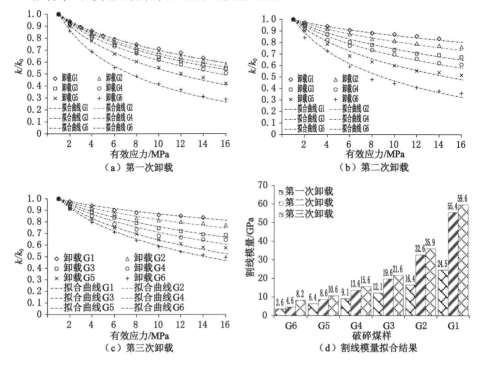

图 3-22　破碎煤样卸载拟合结果

由图 3-22 可以看出,式(3-11)对破碎煤样的卸载曲线拟合效果很好,表明破碎煤样卸载过程主要由颗粒变形控制,且割线模量基本保持不变。由破碎煤样的割线模量拟合结果可以看出,破碎煤样粒径越大对应加载结束后的割线模量越小,受有效应力的影响越大,这与实验结果一致。随着加卸载次数的增加,破碎煤样的割线模量逐渐增大,这主要是煤样的不断破碎造成的。对于不同粒径破碎煤样而言,随着加卸载次数的增加,割线模量增加幅度并不一样。大粒径破碎煤样割线模量的增加幅度要明显小于小粒径煤样,但增加幅度并不随着加卸载次数的增加而逐渐减小。这主要是由于加载应力小于大粒径破碎煤样强度或者加卸载次数偏少使得大粒径煤样在多次加载过后仍占有很大一部分(图 3-11)。因此,当循环加卸载次数或者有效应力达到一定程度后,所有粒径破碎煤样割线模量将趋于稳定,此时破碎煤样的性质类似于普通的多孔介质模型。

对于组合煤样,在第一次加载初期(4 MPa 以内),煤岩的结构初次调整基本上相当,煤岩样发生再次破碎颗粒数相对较少,即在此期间渗透率损失基本是结构破坏,且所造成的渗透率减小量相当,这由图 3-14(b)加载初期渗透率减小幅度相当可以看出。在后期加载过程中,破碎煤岩样强度不同,且岩石的弹性模量要明显大于煤的弹性模量,导致煤样比例越高,煤样再次破碎程度以及煤样变形程度越大,渗透率减小幅度也越大,这同样与图 3-14(c)

和图 3-14(d)相符。在卸载阶段,煤的弹性模量要小于岩石的,因而煤样比例较高,组合煤岩样的渗透率恢复程度也要稍微高一些,这与图 3-14(b)至图 3-14(d)相符。

### 3.1.4 煤层群重复采动过程中覆岩渗透率变化分析

由上文分析可知,弹性煤样、贯穿裂隙煤样以及破碎煤岩样分别代表煤层群重复采动过程中围岩各分带内不同采动损伤煤岩体。在煤层群卸压开采过程中,保护层的开采导致邻近层应力先增加后减小;在保护层采空区压实过程中,应力逐渐恢复;在后期煤层开采过程中,邻近层经历重复加卸载的过程。

结合弹性煤样的实验室实验结果,分析处于离层裂隙带以上及底鼓变形带以下的煤层在应力升高→应力降低→应力恢复三个阶段的渗透率变化。在应力升高阶段,由于本身原岩应力已经达到 20 MPa 左右,原始渗透率非常低。由图 3-1 可知,弹性煤样在高应力状态下,渗透率基本上维持稳定,且随着应力的增加渗透率变化幅度越来越小。因此,在应力升高阶段,渗透率小幅度减小,但对瓦斯渗流基本上没有影响。在应力降低阶段,位于离层裂隙带以上及底鼓变形带以下的完整煤体应力最终能够略小于其原岩应力,但是由实验结果可知,弹性煤样在卸载过程中存在滞缓性,在其恢复至原岩应力状态时,渗透率仍要略低于原始应力状态下的渗透率。但由于离采动煤层相对较远,采动应力整体影响较小,应力很难降低至较小范围内,渗透率迅速增加。在应力再次升高阶段,渗透率再次降低,其最终稳定的应力要略低于原岩应力,但渗透率基本保持不变。

由国内外关于煤层瓦斯抽采的分类指标(表 3-5)可以看出,我国由于煤层透气性普遍较低,煤层瓦斯基于渗透率的可抽采性指标要远低于澳大利亚。在国内容易抽采煤层渗透率的指标为大于 0.25 mD,而在澳大利亚渗透率小于或等于 1 mD 的煤层被认为不可抽采。如果按照澳大利亚标准,对于位于离层裂隙带以上及底鼓变形带以下的弹性煤样,在工作面开采过程中,即使外部应力很小,其渗透率也很难达到容易抽采的标准。而如果采用我国煤层瓦斯可抽采性指标,要达到容易抽采程度,对于弹性煤样,在卸载过程中其所受有效应力必须低于 5 MPa。而实际情况是,位于离层裂隙带以上及底鼓变形带以下的煤层应力变化幅度较小,很难在较长时间内维持低应力状态。因此在卸压开采过程中位于离层裂隙带以上及底鼓变形带以下的煤层增透效果较差,卸压瓦斯抽采效果一般。

**表 3-5 煤层初始渗透率与可抽采性分类[12,186]**

| 澳大利亚 | | 中国 | |
|---|---|---|---|
| 初始渗透率 | 可抽采性 | 初始渗透率 | 可抽采性 |
| $k \leqslant 1$ mD | 不可抽采 | $k > 0.25$ mD | 容易抽采 |
| 1 mD $< k \leqslant 5$ mD | 难抽采 | 0.002 5 mD $< k \leqslant 0.25$ mD | 可以抽采 |
| 5 mD $< k \leqslant 9$ mD | 一般 | $k < 0.002$ 5 mD | 较难抽采 |
| 9 mD $< k \leqslant 50$ mD | 容易抽采 | | |

对于位于离层裂隙带、贯穿裂隙带、底鼓裂隙带以及底鼓变形带内的贯穿裂隙煤样而言,其应力变化同样经历了三个阶段:应力升高→应力降低→应力恢复三个阶段。需要说明的是,离层裂隙带及底鼓变形带内主要为水平裂隙,而底鼓裂隙带及贯穿裂隙带同时存在水平及垂直裂隙。因此,在研究各分带内的渗透率变化时应该考虑方向性。

在应力升高阶段,应力急剧升高并超过煤体的屈服条件,位于贯穿裂隙带及底鼓裂隙带内煤体将发生拉破坏或者剪切破坏,产生大量水平及垂直裂隙;位于离层裂隙带及底鼓变形带内的煤体则发生层间拉破坏,产生大量水平裂隙。发生屈服的煤岩体应力开始逐渐降低,渗透率大幅度升高。随着工作面的推进,采空区垮落带逐渐压实,给裂隙带提供一定的支撑力,裂隙带内煤层应力逐渐增加直至相对稳定,但在很长一段时间内要低于原岩应力。结合贯穿裂隙煤样实验室实验结果可知,处于贯穿裂隙带及底鼓裂隙带的煤体发生屈服破坏后,其水平渗透率及垂直渗透率都将逐渐增大,约为初始渗透率的5 000 倍以上(在煤体发生塑性屈服后,应力逐渐减小对应于实验室贯穿裂隙煤样的第一次卸载过程,其渗透率在 10 mD 以上,而煤层原岩应力条件下的初始渗透率约为0.002 mD)。即便在后期应力升高后,其渗透率仍然可以维持在5~10 mD 之间,仍要远大于煤层的初始渗透率。而位于离层裂隙带及底鼓变形带内的煤层出现离层后,煤层水平渗透率急剧增加,垂直渗透率则基本不变(与弹性煤样类似)。但水平渗透率的增加仍然能够大幅度提高瓦斯的析出和抽采能力。由此可见,离层裂隙带、贯穿裂隙带、底鼓裂隙带以及底鼓变形带内的煤层,渗透率增加明显,卸压抽采效果好。因此,在实际开采过程中应尽量使得被保护层位于上述各分带以内,以便改善被保护层的卸压效果。但如果同时考虑保护层工作面安全开采,应尽量避免被保护层处于贯穿裂隙带及底鼓裂隙带而造成卸压瓦斯通过垂直贯穿裂隙涌入保护层工作面。

处于垮落带内的煤样,在保护层开挖后,煤样以散体状态堆积,处于无应力或低应力状态,此时渗透率最大。此后由于上覆岩层的破断压实采空区垮落带,应力逐渐增加,渗透率相应减小,对应第一次加载过程。在后期煤层开挖过程中,垮落带内的煤样则受重复加卸载影响,对应破碎煤样的第二、三次加卸载过程,且每一次采动过程都会使得垮落带的渗透率减小,但渗透率始终维持在 100 mD 以上。

## 3.2　煤层偏应力状态下瓦斯渗流特征研究

根据实验设计的非等压应力路径,进行了弹性煤样以及贯穿裂隙煤样的轴向渗流实验。弹性煤样实验仍然采用重复加卸载煤样,在进行完重复加卸载实验后将煤样在无应力状态下放置一周时间;贯穿裂隙煤样实验则重新进行剪切实验煤样制备。对于非等压偏应力情况,如果采用第 2 章中式(2-2)所示的有效应力计算公式,得出的有效应力与渗透率的关系如图 3-23 所示。

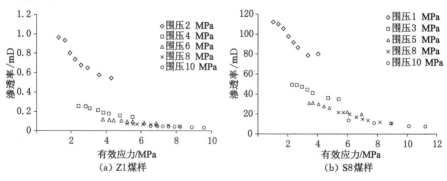

图 3-23　非等压偏应力条件下有效应力-渗透率实验结果

由图 3-23 可以看出,虽然煤样的渗透率随着有效应力的增加呈下降趋势,但是不同围压条件下,即使有效应力相同,其渗透率也存在很大区别。即存在同一有效应力对应多组渗透率,且各渗透率相差较大的现象。比如弹性煤样 Z1 在有效应力均为 4 MPa 的情况下,围压是 2 MPa 时的渗透率为 0.53 mD;而围压为 4 MPa 及 6 MPa 时,渗透率只有 0.18 mD 及 0.12 mD。因此,在三向不等压条件下,直接利用有效应力进行分析效果并不理想。本书为了进一步研究轴向渗流条件下渗透率对轴压及围压敏感性的差别,分别绘制了不同围压相同轴压的渗透率曲线图及相同围压不同轴压的渗透率曲线图,具体如图 3-24 及图 3-25 所示。

由图 3-24 可以看出,在相同围压条件下,煤样渗透率随着轴压的升高逐渐减小,但减小幅度很小,特别是在围压相对较高的情况下,渗透率基本保持不变,这表明轴向渗流对轴压的敏感性相对较低。在低围压阶段,弹性煤样与贯穿裂隙煤样表现出不同的特点,在轴压逐渐升高过程中,部分贯穿裂隙煤样渗透率出现先减小后增大情况,如 S9 和 S10 煤样。而弹性煤样则没有出现渗透率升高情况。这主要是由于在低围压情况下,贯穿裂隙煤样内部裂隙面并没有压密,轴压的增加使得裂隙面周围可能出现新的张拉破坏,裂隙进一步扩张。弹性煤样由于煤本身强度较大,在低围压阶段并没有出现后期的裂隙扩张渗透率升高现象。在围压较高的情况下,内部裂隙(主要是竖向裂隙)基本上已经处于闭合状态,而轴压的升高对竖向裂隙闭合的贡献相对较小,因此轴向渗透率变化较小。为了进一步说明应力与煤体内部裂隙及渗流的耦合关系,在本书第 4 章将利用离散元数值模拟软件进一步分析。

由图 3-25 所示不同轴压状态下渗透率-围压关系可以看出,在轴压保持不变的情况下,随着围压的增加,渗透率呈指数规律减小。这表明轴向渗流对围压的敏感性要远大于轴压。且由于轴向渗透率受轴压的影响较小,不同轴压对应的渗透率-围压结果基本上重合。

除此之外,在径向渗流重复加卸载过程中,研究了径向渗流的渗透率与轴压之间的关系,具体如图 3-3 以及图 3-5 所示。对比轴向渗流对轴压的敏感性可以看出,径向渗流对于轴压的敏感性要大于轴向渗流对于轴压的敏感性。因此,对于不同方向的渗透率,其对垂直于渗流方向应力的敏感性要大于平行于渗流方向应力的敏感性。而在卸压开采瓦斯抽采过程中,被保护层内钻孔抽采渗流路径一般平行于被保护层,如图 3-26 所示。这也是离层裂隙带内的水平离层裂隙发育有助于瓦斯抽采的原因。因此,相应地降低垂直应力的增透效果要优于降低水平应力的效果。

除上述一般情况之外,个别贯穿裂隙煤样出现无论是低围压还是高围压,煤的轴向渗透率随着轴压的升高均大幅度降低,对轴压的敏感性要明显大于其他贯穿裂隙煤样的现象,如 S12 煤样,其实验结果如图 3-27 所示。图中,S12 煤样在不同轴压及围压状态下渗透率随着围压/轴压的升高均大幅度减小。

出现上述情况是由于部分贯穿裂隙煤样剪切裂隙并非垂直于煤样两端,横向裂隙及轴向裂隙交错。图 3-28 为 S12 煤样的裂隙表面结构图。由图 3-28 可以看出,贯穿裂隙中存在接近水平的一段。本书将在第 4 章利用数值模拟进一步研究应力-裂隙-渗流三者之间的相关关系。

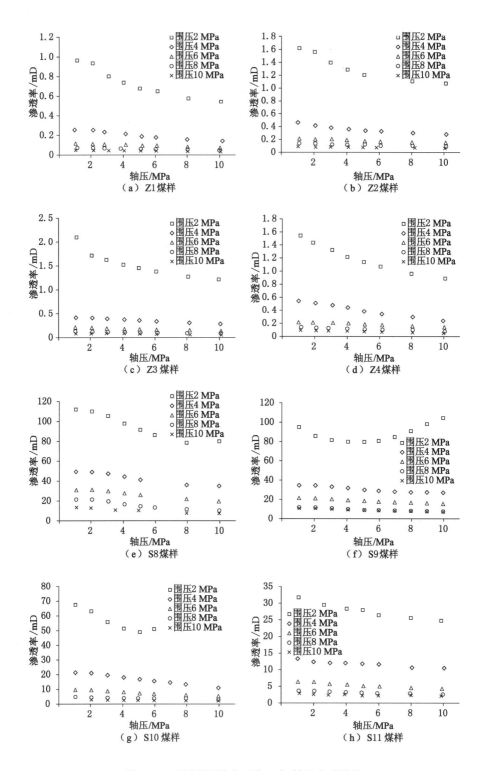

图 3-24 不同围压状态下渗透率-轴压实验结果

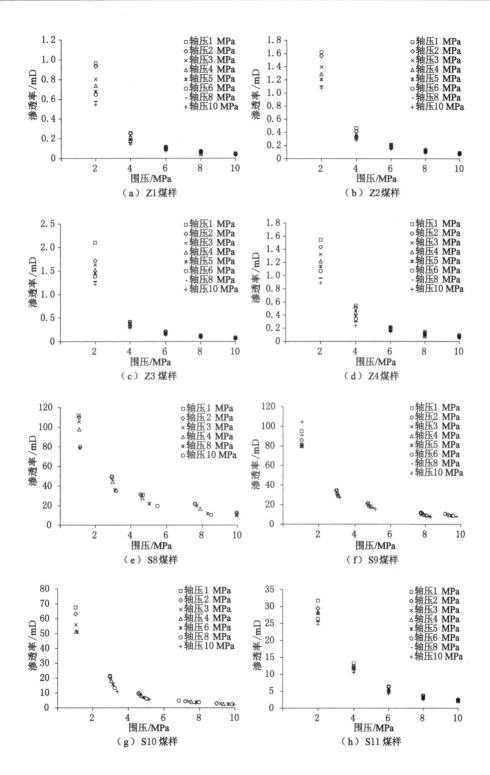

图 3-25 不同轴压状态下渗透率-围压实验结果

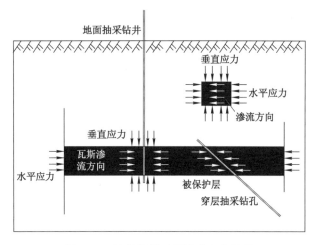

图 3-26　被保护层瓦斯抽采应力情况

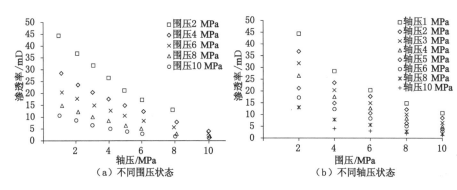

图 3-27　S12 煤样非等压偏应力实验结果

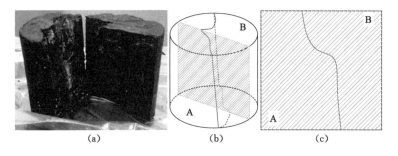

图 3-28　S12 煤样的裂隙结构

# 3.3　不同瓦斯压力煤层渗流特征实验研究

虽然有效应力的计算过程考虑了瓦斯压力对渗透率的影响,根据公式可以看出,瓦斯压力越大有效应力则会相应减小,从而使得渗透率升高,但在实际过程中,由于克林肯贝格效应的存在,渗透率随着瓦斯压力的增加呈现先减小后增大的现象。因此,为了研究渗透率的瓦斯压力敏感性,进行了不同瓦斯压力下的渗流实验,瓦斯压力变化路径在上一章中已经给出。

### 3.3.1　弹性煤样不同瓦斯压力渗流实验

按照恒定环压及恒定有效应力瓦斯压力加载应力路径进行了 3 组轴向及径向渗流的实验室实验。煤样的基本参数尺寸见表 3-6。

**表 3-6　瓦斯压力加载实验的弹性煤样基本参数尺寸**

| 序号 | 煤样编号 | 煤样长度/mm | 煤样直径(内径)/mm | 实验类型 |
|------|----------|-------------|---------------------|----------|
| 1 | P1 | 99.53 | 50.15 | 轴向渗流实验 |
| 2 | P2 | 98.93 | 49.83 | |
| 3 | P3 | 99.07 | 50.42 | |
| 4 | H1 | 50.18 | 50.11/3.6 | 径向渗流实验 |
| 5 | H2 | 50.27 | 49.98/3.6 | |
| 6 | H3 | 51.53 | 50.04/3.6 | |

（1）轴向渗流实验

图 3-29 左侧为轴向渗流在恒定环压应力路径下的实验结果,由图可以看出,在恒定环压的情况下,轴向渗透率随瓦斯压力升高呈类似"V"形变化趋势,符合二次函数分布。渗透率随着瓦斯压力的升高先降低后升高,在某一恒定环压下,在瓦斯压力加载过程中存在转折点,即临界瓦斯压力。通过拟合计算得出各环压下瓦斯压力加载二次项拟合公式（$y=aP^2-bP+c$）及临界瓦斯压力,见表 3-7。除此之外,在相同瓦斯压力情况下,渗透率随着环压的升高逐渐减小。

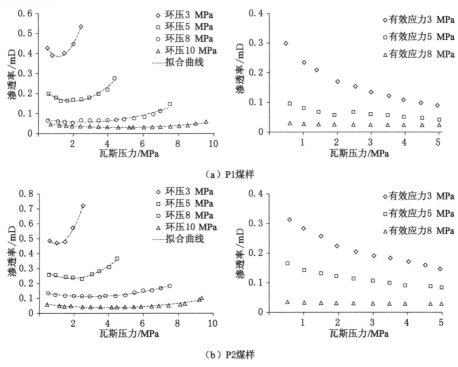

（a）P1煤样

（b）P2煤样

**图 3-29　不同应力状态下瓦斯压力加载轴向渗流实验结果**

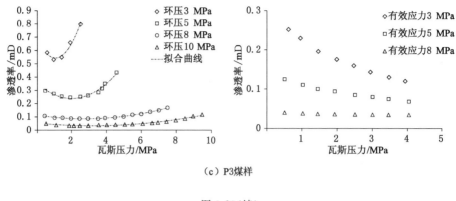

（c）P3煤样

图 3-29（续）

由表 3-7 可以看出，恒定环压下 3 个煤样关于瓦斯压力的二次函数拟合效果较好，这表明二次函数能够很好地逼近恒定环压条件下瓦斯压力-渗透率变化关系。但由表 3-7 同样可以看出，拟合公式受环压的影响。袁梅等[187]通过与本书相似的实验给出了基于环压的拟合公式，但均使用二次函数拟合系数 $a$、$b$、$c$。实际上，采用指数函数拟合系数 $a$、$b$、$c$ 效果更好，具体如图 3-30 所示。

表 3-7　瓦斯压力加载轴向渗流实验拟合结果

| 煤样编号 | 环压/MPa | 拟合公式 | 相关系数 | 临界瓦斯压力/MPa |
|---|---|---|---|---|
| P1 | 3 | $k = 0.090\,3P^2 - 0.211\,0P + 0.509\,0$ | 0.990 7 | 1.168 |
| | 5 | $k = 0.018\,0P^2 - 0.071\,5P + 0.233\,5$ | 0.957 1 | 1.986 |
| | 8 | $k = 0.002\,9P^2 - 0.015\,9P + 0.076\,2$ | 0.908 4 | 2.741 |
| | 10 | $k = 0.001\,4P^2 - 0.009\,6P + 0.053\,0$ | 0.897 5 | 3.429 |
| P2 | 3 | $k = 0.111\,1P^2 - 0.224\,9P + 0.579\,8$ | 0.992 9 | 1.012 |
| | 5 | $k = 0.017\,9P^2 - 0.077\,3P + 0.298\,6$ | 0.970 5 | 2.159 |
| | 8 | $k = 0.003\,5P^2 - 0.020\,6P + 0.141\,9$ | 0.907 9 | 2.943 |
| | 10 | $k = 0.001\,8P^2 - 0.012\,7P + 0.066\,5$ | 0.912 2 | 3.528 |
| P3 | 3 | $k = 0.123\,2P^2 - 0.263\,7P + 0.684\,3$ | 0.979 5 | 1.070 |
| | 5 | $k = 0.028\,2P^2 - 0.113\,6P + 0.352\,5$ | 0.968 4 | 2.014 |
| | 8 | $k = 0.002\,8P^2 - 0.017\,2P + 0.095\,1$ | 0.926 7 | 3.071 |
| | 10 | $k = 0.001\,9P^2 - 0.013\,9P + 0.053\,8$ | 0.978 2 | 3.656 |

图 3-30 中，$a$、$b$、$c$ 为 3 个煤样的均值，3 个值的拟合相关系数 $R$ 均超过了 0.99，表明采用指数函数拟合效果非常好。因此，基于指数函数拟合的不同环压 $\sigma_h$ 下的渗透率拟合公式为：

$$k_p = (0.001\,4 + 1.319\,7e^{-0.838\,2\sigma_h})P^2 - (0.003\,2 + 1.062\,5e^{-0.509\,8\sigma_h})P + $$
$$1.700\,2e^{-0.357\,0\sigma_h} + 0.008\,6 \tag{3-12}$$

式中　$k_p$——瓦斯压力变化过程中的渗透率。

临界瓦斯压力 $P_1$ 可以直接通过式（3-12）计算得到，计算结果如下：

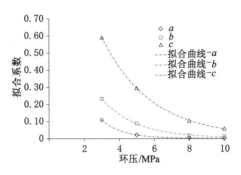

图 3-30　各参数拟合结果

$$P_1 = \frac{0.001\,6 + 0.531\,25e^{-0.509\,8\sigma_h}}{0.001\,4 + 1.319\,7e^{-0.838\,2\sigma_h}} \qquad (3\text{-}13)$$

除了通过式(3-12)直接计算外,还可以通过实测数据进行拟合,拟合结果如图 3-31 所示,拟合公式见式(3-14):

$$P_{jl} = 1.993\,2\ln\sigma_h - 1.134\,9 \qquad (3\text{-}14)$$

由图 3-31 可以看出,式(3-14)与式(3-13)在测试范围内结果基本一致。但式(3-13)计算的临界瓦斯压力随着环压的持续升高将接近 1.14 MPa,而式(3-14)计算结果随着环压的升高趋近稳定值,即在高环压下增长缓慢。两者虽然存在一定区别,但都表明在高环压状态下,瓦斯压力的变化对渗透率影响较小。

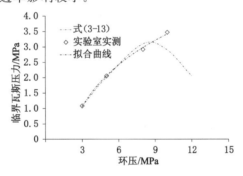

图 3-31　临界瓦斯压力的拟合结果

在瓦斯压力变化过程中影响渗透率的主要因素包括煤体吸附作用、有效应力的变化情况以及在低瓦斯压力情况下的克林肯贝格效应(滑脱效应)[187-188]。在恒定环压的情况下,随着瓦斯压力的升高,煤体所受有效应力降低。但瓦斯压力的升高同时使得煤吸附瓦斯量增加,煤基质发生膨胀,孔隙空间减小。而滑脱效应一般发生在瓦斯压力较小的范围内,一般小于 2 MPa[189]。且滑脱效应在低瓦斯压力低环压的条件下更为明显[190],这由图 3-29 可以看出。本书中的临界瓦斯压力即有效应力与吸附作用及滑脱效应的分界点。在瓦斯压力小于临界瓦斯压力范围内,滑脱效应以及基质的吸附膨胀起主要作用,且瓦斯压力与环压越小,滑脱效应以及基质的吸附膨胀对渗透率影响越大。当瓦斯压力大于临界瓦斯压力时,有效应力的减小导致孔隙空间扩大并对渗透率的变化起主要作用。

为了进一步研究滑脱效应以及基质的吸附膨胀对渗透率的影响,本书进行了恒定有效应力的瓦斯压力加载实验,具体如图 3-29 右侧所示。由图可以看出,在有效应力恒定的情况下,渗透率随着瓦斯压力的增加而减小。这进一步说明恒定环压状态下后期渗透率的升高是有效应力降低造成的。且由循环加卸载渗透率实验结果可知,有效应力越低渗透率应力敏感性越高,这同样说明恒定环压状态下后期渗透率升高幅度逐渐增大是有效应力降低造成的。由图 3-29 所示有效应力恒定的实验结果可以看出,滑脱效应及吸附作用随着瓦斯压力的升高对渗透率的影响逐渐减弱;而随着有效应力的升高,除了渗透率降低以外,渗透率对瓦斯压力的敏感性同样降低。

(2)径向渗流实验

径向渗流实验由于只能施加轴压,外部压力相对较小,再加上上文研究得出径向渗透率要明显大于轴向渗透率,这就导致在瓦斯压力增加的过程中,流量极易超限。因此,本书仅进行了恒定轴压的瓦斯压力加载渗流实验,实验结果如图 3-32 所示。

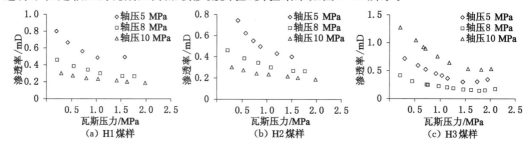

图 3-32  不同应力状态下瓦斯压力加载径向渗流实验结果

由图 3-32 可以看出,径向渗流实验与轴向渗流实验基本相似。在瓦斯压力升高过程中,由于存在滑脱效应以及基质吸附膨胀,渗透率在瓦斯压力升高初期逐渐降低,达到临界瓦斯压力后,有效应力起主导作用,渗透率开始上升。同时,随着轴压的升高,滑脱效应以及基质吸附膨胀对渗透率的影响均减小。但由于在瓦斯压力升高过程中流量很容易超限,在3 个煤样实验过程中,在相对较高轴压情况下并未出现临界瓦斯压力,整个径向渗透率受瓦斯压力的影响要大于轴向渗透率。

### 3.3.2  贯穿裂隙煤样不同瓦斯压力渗流实验

为了研究贯穿裂隙煤样在不同瓦斯压力下的渗流特征,重新制作了 3 组煤样,煤样基本参数尺寸见表 3-8。

表 3-8  瓦斯压力加载实验的贯穿裂隙煤样基本参数尺寸

| 序号 | 煤样编号 | 煤样长度/mm | 煤样直径/mm | 实验类型 |
|---|---|---|---|---|
| 1 | S13 | 51.25 | 51.18 | 瓦斯压力加载渗流实验 |
| 2 | S14 | 51.13 | 52.39 | |
| 3 | S15 | 50.79 | 52.04 | |

由于贯穿裂隙煤样渗透率要远大于弹性煤样,在瓦斯压力升高过程中,流量很容易超限。因此,应力路径中最大瓦斯压力取决于流量计量程。贯穿裂隙煤样的瓦斯压力加载渗流实验结果如图 3-33 所示。

由图 3-33 可以看出,在瓦斯压力加载范围内,贯穿裂隙煤样渗透率随着瓦斯压力的增加逐渐减小,而未出现增加现象。这可能是由于瓦斯压力并未加至临界瓦斯压力,但这种情

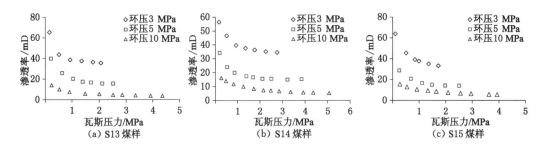

图 3-33　贯穿裂隙煤样瓦斯压力加载渗流实验结果

况可能性并不大。这是因为贯穿裂隙煤样在瓦斯压力加载过程中最高瓦斯压力基本上超过了同等应力状态下弹性煤样的临界瓦斯压力。除此之外,贯穿裂隙煤样在瓦斯压力加载过程中渗透率变化幅度相差较大。在低瓦斯压力阶段,如瓦斯压力在 1 MPa 以内,渗透率随着瓦斯压力的升高出现骤降的情况;而当瓦斯压力大于 1 MPa 时,渗透率随着瓦斯压力的增大缓慢减小。出现这种现象的原因可能是在低瓦斯压力情况下,气体的滑脱效应、速敏效应再加之基质吸附膨胀共同造成了渗透率的降低。速敏效应是由于贯穿裂隙煤样渗透率高,在瓦斯压力升高初期,瓦斯流速大幅度增加而产生的渗透率衰减现象[191]。瓦斯压力升高,滑脱效应以及速敏效应对渗透率的影响减弱,渗透率变化幅度减小。与弹性煤样类似的是,随着环压的升高,瓦斯压力升高对贯穿裂隙煤样渗透率的影响逐渐减弱。

按照弹性煤样拟合方法给出了不同环压下贯穿裂隙煤样渗透率受瓦斯压力影响的公式,但由于实验过程中未出现渗透率升高部分,本书拟采用指数函数进行拟合,拟合结果如式(3-15)所示:

$$k_s = (11.773\ 6 + 103.328\ 6e^{-0.432\ 3\sigma_h})e^{-(0.93 + 5.042\ 1e^{-0.358\ 8\sigma_h})P} + 147.781\ 6e^{-0.528\ 4\sigma_h} + 4.210\ 6$$

$$(3-15)$$

式中　$k_s$——贯穿裂隙煤样的渗透率。

根据式(3-15)即可计算不同环压条件下瓦斯压力变化过程中的渗透率。

由于采空区垮落带的渗透率高,瓦斯压力变化较小,本书不进行破碎煤体不同瓦斯压力渗流实验。

### 3.3.3　卸压抽采过程中被保护层渗透率变化分析

由实验结果可以看出,无论是弹性煤样还是贯穿裂隙煤样,在瓦斯压力变化过程中,其渗透率均会变化。在保护层卸压抽采过程中,被保护层瓦斯压力随着抽采进行将持续降低,处于不同带内的煤层渗透率变化就会产生明显的区别。

处于离层裂隙带以上及底鼓变形带以下的煤层其本身渗透率较小,且外部应力仍能处于一个较高水平,瓦斯压力降低幅度及其对渗透率的影响相对较小。处于离层裂隙带、贯穿裂隙带、底鼓裂隙带以及底鼓变形带内的煤层,由于渗透率的升高,瓦斯将会大量解吸涌出,但由于初始瓦斯压力较大,外部应力相对较低,此时渗透率受瓦斯压力影响很大,渗透率将会大幅度减小。而随着瓦斯的持续抽采,瓦斯压力降低,渗透率将会逐渐升高,但同样伴随着外部应力的逐渐恢复煤层渗透率减小。因此,这就要求在瓦斯抽采过程中必须同时考虑这两个因素,以判断瓦斯抽采过程中渗透率的变化状况,从而为钻孔布置位置、抽采时机以及管路压力选择提供指导。

# 3.4 本章小结

(1)不同损伤程度煤样随着有效应力的升高,渗透率均呈指数规律减小。在同等应力条件下,沿面节理方向的渗透率要明显大于垂直于面节理方向的渗透率,这表明弹性煤样存在各向异性。贯穿裂隙煤样渗透率远大于煤样原始渗透率,表明卸压开采有助于处于离层裂隙带、贯穿裂隙带、底鼓裂隙带以及底鼓变形带内的低透气性煤层瓦斯抽采。在重复加卸载过程中,弹性煤样、贯穿裂隙煤样以及破碎煤岩样第一次加卸载过程中的渗透率损失远大于第二、三次加卸载过程,且随着加卸载次数的增加,渗透率损失量逐渐减小。

(2)轴向渗透率的围压敏感性远大于轴压敏感性,径向渗透率的轴压敏感性大于围压敏感性。颗粒与颗粒之间的结构调整、颗粒的再次破碎以及颗粒之间的挤压变形是破碎煤岩样加载过程中渗透率降低的主要原因。在卸载过程中恢复的渗透率主要为颗粒变形引起的渗透率损失。根据 Hertz 接触变形原理给出了加卸载过程中的渗透率模型,同时求出了卸载过程中破碎煤样的割线模量。颗粒的粒径越大对应的渗透率越大,应力敏感性也越大。

(3)在轴压及围压一定的情况下,随着瓦斯压力的增加,弹性煤样轴向及径向渗透率先减小后增加,存在临界瓦斯压力。瓦斯压力与外部应力越小,滑脱效应以及基质的吸附膨胀对渗透率影响越大。贯穿裂隙煤样渗透率在瓦斯压力测试范围内随着瓦斯压力的增大逐渐减小,而未出现升高现象。根据实验结果给出了弹性煤样及贯穿裂隙煤样轴向渗透率与外部应力及瓦斯压力的拟合公式。以本章研究成果为基础发表的论文详见参考文献[16,259-262]。

# 4　采动裂隙煤样应力-裂隙-渗流耦合特征分析

通过实验室实验掌握了弹性煤样、贯穿裂隙煤样以及破碎煤岩样渗透率与有效应力的基本关系。但由于实验室实验条件有限,很难进一步观测实验过程中随着应力变化煤样内部裂隙及渗流的情况。对于单轴压缩过程中裂隙扩展情况,现阶段可以利用声发射及红外观测等的设备进行观测[192-194]。但是煤样的三轴渗流一般处于密闭空间,很难采用上述手段进行应力-裂隙-渗流的耦合特性研究。除了实验室研究,数值模拟由于具有成本较低,变量可控性强,裂隙演化规律更加直观等特点,能够进一步完善不同损伤裂隙结构煤样的应力渗流特征。数值模拟的一般步骤分为首先进行裂隙煤岩体裂隙结构分布特征的描述及统计,根据统计的裂隙分布特征进行实验室或者数值模拟重构,然后进行重构模型裂隙参数的反演及修正,最后利用所建的数值模型进行相关的模拟研究。本书主要基于离散元数值模拟软件 UDEC 进行裂隙煤样应力-裂隙-渗流耦合特征的数值模拟研究。

## 4.1　裂隙煤样流固耦合离散元数值模拟方法

### 4.1.1　流固耦合模拟原理

UDEC 数值模拟软件可以用来模拟受载节理裂隙岩体渗流过程。在 UDEC 模拟岩体渗流过程中,其块体假设为不渗透的,渗流只发生在块体之间的节理中。渗流规律符合常规的立方体定律:

$$q = \frac{1}{12\mu} a^3 \frac{\Delta P}{l} \tag{4-1}$$

式中　$q$——渗流速率,$m^2/s$;

　　　$\mu$——流体动力黏度,$Pa \cdot s$;

　　　$a$——裂隙(节理)开度,m;

　　　$\Delta P$——上下游压力差,Pa;

　　　$l$——节理裂隙长度,m。

在式(4-1)中只能通过裂隙开度 $a$ 与应力的相关关系实现应力对渗流的影响模拟。裂隙开度与应力的关系表达式:

$$a = a_0 - \sigma_n / k_n \tag{4-2}$$

式中　$a_0$——作用在裂隙上的法向应力为 0 时的裂隙开度;

　　　$\sigma_n$——作用在裂隙上的法向应力;

　　　$k_n$——裂隙的法向刚度。

在数值模拟过程中为了保证运算的效率,一般设置裂隙开度的上下限,具体如图 4-1(a)所示。

在应力改变过程中,裂隙开度发生变化,各节点流量同样发生变化,原始区域的孔压发生变化,新区域的孔压为:

$$P = P_0 + K_w Q \frac{\Delta t}{S} - K_w \frac{\Delta S}{S_m} \tag{4-3}$$

式中    $P$——新区域的孔压,Pa;

          $P_0$——原始区域的孔压,Pa;

          $K_w$——流体的体积模量,MPa;

          $Q$——区域连通节理的流量总和,$m^2/s$;

          $\Delta S, S_m$——$\Delta S = S - S_0$,$S_m = (S + S_0)/2$,$S$ 及 $S_0$ 为新旧区域的面积;

          $\Delta t$——运算时步。

运用式(4-1)、式(4-2)及式(4-3)就可以进行应力-裂隙-渗流的耦合模拟,整个渗流过程如图4-1(b)所示。

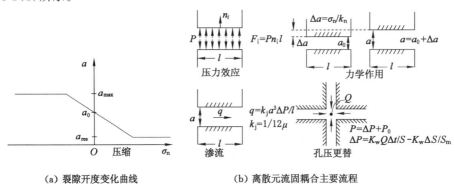

(a) 裂隙开度变化曲线      (b) 离散元流固耦合主要流程

图 4-1   离散元流固耦合数值模拟方法

### 4.1.2   模型节理参数选取

数值模拟参数的选取直接决定着数值模拟的准确性,在流固耦合模拟过程中主要考虑力学参数及流体参数;除了物理力学参数,模型尺寸及网格大小同样影响着模拟的准确性。

（1）宏观及微观参数选取

弹性模量 $E$ 和泊松比 $\nu$ 统称为宏观参数,这两个参数一般由单轴抗压强度一半处的应力-应变曲线计算得到[195];法向刚度 $k_n$、切向刚度 $k_s$、内聚力 $C$、内摩擦角 $\varphi$ 和抗拉强度 $\sigma_t$,这5个参数统称为微观参数,具体如图4-2所示。煤岩体的宏观参数 $E$、$\nu$,接触刚度 $k_n$、$k_s$以及不规则多边形块体的尺寸决定着煤岩体的变形特性,法向刚度 $k_n$ 同样影响着裂隙开度;而煤岩体的微观参数 $C$、$\varphi$ 和 $\sigma_t$ 决定着煤岩体的强度特性[196]。T. Kazerani 等[197]通过研究给出了宏观参数与微观参数的相关关系:① 弹性模量取决于接触刚度 $k_n$、$k_s$,而泊松比仅取决于 $k_s/k_n$;② 岩体的内聚力取决于节理内聚力,而岩体的内摩擦角则取决于节理的内摩擦角及内聚力;③ 岩体的抗拉强度主要由节理的抗拉强度 $\sigma_t$ 确定。相关研究表明,接触刚度与块体刚度相近时可以提高计算效率,接触刚度可以由式(4-4)确定[196,198]:

$$k_n = n\left(K + \frac{4}{3}G\right)/b_2 \quad (5 \leqslant n \leqslant 10) \tag{4-4}$$

式中    $K$,$G$——块体的体积模型和剪切模量,GPa;

          $b_2$——块体的尺寸,m。

在数值模拟过程中,块体及内部划分的单元均为弹性的,不能发生破坏,但能够产生弹性变形,具体如图 4-2 所示。块体之间的节理裂隙存在一定的抗拉及抗剪强度,当节理裂隙上的作用力超过其自身强度时将发生破坏。块体间的破裂及本构行为如图 4-3 所示,本书块体间的力学行为由库仑滑移准则确定,在块体接触的法向上力与位移关系为法向刚度 $k_n$ 控制的线弹性关系:

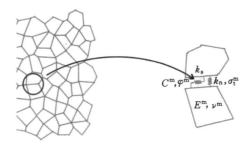

图 4-2　UDEC 节理裂隙参数之间的关系

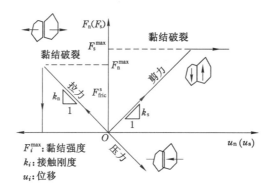

图 4-3　UDEC 模拟煤岩体破裂的传播[199]

$$\Delta \sigma_n = - k_n \Delta u_n \qquad (4\text{-}5)$$

式中　$\Delta \sigma_n$——有效法向应力增量;

　　　$\Delta u_n$——法向位移增量。

但当法向拉应力大于抗拉强度 $\sigma_t$ 时,$\sigma_n = 0$。实际上该公式与上述确定裂隙开度受法向应力影响的公式是一样的。因此,节理发生拉破坏的时候,节理裂隙开度应该重新定义,不应该仅取决于式(4-2)。

在块体接触切向上,力学性质由切向刚度 $k_s$ 决定。接触间的剪应力 $\tau_s$ 由块体接触间的内聚力 $C$ 和内摩擦角 $\varphi$ 共同决定:

$$\Delta \tau_s = \begin{cases} - k_s \Delta u_s^e & (|\tau_s| \leqslant C + \sigma_n \tan \varphi = \tau_{max}) \\ \mathrm{sign}(\Delta u_s^e) \tau_{max} & (|\tau_s| > \tau_{max}) \end{cases} \qquad (4\text{-}6)$$

式中　$\Delta u_s^e$——剪切位移增量的弹性部分。

（2）模型尺寸选取

一般为了计算速度更快以节约运算时间及减少电脑内存占用,尽量选择小模型进行计算,但仍然要大于其最小表征单元体[200-201]（最小表征单元体,其模型尺寸足够小,但仍能表征该岩体的物理力学性质)。大量研究表明,当模型尺寸小于最小表征单元体尺寸时,其对裂隙岩体的强度及变形特征影响非常人[202-203]。而当模型尺寸大于最小表征单元体尺寸时,模型尺寸对岩体的物理力学性质基本不存在影响。因此,只要模型尺寸不小于最小表征单元体尺寸,就可以利用数值模拟研究岩体的应力-裂隙-渗流特性。

对于基于颗粒模型的离散元数值模拟,其模型尺寸一般与实验室实验煤样尺寸一样,而这远大于该类岩体的最小表征单元体。图 4-4 为不同尺寸模型的单轴压缩模拟,由图可以看出 5 个不同尺寸的单轴压缩模型应力-应变曲线基本一致[204]。这表明即使模型尺寸为原始尺寸的 20%,其大小也超过该模型的最小表征单元体。本书数值模型尺寸与实验室实验煤样尺寸一致且要远大于其最小表征单元体,因此在本书的数值模拟过程中可以不考虑模型尺寸对模拟准确性的影响。

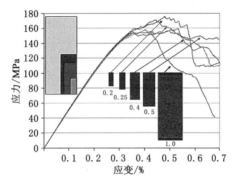

图 4-4　不同尺寸模型的单轴压缩实验结果

（3）块体尺寸选取

模型在模拟之前一般划分为若干块体,本书采用 UDEC 自带的 Voronoi 不规则多边形划分程序进行块体的划分。划分的块体一般具有一个平均边长,具体如图 4-5 所示。相关研究表明,不规则多边形块体的尺寸小于煤岩体模型的 1/10 时,其对煤岩体的力学特性基本不产生影响[205]。也有学者通过大量的数值模拟研究总结出了块体尺寸的选取范围[206]:

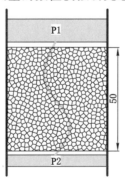

图 4-5　渗流模拟的数值模型

$$10w < d_p < l_f/4 \tag{4-7}$$

式中　$d_p$　　块体尺寸;

　　　　$l_f$——裂隙区域扩展长度;

$w$——垂直于裂隙扩展方向区域的未发生破裂的块体厚度。

$l_f$可由式(4-8)进一步计算：

$$l_f = \frac{9\pi K_{IC}^2}{32\sigma_t^2} \tag{4-8}$$

式中　$K_{IC}$——裂隙表面粗糙度；

　　　$\sigma_t$——岩体裂隙的抗拉强度。

值得注意的是，块体尺寸对流体的影响非常大，因为在相同模型尺寸下块体边长直接决定模型内的网格密度，而网格密度则影响着块体内渗流裂隙通道数[123]。本书为了研究块体网格数对模型渗流的影响，建立了 100 mm×100 mm 的正方形模型，进行不同块体边长无应力状态下的渗流模拟，模拟分为垂直方向及水平方向两种。不规则多边形边长分别为 10 mm、7 mm、5 mm、3 mm 以及 1 mm。不同边长的网格数及对应的数值模拟流量见表 4-1，每一种模型运算 5 次，取平均值。其中，裂隙开度取相对较大值 $2×10^{-5}$ m，以加快模型运算速度。$Q_h$ 及 $Q_v$ 表示横向及纵向渗流的总流量。

表 4-1　不同网格数数值模拟流量统计

| 边长/mm | 网格数/个 | $Q_h/(m^2/s)$ | $Q_v/(m^2/s)$ |
|---|---|---|---|
| 10 | 122 | $1.06×10^{-3}$ | $1.06×10^{-3}$ |
| 7 | 236 | $1.52×10^{-3}$ | $1.53×10^{-3}$ |
| 5 | 444 | $2.19×10^{-3}$ | $2.18×10^{-3}$ |
| 3 | 1 188 | $3.74×10^{-3}$ | $3.73×10^{-3}$ |
| 1 | 10 212 | $1.15×10^{-2}$ | $1.15×10^{-2}$ |

由表 4-1 可知，在同一网格数的情况下，纵向及横向渗流的总流量基本相等，这就可以认为模型属于各向同性模型。随着网格数的增加，纵向及横向渗流的流量大幅度增加，这主要是由于裂隙网格密度增加导致渗流通道的增加，具体如图 4-6(a)和图 4-6(b)所示。由图 4-6(a)和图 4-6(b)可以看出，网格数为 1 188 个的模型渗流通道要比网格数为 444 个的渗流通道密得多。由于裂隙开度相等，根据式(4-1)可知每一条渗流通道的流量相等，而总流量 $Q_0$=渗流通道数 $n×q$，渗流通道数 $n$ 与 $N^{0.5}$ 成正比。根据式(4-1)可知，模拟中的渗透系数 $T_i$ 可以表示为：

$$T_i = \frac{a^3}{12\mu} \tag{4-9}$$

由于 $\Delta P$ 与渗流长度 $l$ 保持不变，因此 $Q_0/T_i$ 应与 $N^{0.5}$ 成正比。为了验证上述推断，根据表 4-1 绘制了 $Q_0/T_i$ 与 $N^{0.5}$ 的曲线图，具体如图 4-6(c)所示。

由拟合曲线可看出，线性相关系数 $R=1$，证实了上述推断。尺寸为 100 mm×100 mm 的模型网格数与流量的线性关系为：

$$\frac{Q_0}{T_i} = (1.937\sqrt{N} - 4.308)×10^6 \tag{4-10}$$

基于式(4-10)，本书可以根据实验室实测得到的渗透率大小，在确定网格数 $N$ 的情况下计算得到裂隙开度 $a$。但由于实验室一般采用 100 mm×50 mm 的试件进行渗透率的测试，为了进一步研究模型尺寸对渗流的影响，按照上述步骤，进行了模型尺寸分别为

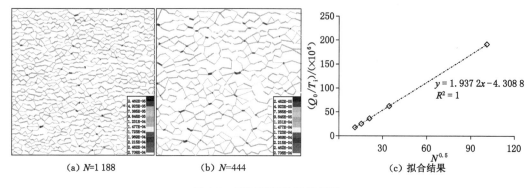

图 4-6  不同网格数渗流情况

$100\text{ mm}\times 50\text{ mm}$ 及 $50\text{ mm}\times 50\text{ mm}$ 的渗流模拟。模拟结果如图 4-7 所示。

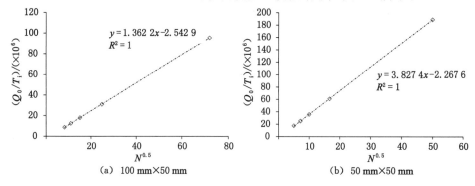

图 4-7  不同尺寸模型 $Q_0/T_i$ 与 $N^{0.5}$ 拟合曲线

由图 4-7 可以看出,不同尺寸模型的 $Q_0/T_i$ 与 $N^{0.5}$ 关系式明显不同,而模型尺寸的改变实际是改变了渗流通道数 $n$ 以及渗流长度 $l$。渗流通道数 $n$ 近似等于渗流截面长度 $l_s$ 与不规则块体边长 $l_a$ 的比值。根据该推导拟合出三种尺寸模型 $Q_0/T_i$ 与 $l_s/l_a$ 的关系曲线,具体如图 4-8 所示。

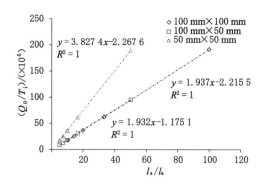

图 4-8  不同尺寸模型 $Q_0/T_i$ 与 $l_s/l_a$ 拟合曲线

由图 4-8 可以看出,$100\text{ mm}\times 100\text{ mm}$ 与 $100\text{ mm}\times 50\text{ mm}$ 尺寸模型的拟合曲线基本重合,而尺寸为 $50\text{ mm}\times 50\text{ mm}$ 模型的拟合曲线的斜率约为另外两种模型的 2 倍。根据

式(4-1)可以看出,这是渗流长度 $l$ 的不同引起的。除了 $l$,压力差 $\Delta P$ 与裂隙开度 $a$ 同样会影响拟合公式。为了进一步研究 $\Delta P$ 与 $a$ 对拟合公式的影响,本书运用 $100\ \text{mm} \times 100\ \text{mm}$ 模型模拟了不同压差及裂隙开度的渗流情况,模拟结果见表 4-2。

表 4-2　不同压差及裂隙开度的渗流情况

| 边长 /mm | 不同裂隙开度的流量情况 | | | 不同压差的流量情况 | | |
|---|---|---|---|---|---|---|
| | $Q_0/(\text{m}^2/\text{s})$, $a=2\times10^{-5}\ \text{m}$ | $Q_1/(\text{m}^2/\text{s})$, $a=4\times10^{-5}\ \text{m}$ | $Q_1/Q_0$ | $Q_1/(\text{m}^2/\text{s})$, $\Delta P=0.2\ \text{MPa}$ | $Q_3/(\text{m}^2/\text{s})$, $\Delta P=1\ \text{MPa}$ | $Q_1/Q_3$ |
| 10 | $1.06\times10^{-3}$ | $8.50\times10^{-3}$ | 8.0 | $1.06\times10^{-3}$ | $5.32\times10^{-3}$ | 0.2 |
| 7 | $1.52\times10^{-3}$ | $1.22\times10^{-2}$ | 8.0 | $1.52\times10^{-3}$ | $7.89\times10^{-3}$ | 0.2 |
| 5 | $2.19\times10^{-3}$ | $1.75\times10^{-2}$ | 8.0 | $2.19\times10^{-3}$ | $1.09\times10^{-2}$ | 0.2 |
| 3 | $3.74\times10^{-3}$ | $2.99\times10^{-2}$ | 8.0 | $3.74\times10^{-3}$ | $1.86\times10^{-2}$ | 0.2 |
| 1 | $1.15\times10^{-2}$ | $9.20\times10^{-2}$ | 8.0 | $1.15\times10^{-2}$ | $5.75\times10^{-2}$ | 0.2 |

由表 4-2 及图 4-8 可以看出,除了模型边界条件外,模型流量模拟结果与式(4-1)完全符合,流量 $Q$ 与 $a^3$、$\Delta P$ 成正比,与渗流长度 $l$ 成反比。

为了模拟实验室所有尺寸试样渗透率的大小,需要得到模型尺寸 $l$、$l_s$,压差 $\Delta P$,裂隙开度 $a$ 及块体边长 $l_a$ 与流量 $Q$ 的线性公式。结合式(4-1)以及模拟数据得出关于流量 $Q$ 的拟合公式,具体如图 4-9 所示,其中令 $h=\Delta P/l$,$n=l_s/l_a$。图中拟合数据为不同尺寸、不同开度、不同压差的所有模拟数据,线性相关系数 $R$ 达到 0.999 9,表明考虑多种因素的拟合效果很好,拟合公式如下:

$$\frac{Q_0}{T_i} = (0.954nh - 2.554\ 7) \times 10^6 \tag{4-11}$$

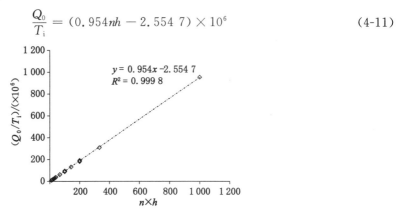

图 4-9　考虑各参数的拟合结果

运用式(4-11)结合式(4-2),根据实验室实测得出的不同应力状态下的 $Q$、$l$、$l_s$ 就能得出固定 $l_a$ 情况下对应的初始裂隙开度 $a_0$ 及法向刚度 $k_n$。

### 4.1.3　渗流平衡状态判断

渗流模拟采用稳态渗流,模拟过程中监测任意一点的孔压以判断渗流是否达到平衡,当该点的孔压保持不变时,渗流模拟已经达到平衡。图 4-10 为某一模型不同应力状态下的孔压变化情况。

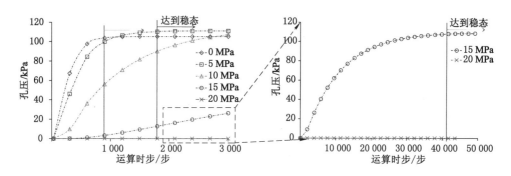

图 4-10　不同轴压状态下达到稳态所需运算时步

由图 4-10 可知,随着轴压的升高,达到稳态所需的运算时步逐渐增多。当运算时步达 3 000 步时,轴压为 0 MPa 和 5 MPa 的模型已经达到稳态,达到稳态所需的运算时步为 750 步和 1 500 步。当轴压为 10 MPa 时,模型运算至 3 000 步基本达到稳态。当轴压为 15 MPa 和 20 MPa 时,模型运算至 3 000 步时远没有达到平衡。当轴压为 15 MPa 和 20 MPa 时,大约需要运算 40 000 步才能达到平衡,具体如图 4-10 所示。当模拟达到稳态时,就可以通过 "Print max"命令获取模型中的总流量,同时根据模型中进出流量相等判断模型平衡。

## 4.2　基于实验室实测结果的流固耦合数值模拟反演研究

上节的分析证明了离散元数值程序可以很好地进行煤岩体的流固耦合模拟,同时分析了模型中各参数选取对流固耦合模拟的影响并给出了拟合公式,准确掌握了参数选取对模型初始渗流的影响。以此为基础,结合第 3 章实验室实验结果,本书进行了弹性煤样及贯穿裂隙煤样应力-裂隙(节理)-渗流的数值模拟反演研究。具体包括各向同性模型、各向异性模型及贯穿裂隙模型横向及轴向渗流的流固耦合数值模拟研究。

### 4.2.1　各向同性模型

(1) 各向同性模型节理参数选取

煤样由于内部孔隙层理结构相当复杂,基本上属于各向异性煤样,但如果直接运用各向异性煤样进行应力-裂隙-渗流的模拟就无法判断渗流方向对同等应力条件下渗流特征的影响。因此,本书首先采用各向同性模型反演弹性煤样轴向渗流实验,进而研究渗流方向对应力-裂隙-渗流的影响。结合达西定律,式(4-11)即可转化为关于渗透率 $k[\mathrm{m}^2/(\mathrm{MPa \cdot s})]$ 的计算公式:

$$k = \frac{(0.954nh - 2.554)(a_0 - \sigma_n/k_n)^3 \times 10^6}{12\mu h l_s} \tag{4-12}$$

为了与实验室研究相对应,各向同性模型与图 4-5 一样,各参数分别为 $l = 0.05$ m,$l_s = 0.05$ m,$l_a = 0.002$ m,$\Delta P = 0.2$ MPa。将上述参数代入式(4-12)得出基于各向同性模型参数的渗透率(mD)-应力及节理法向刚度的公式:

$$k = 3.867\ 7 \times (a_0 - \sigma_n/k_n)^3 \times 10^{16} \tag{4-13}$$

根据式(4-13)结合实验室实测数据通过拟合便可以求得对应的 $a_0$ 及 $k_n$,为了减小弹性煤样制作过程中产生的裂隙对拟合的影响,且由于三次加卸载拟合方法一致,本书仅列举采用第三次加载时的应力-渗透率曲线进行拟合,弹性煤样 Z1—Z3 拟合结果如图 4-11 所示。

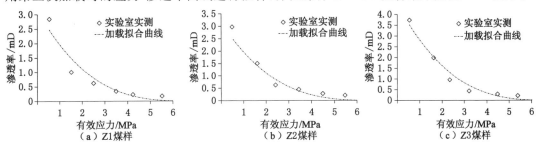

图 4-11　基于立方定律的各向同性煤样拟合曲线

模拟过程中,随着应力的无限增长,按照式(4-13)势必会使得裂隙开度变为负值,因此模拟过程中存在残余节理(裂隙)开度,应确保其值始终大于 0。根据实验室实测曲线可以看出,当有效应力超过 5 MPa 时,弹性煤样的渗透率的变化幅度已经小于 5%。因此本书拟合曲线的应力值上限为 5 MPa。通过拟合得到数值模拟各参数的值,见表 4-3。

表 4-3　各向同性煤样离散元模拟参数拟合结果

| 煤样编号 | $a_0/m$ | $k_n/GPa$ | $a_{res}/m$ | $R^2$ |
| --- | --- | --- | --- | --- |
| Z1 | $4.883\times10^{-6}$ | $1.421\times10^3$ | $6.61\times10^{-7}$ | 0.965 8 |
| Z2 | $4.337\times10^{-6}$ | $1.579\times10^3$ | $5.37\times10^{-7}$ | 0.915 8 |
| Z3 | $3.754\times10^{-6}$ | $1.959\times10^3$ | $6.91\times10^{-7}$ | 0.976 6 |
| 平均值 | $4.325\times10^{-6}$ | $1.653\times10^3$ | $6.30\times10^{-7}$ | |

由图 4-11 及对应的表 4-3 可以看出,按照式(4-13)对实验室实测结果进行拟合效果较好,拟合相关系数均能达到 0.9 以上。但同样可以看出,在有效应力接近 6 MPa 时,拟合曲线渗透率要明显小于实验结果。这主要是由于煤样的节理可压缩性随着应力的升高会逐渐减小,而数值模拟则不变。为了解决这一问题以及提高计算效率,本书设置有效应力为 5 MPa 时的节理开度为残余节理开度。利用表 4-3 计算出的平均值进行各向同性煤样的应力-裂隙-渗流模拟,模拟结果与实验室实测结果对比情况如图 4-12 所示。由图 4-12 可以看出,在考虑残余裂隙开度的情况下,数值模拟结果在渗透率大小及变化趋势上与实验室实测结果基本一致,这表明本书中针对各向同性模型选用的流固耦合参数能够用于弹性煤样的应力-裂隙-渗流的数值模拟研究。

因此,上述方法能够在有效应力相对较低(10 MPa 以内)的情况下与实验室实测匹配很好。但在高应力阶段要确保裂隙开度始终为正值,则需要设置残余裂隙开度。这就导致在高应力状态下裂隙应力敏感性与实际产生一定的区别。但由实验室实测可知,在高应力状态下,煤样渗透率及其敏感性都非常小,因此对本书乃至绝大多数情况下的研究影响很小,且采用上述方法不需要进行参数的变动,计算速度更快,本书将这种方法称为固定节理刚度的计算方法。

但对于埋深较大的煤层而言,地应力较高,如果采用上述方法,煤样节理裂隙开度几乎均会维持在残余裂隙开度,这对模拟结果会造成一定的影响。出现上述现象的主要原因为

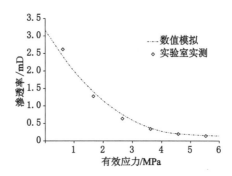

图 4-12　各向同性模型有效应力-渗透率数值模拟与实测结果对比图

模拟过程中节理刚度为定值,即裂隙的可压缩性不变。因此,如果采用固定节理刚度的计算方法,在非等压偏应力状态下,当轴压或围压超过一定值后,其裂隙开度达到残余裂隙开度不再变化,会直接影响计算精度,特别是对于有角度的节理,具体如图 4-13 所示。在轴压与围压相等的情况下,裂隙开度与倾角无关。但在轴压与围压不相等的情况下,节理倾角直接影响着节理的受力情况。

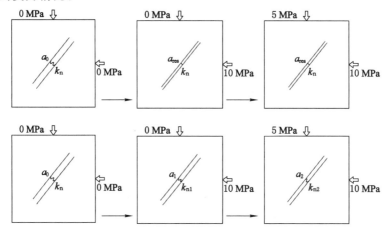

图 4-13　倾斜节理加载裂隙开度变化情况

　　图 4-13 中上部为固定节理刚度的应力加载示意图,由图可以看出,直接加载 10 MPa 的水平应力将会使得节理直接进入残余裂隙开度状态,之后加垂直应力对节理开度不存在影响。即在水平应力为 10 MPa 条件下,垂直应力为 0 MPa 与垂直应力为 5 MPa 下裂隙开度一样,这显然与实际情况存在一定的区别。而在变节理刚度情况下,应力的提升使得节理刚度进一步提升,在水平应力为 10 MPa 情况下,远没有达到残余裂隙开度状态。此时轴压的增加可以促使裂隙开度进一步减小。因此,变节理刚度的渗流模拟更能贴近实验室实测情况,但在计算过程中要根据应力状态不断更新节理刚度,从而会降低运算速度。

　　国内外学者通过实验室实验得出,裂隙的可压缩性实际上随着有效应力的变化而发生改变[84],具体为:

$$\overline{c}_{f} = \frac{c_{f0}}{\alpha_{f}(\sigma - \sigma_{0})} \left[1 - e^{-\alpha_{f}(\sigma - \sigma_{0})}\right] \tag{4-14}$$

式中　　$c_{f0}$——原始裂隙的压缩系数;

$\alpha_{\mathrm{f}}$——裂隙压缩系数随有效应力的改变系数。

裂隙的压缩系数与节理刚度的关系如下：

$$k_{\mathrm{n}} = \frac{1}{c_{\mathrm{f}}} = \frac{\alpha_{\mathrm{f}}(\sigma - \sigma_0)}{c_{\mathrm{f}0}\left[1 - \mathrm{e}^{-\alpha_{\mathrm{f}}(\sigma - \sigma_0)}\right]} \tag{4-15}$$

假设初始状态应力为 0，则式(4-15)可化简为：

$$k_{\mathrm{n}} = \frac{\alpha_{\mathrm{f}}\sigma}{c_{\mathrm{f}0}(1 - \mathrm{e}^{-\alpha_{\mathrm{f}}\sigma})} \tag{4-16}$$

将式(4-16)代入式(4-13)可得：

$$k = 3.867\,7 \times \left[a_0 - \frac{c_{\mathrm{f}0}(1 - \mathrm{e}^{-\alpha_{\mathrm{f}}\sigma})}{\alpha_{\mathrm{f}}}\right]^3 \times 10^{16} \tag{4-17}$$

根据式(4-17)对弹性煤样的应力-轴向渗透率实测曲线进行拟合，拟合曲线如图 4-14 所示，各参数的拟合结果如表 4-4 所示。

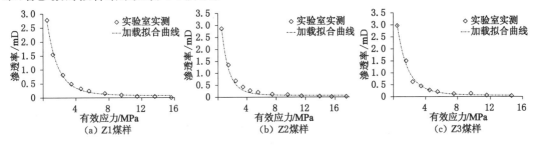

图 4-14　基于变节理刚度的各向同性煤样拟合曲线

表 4-4　各向同性煤样变节理刚度离散元模拟参数拟合结果

| 煤样编号 | $a_0$ | $c_{\mathrm{f}0}$ | $\alpha_{\mathrm{f}}$ | $R^2$ |
|---|---|---|---|---|
| Z1 | $4.83 \times 10^{-6}$ | $1.25 \times 10^{-6}$ | 0.334 6 | 0.992 1 |
| Z2 | $5.04 \times 10^{-6}$ | $1.82 \times 10^{-6}$ | 0.476 8 | 0.995 0 |
| Z3 | $4.69 \times 10^{-6}$ | $1.20 \times 10^{-6}$ | 0.349 2 | 0.995 6 |
| 平均值 | $4.85 \times 10^{-6}$ | $1.42 \times 10^{-6}$ | 0.386 9 | |

由拟合曲线及相关系数 $R$（均大于 0.99）可以看出，采用变节理刚度的拟合效果要明显优于固定节理刚度的拟合效果(图 4-11)，且拟合的应力范围更广。固定节理刚度的拟合范围一般在 5 MPa 左右，而变节理刚度的拟合范围则超过 20 MPa。这表明采用变节理刚度的计算方法与实验结果更为贴近，可靠性更高。

图 4-15(a)为采用拟合平均值得出的节理刚度及裂隙开度随有效应力改变的曲线。由图可以看出，随着有效应力的增加，节理刚度逐渐升高，裂隙开度逐渐降低。但在高应力处，由于节理刚度大幅度提高，节理开度变化很小，逐渐趋于稳定。实际上，按照上述公式进行数值模拟并不需要设置残余节理开度，这主要是由于随着有效应力的升高，节理刚度将大幅度升高，节理的压缩系数基本为 0。本书为了数值模拟需要，将有效应力达到 100 MPa 时的节理开度设为残余节理开度，为 $1.17 \times 10^{-6}$ m。对比图 4-15(a)可以看出，有效应力为 100 MPa 时的节理开度与 20 MPa 时的节理开度基本相等。

利用上述拟合数据结合 UDEC 内嵌的 Fish 语言进行应力-渗透率的数值模拟，在模拟

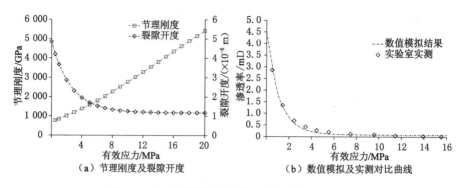

图 4-15　各向同性模型变节理刚度数值模拟结果

过程中不间断地进行节理刚度的更新,模拟结果如图 4-15(b)所示。图中实验室实测结果为各个弹性煤样在相同应力状态下对应轴向渗透率的平均值。由图可以看出,数值模拟结果与实验室实测结果匹配性非常好。相比固定节理刚度的数值模拟结果(图 4-12),其在低压阶段匹配效果相差不大,但在高应力阶段,变节理刚度的匹配效果要明显优于固定节理刚度。

(2) 各向同性模型轴压及围压敏感性的数值模拟

考虑计算速度及各向同性模型节理开度均一,选择上节中固定节理刚度获得的低压阶段的渗流参数进行不同轴压及围压的轴向渗流模拟计算。各向同性渗流模型在不同轴压及围压情况下节理开度及流量情况如图 4-16 及图 4-17 所示。由于模型为各向同性模型,轴向渗流与径向渗流对于轴压及围压的敏感性实际上是对应的。因此,本书仅进行不同轴压

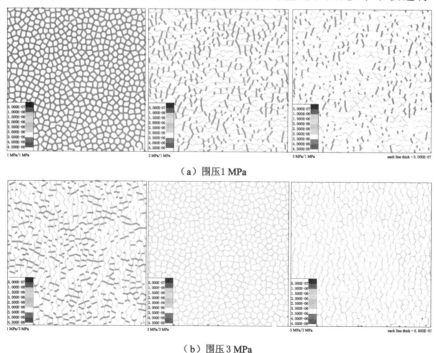

(a) 围压 1 MPa

(b) 围压 3 MPa

图 4-16　各向同性模型不同应力状态下裂隙开度发育情况

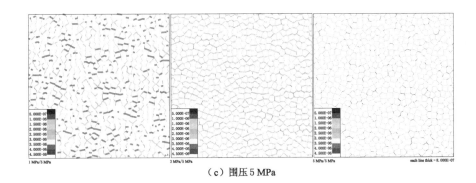

（c）围压 5 MPa

图 4-16（续）

及围压的轴向渗流模拟计算。图 4-16 中各应力状态下采用的图例一样，每条线的宽度代表 $8 \times 10^{-7}$ m，模拟结果左下角为对应的轴压/围压大小，因此可以直接进行对比。图 4-17 为流量分布情况，由于不同应力状态下流量相差较大，只能在同一围压状态下选择同样的图例。

由图 4-16 可以看出，节理开度随着轴压及围压的升高而减小，但减小幅度并不一样。在相同围压条件下，水平节理开度随着轴压的升高大幅度减小，而竖直节理开度减小相对缓慢，甚至在轴压较高时出现节理张开现象，即裂隙开度大于初始裂隙开度，这表明水平节理对轴压的敏感性要明显大于竖直节理对轴压的敏感性。同样地，纵向对比相同轴压不同围压条件下水平及竖直节理开度的变化可以看出，竖直节理对围压的敏感性要大于水平节理对围压的敏感性。节理开度的大小直接影响着模型流量的大小。因此，在相同围压条件下，随着轴压的升高，轴向渗流流量降低幅度显然要小于相同轴压条件下围压升高造成的流量降低幅度。即轴向渗流对围压的敏感性要明显高于对轴压的敏感性（图 4-17）。

图 4-18 是不同应力状态下轴向渗流达到平衡后的渗流情况。由图 4-18 可以看出，模拟结果与实验室实测结果一致，表明上述所选参数的可靠性。随着轴压的增加，轴向渗流方向的渗透率减小非常缓慢，特别是在轴压小于围压的时候，流量几乎不变。导致这种现象的原因可能是围压的加载使得垂直节理（C3）开度迅速减小，相应的流量也大幅度减小；而之后轴压的升高则对垂直节理影响较小，这由图 4-19 可以看出；而水平节理（C2）尽管随着轴压的升高大幅度减小，但其初始流量较小，轴向渗流在轴压小于围压之前一直处于非饱和状态。倾斜节理（C1）中的流量代表总流量，虽然围压的加载使得倾斜节理开度减小，但是其减小幅度要小于垂直节理开度，这就导致其也处于非饱和状态。之后轴压的升高也会导致倾斜节理（C1）开度的减小，但始终处于非饱和状态直至轴压接近围压。因此，虽然轴压升高，但总流量基本上不受影响。而在轴压超过围压后，倾斜节理处于饱和状态，节理开度的减小则会导致总流量的减小。

在相同轴压的情况下，轴向渗透率随着围压的增加大幅度减小。轴向渗透率对轴压及围压的敏感性相差较大的主要原因是，上文所述的水平及垂直节理开度对轴压及围压的敏感性不同。但是轴向渗流过程中的渗流通道同时包含水平、垂直及倾斜节理，这由图 4-17 可以看出。而渗流通道内的流量则取决于单通道内开度相对较小的节理或者节理组。因此，无论是轴压还是围压的增大都会导致渗透率减小。

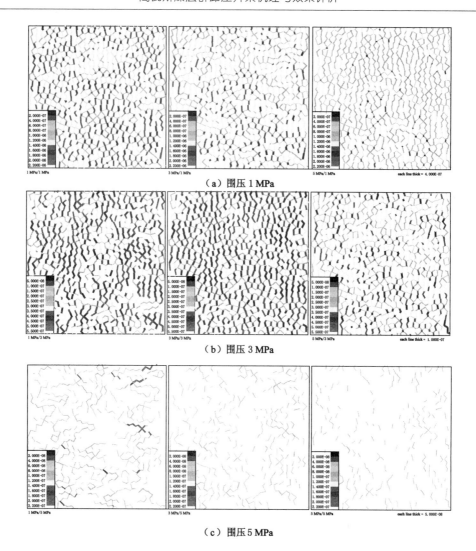

（a）围压 1 MPa

（b）围压 3 MPa

（c）围压 5 MPa

图 4-17　各向同性模型不同应力状态下流量分布情况

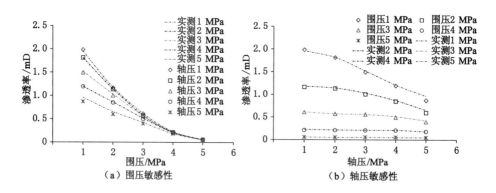

（a）围压敏感性　　　　　　　　　　　（b）轴压敏感性

图 4-18　不同围压及轴压下数值模拟与实验室实测结果

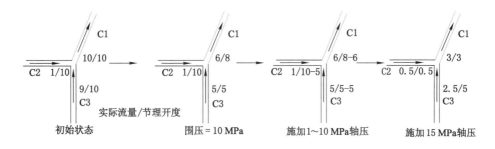

图 4-19　节理流量变化示意图

## 4.2.2　各向异性模型

（1）模型建立

为了模拟各向异性岩体的节理裂隙结构，本书根据 H. L. Ramandi 等对于煤体面节理及端割理的扫描分析结果，结合本书煤样裂隙进行各向异性煤体的建模，煤样的 CT 扫描结果如图 4-20（a）所示[115]。通过 CT 扫描获得煤样面节理的平均间距为 3.8 mm，端割理的平均间距为 2.6 mm，次生节理间距约为 1.3 mm。根据实测结果得出面节理开度约为端割理开度的 1.5 倍，约为次生节理的 3 倍。根据上述统计结果首先运用节理生成命令生成原生面节理及端割理，然后运用 Voronoi 随机多边形块体划分方法在每一个块体内继续划分次生节理，具体如图 4-20（b）所示。由图可以看出，影响各向异性模型渗流的主要有面节理、端割理以及次生节理，三者由于裂隙开度的不同其节理刚度同样存在区别。本书按照各向同性煤样参数选取的方法进行各向异性煤样参数的确定。次生节理采用 Voronoi 随机多边形块体划分方法划分，其可以直接利用式（4-12）进行确定；而原生裂隙为单节理贯通裂隙，可直接采用式（4-1）进行确定。

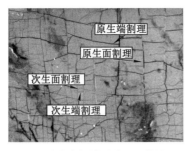
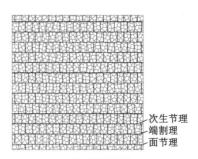

（a）煤体裂隙结构分布CT扫描图　　　　（b）各向异性煤样数值模型

图 4-20　各向异性煤样扫描及数值建模

（2）固定节理刚度计算方法参数选取

根据本书所建模型，$l_s = 0.05$ m，$l_a = 0.001\ 3$ m，$\Delta P = 0.2$ MPa，$l = 0.05$ m，代入式（4-12）可以计算得到基于次生节理参数的渗透率（mD）、应力及节理法向刚度的公式：

$$k = 4.906\ 3 \times (a_0 - \sigma_n / k_n)^3 \times 10^{16} \qquad (4\text{-}18)$$

该公式主要用于弹性煤样次生裂隙的渗透率计算，但次生裂隙的裂隙开度要明显小于原生节理裂隙开度。而由所建模型可以看出，在轴向渗流方向上端割理与次生节理为主要渗流通道,端割理共 19 条;径向渗流方向的渗流通道则由面节理及次生节理构成,面节理共 13 条。每一条节理的流量由式(4-1)计算。将式(4-2)代入式(4-1)同时结合模型尺寸压力参数得出单条节理应力-渗透率的计算公式:

$$k = 1.666\ 7 \times (a_0 - \sigma_{\rm n}/k_{\rm n})^3 \times 10^{15} \tag{4-19}$$

结合式(4-18)及式(4-19)得到轴向及径向渗透率-应力的计算公式:

$$k_{\rm a} = [3.166\ 73 \times (a_{\rm c0} - \sigma_{\rm n}/k_{\rm cn})^3 + 4.906\ 3 \times (a_{\rm s0} - \sigma_{\rm n}/k_{\rm sn})^3] \times 10^{16} \tag{4-20}$$

$$k_{\rm r} = [2.166\ 71 \times (a_{\rm f0} - \sigma_{\rm n}/k_{\rm fn})^3 + 4.906\ 3 \times (a_{\rm s0} - \sigma_{\rm n}/k_{\rm sn})^3] \times 10^{16} \tag{4-21}$$

式中　$k_{\rm a}, k_{\rm r}$——轴向及径向渗透率,mD;

　　　$a_{\rm c0}, a_{\rm f0}, a_{\rm s0}$——端割理、面节理以及次生节理的原始开度,m;

　　　$k_{\rm cn}, k_{\rm fn}, k_{\rm sn}$——端割理、面节理以及次生节理的刚度,Pa;

根据实测可知 $a_{\rm f0} = 1.5a_{\rm c0} = 3a_{\rm s0}$,则由轴向等压应力-渗透率实测数据拟合求得端割理及次生节理的渗流参数,结合轴向渗流求得的节理参数及径向渗流实验结果进而求得面节理的渗流参数,见表4-5。为了保证节理开度始终为正值,本书各类节理的残余裂隙开度设为原始裂隙开度的1/10。轴向及径向渗流拟合情况如图4-21所示,可以看出根据式(4-20)及式(4-21)在低压阶段拟合效果非常好。

表 4-5　各向异性煤样节理渗流的拟合参数

| 节理类别 | $a_0/\rm m$ | $k_{\rm n}/\rm GPa$ | $a_{\rm res}/\rm m$ |
|---|---|---|---|
| 次生节理 | $2.242\ 8 \times 10^{-6}$ | $5.995 \times 10^3$ | $2.242\ 8 \times 10^{-7}$ |
| 端割理 | $4.485\ 6 \times 10^{-6}$ | $1.276 \times 10^3$ | $4.485\ 6 \times 10^{-7}$ |
| 面节理 | $7.128\ 4 \times 10^{-6}$ | $7.124 \times 10^2$ | $7.128\ 4 \times 10^{-7}$ |

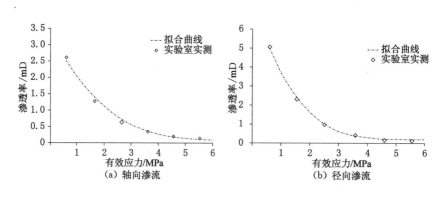

图 4-21　基于立方定律的各向异性煤样渗流拟合结果

根据表4-5所示的拟合参数,进行与实验室实测类似的等压条件下的有效应力-渗透率模拟,模拟结果如图4-22所示。

由图4-22可以看出,采用拟合得出的参数进行轴向及径向渗透率的数值模拟结果与实验室实测结果基本一致。在有效应力超过5 MPa时,轴向及径向渗透率基本相等。而在应力加载初期,径向渗透率要明显大于轴向渗透率,但径向渗透率的应力敏感性要明显大于轴向渗透率导致后期两渗透率基本相等。

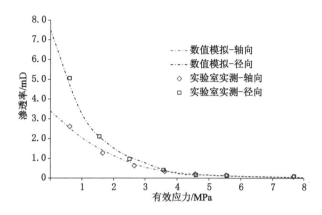

图 4-22　各向异性模型渗流数值模拟与实验室实测结果

（3）变节理刚度修正方法的参数选取

上文选取的是固定节理刚度配合残余裂隙开度的低压阶段快速计算方法的参数，其在高压阶段适用性不强。与各向同性模型类似，本书同样采用变节理刚度修正方法进行参数的选取。将式（4-16）代入式（4-20）及式（4-21）得：

$$k_{a} = \left\{ 3.166\ 73 \times \left[ a_{c0} - \frac{c_{cf0}\left(1 - \mathrm{e}^{-\alpha_{cf}\sigma}\right)}{\alpha_{cf}} \right]^{3} + 4.906\ 3 \times \left[ a_{s0} - \frac{c_{sf0}\left(1 - \mathrm{e}^{-\alpha_{sf}\sigma}\right)}{\alpha_{sf}} \right]^{3} \right\} \times 10^{16}$$

（4-22）

$$k_{r} = \left\{ 2.166\ 71 \times \left[ a_{f0} - \frac{c_{ff0}\left(1 - \mathrm{e}^{-\alpha_{ff}\sigma}\right)}{\alpha_{ff}} \right]^{3} + 4.906\ 3 \times \left[ a_{s0} - \frac{c_{sf0}\left(1 - \mathrm{e}^{-\alpha_{sf}\sigma}\right)}{\alpha_{sf}} \right]^{3} \right\} \times 10^{16}$$

（4-23）

式中，$c_{cf0}$、$c_{ff0}$ 以及 $c_{sf0}$ 分别为端割理、面节理以及次生节理的压缩系数；$\alpha_{cf}$、$\alpha_{ff}$ 以及 $\alpha_{sf}$ 分别为端割理、面节理以及次生节理压缩系数的变化系数。

根据式（4-22）和式（4-23）对实验室实测结果进行拟合，拟合结果如图 4-23 所示。在拟合过程中先采用式（4-22）拟合得出次生节理及端割理参数，然后代入式（4-23）拟合得出面节理参数，各煤样拟合参数见表 4-6。

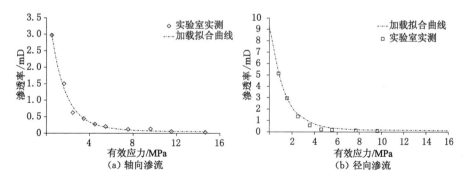

图 4-23　基于变节理刚度的各向异性煤样渗流拟合结果

表 4-6　各向异性煤样变节理刚度渗流的拟合参数

| 节理类型 | 煤样编号 | $a_0$ | $c_{f0}$ | $\alpha_f$ | $R^2$ |
|---|---|---|---|---|---|
| 面节理 | R1 | $7.55\times10^{-6}$ | $2.63\times10^{-6}$ | 0.495 1 | 0.997 9 |
| | R2 | $7.70\times10^{-6}$ | $2.06\times10^{-6}$ | 0.376 4 | 0.995 3 |
| | R3 | $7.94\times10^{-6}$ | $2.16\times10^{-6}$ | 0.362 5 | 0.995 2 |
| | 平均值 | $7.73\times10^{-6}$ | $2.28\times10^{-6}$ | 0.411 3 | |
| 端割理 | Z1 | $4.93\times10^{-6}$ | $1.28\times10^{-6}$ | 0.334 6 | 0.992 2 |
| | Z2 | $4.78\times10^{-6}$ | $1.23\times10^{-6}$ | 0.349 2 | 0.997 8 |
| | Z3 | $5.04\times10^{-6}$ | $1.86\times10^{-6}$ | 0.476 8 | 0.997 5 |
| | 平均值 | $4.92\times10^{-6}$ | $1.46\times10^{-6}$ | 0.386 9 | |
| 次生节理 | Z1 | $2.26\times10^{-6}$ | $0.59\times10^{-6}$ | 0.334 6 | 0.992 2 |
| | Z2 | $2.29\times10^{-6}$ | $0.56\times10^{-6}$ | 0.349 2 | 0.997 8 |
| | Z3 | $2.60\times10^{-6}$ | $0.85\times10^{-6}$ | 0.476 8 | 0.997 5 |
| | 平均值 | $2.38\times10^{-6}$ | $0.67\times10^{-6}$ | 0.386 9 | |

由拟合曲线及相关系数 $R$(均大于 0.99)可以看出,采用变节理刚度的拟合效果要明显优于固定节理刚度的拟合效果,且拟合的应力范围更广。这表明采用变节理刚度与实验结果更为贴近,可靠性更高。图 4-24(a)为采用三类节理拟合参数平均值得出的节理刚度及裂隙开度随有效应力改变的曲线。由图可以看出,随着有效应力的增加,三类节理的节理刚度逐渐升高,裂隙开度逐渐降低并趋于稳定,按照上述公式进行数值模拟并不需要设置残余节理开度。本书为了数值模拟需要,将有效应力达到 100 MPa 时的节理开度设为残余节理开度,面节理、端割理及次生节理的残余节理开度分别为 $1.981\times10^{-6}$ m、$1.155\times10^{-6}$ m 以及 $0.698\times10^{-6}$ m。对比三类节理的节理刚度及裂隙开度曲线可以看出,初始节理开度越小,节理刚度及增长速度越大,相应的裂隙开度随有效应力变化幅度越小。而且面节理开度＞端割理开度＞次生节理开度。利用上述拟合数据进行应力-渗透率的数值模拟,模拟结果如图 4-24(b)所示。由图可以看出,变节理刚度数值模拟结果与实验室实测结果在整个有效应力范围内拟合效果更好。

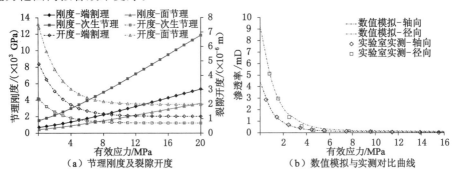

图 4-24　变节理刚度各向异性模型数值模拟结果

为了分析各向异性模型轴向及径向渗流过程中渗透率应力敏感性产生差别的主要原

因,本书采用变节理刚度修正方法模拟了等压过程中流量分布情况,具体如图 4-25 所示。各类节理开度的变化情况已在图 4-24(a)中给出,由于模拟过程中的裂隙开度变化情况与其基本一致,本书不再给出。

由图 4-25 可以看出,在加载初始阶段,面节理开度大于端割理导致径向渗透率大于轴向渗透率。虽然轴向渗流通道同样包括面节理[图 4-25(a)],但渗流通道内的流量一般取决于节理开度较小的端割理。面节理开度的应力敏感性大于端割理开度的应力敏感性导致径向渗透率的应力敏感性大于轴向渗透率。当有效应力达到 5 MPa 时,三类节理的开度基本上达到平稳阶段,三类节理之间的差值也逐渐减小直至稳定,但面节理开度>端割理开度>次生节理开度。因此,随着有效应力的增加,虽然轴向渗透率及径向渗透率逐渐减小,但次生节理对整体流量的贡献始终较小,这由图 4-25 可以看出。随着有效应力的增加,轴向渗流通道内流量虽然大幅度减小,但仍然沿着端割理及面节理,且由于面节理开度始终大于端割理开度,轴向流量仍取决于开度相对较小的端割理。径向渗流则基本只沿着面节理,端割理及次生节理对其基本没有影响。

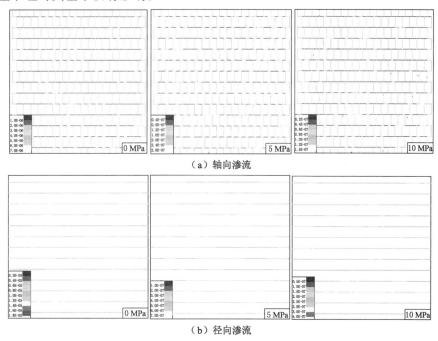

图 4-25  各向异性模型变节理刚度等压条件下渗流模拟结果

(4)各向异性模型轴压及围压敏感性的数值模拟

由各向同性模型的轴压及围压敏感性的数值模拟研究可以看出,水平节理对轴压的敏感性高于围压,垂直节理对围压的敏感性要高于轴压。在各向异性模型中径向渗流主要沿水平面节理,其对轴压的敏感性势必要高于围压;而轴向渗流由面节理与端割理共同组成,其对轴压及围压的敏感性需要进一步研究。除了面节理与端割理,次生节理由于倾角不定,其在围压与轴压相差较大的情况下对渗流同样存在一定影响。因此,本书在变节理开度各向异性模型及参数的基础上进一步研究围压及轴压对轴向及径向渗透率的影响,不同应力状态下各向异性煤样节理开度如图 4-26 所示。

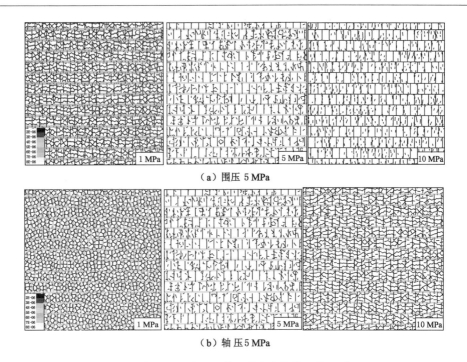

（a）围压 5 MPa

（b）轴压 5 MPa

图 4-26　各向异性模型非等压偏应力条件下的裂隙开度

由图 4-26 可以看出，轴压及围压对平行于压力方向的节理开度基本不存在影响，而对垂直于压力方向的节理开度产生明显的影响。因此，水平面节理对轴压的敏感性要远大于围压，垂直端割理对围压的敏感性要大于轴压。但由于端割理与面节理的节理刚度不同，其应力敏感性同样存在区别，这也导致不同方向渗流对围压及轴压的敏感性存在区别。

对于次生节理而言，虽然节理方向具有一定的随机性，但仍表现出水平及偏水平节理受轴压影响较大，垂直及偏垂直节理受围压影响较大的特点，这由图 4-26 以及各向同性模型节理开度变化情况可以看出。在轴压与围压相差较大时，如轴压 5 MPa、围压 10 MPa 的情况下，端割理与近水平次生节理开度大小基本相等。假如轴压与围压差值更大，则次生节理对轴向渗流将产生一定的影响，具体如图 4-27 所示。由于径向渗流基本沿着面节理，且相同应力状态下面节理开度始终大于次生节理开度，因此本书不列出各向异性模型径向渗流情况。

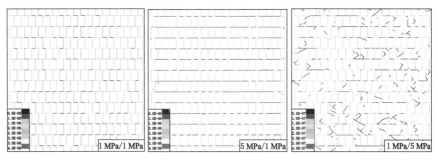

图 4-27　变节理刚度各向异性模型不同应力状态下轴向渗流情况（轴压/围压）

图 4-28 给出了数值模拟结果与实验室实测结果的对比情况。由图可以看出,模拟结果与实验室实测结果基本吻合,表明所选参数在模拟应力范围内是可靠的。由于实验室径向渗流无法加围压,因此没有不同围压状态下实验室径向渗流的实测数据。随着轴压的增加,径向渗流方向的流量大幅度减小;而轴向渗流方向的流量减小则相对缓慢,特别是在水平面节理开度大于端割理开度时,流量几乎不变。在相同轴压的情况下,轴向及径向渗透率随着围压的增大而减小,但轴向渗透率的减小幅度要大于径向渗透率。这基本上与各向同性模型表现一致,其主要原因在上文已经说明。

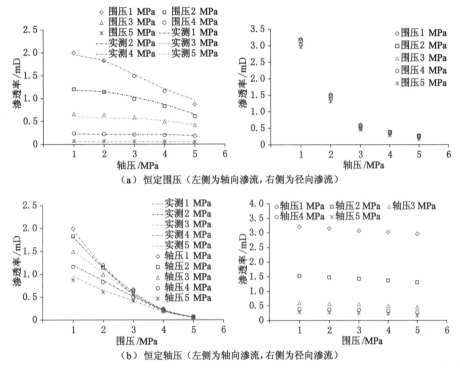

（a）恒定围压（左侧为轴向渗流,右侧为径向渗流）

（b）恒定轴压（左侧为轴向渗流,右侧为径向渗流）

图 4-28 各向异性模型不同渗流方向不同应力状态下渗透率

与各向同性模型存在区别的是轴向渗流对轴压的敏感性虽然小于径向渗流对轴压的敏感性,但要大于径向渗流对围压的敏感性,特别是在面节理开度小于端割理开度时,轴向渗透率也开始减小。这主要是由于轴向渗流通道包括面节理,当轴压升高到一定大小时,面节理开度小于端割理开度,导致轴向渗透率明显减小,这由图 4-27 可以看出。图 4-27 中,轴压由 1 MPa 升高至 5 MPa,使得面节理开度小于端割理开度,面节理的流量大幅度减小,整体模型的流量减小。而径向渗流通道主要为面节理,端割理的节理开度对径向渗流基本上没有影响,因此围压变化对径向渗透率影响很小。除此之外,由于煤体存在各向异性,其水平面节理的刚度要小于垂直端割理[图 4-24(a)],这导致径向渗透率的轴压敏感性要显著大于轴向渗透率的围压敏感性。对于次生节理而言,只有在轴压与围压差值较大时对渗流才存在一定影响。水平次生节理参与水平渗流过程,垂直次生节理则参与垂直渗流过程(图 4-27)。

### 4.2.3 贯穿裂隙模型

以上分别进行了各向同性、各向异性模型的应力-渗流的数值模拟,用以研究弹性煤样的应力-裂隙-渗流的相关关系,掌握了不同应力状态下渗流变化过程的内在机理。本节基于上述研究结果同时结合实验室贯穿裂隙煤样的应力-渗透率测试实验,进行贯穿裂隙煤样的应力-渗流模拟。

(1)固定节理刚度计算方法参数选取

虽然贯穿裂隙模型渗流实验包括大裂隙渗流以及节理渗流两类,但由实验结果可以看出节理渗流对于整个贯穿裂隙模型的渗透率贡献相当低,为 1% ～ 2% 之间,可以忽略不计。因此,本书直接采用各向同性模型求得的节理参数作为贯穿裂隙模型中节理的渗流参数。而贯穿裂隙固定节理刚度参数直接采用单条节理应力-渗透率的计算式(4-19)计算。根据实验室实测得出的贯穿裂隙煤样应力-渗透率数据拟合求得 $a_0$ 及 $k_n$,S1 至 S3 贯穿裂隙煤样的拟合结果如图 4-29 及表 4-7 所示。

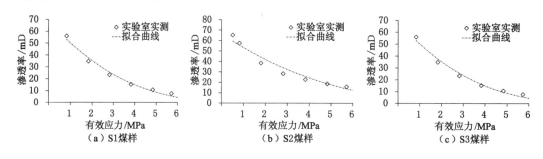

图 4-29 基于立方定律的贯穿裂隙煤样拟合曲线

表 4-7 贯穿裂隙煤样渗流参数离散元模拟拟合结果

| 煤样编号 | $a_0/m$ | $k_n/GPa$ | $a_{res}/m$ | $R^2$ |
|---|---|---|---|---|
| S1 | $3.956 \times 10^{-5}$ | $3.588 \times 10^2$ | $1.170 \times 10^{-5}$ | 0.950 0 |
| S2 | $3.415 \times 10^{-5}$ | $4.134 \times 10^2$ | $0.996 \times 10^{-5}$ | 0.935 9 |
| S3 | $3.455 \times 10^{-5}$ | $2.914 \times 10^2$ | $0.023 \times 10^{-5}$ | 0.976 6 |
| 平均值 | $3.609 \times 10^{-5}$ | $3.545 \times 10^2$ | $0.730 \times 10^{-5}$ | |

由表 4-7 及图 4-29 可以看出,贯穿裂隙煤样按照式(4-19)拟合效果较好,相关系数均能达到 0.9 以上。对比弹性节理的拟合结果,贯穿裂隙的初始开度要远大于弹性模型节理开度,约为其 10 倍。而节理刚度则明显小于弹性节理,降低了 1 个数量级。为了保证塑性裂隙开度能够始终大于节理裂隙开度,塑性裂隙的残余裂隙开度选择其 10 MPa 时的裂隙开度。运用上述参数模拟贯穿裂隙模型渗流所得应力-渗透率曲线与实验室实测结果对比如图 4-30 所示。由图 4-30 可以看出,数值模拟得出的渗透率大小及变化趋势与实验室实测结果基本一致,表明本书中针对贯穿裂隙模型选用的流固耦合参数能够用于低压阶段贯穿裂隙煤样的等压应力-裂隙-渗流的数值模拟。

(2)变节理刚度计算方法参数选取

贯穿裂隙的变节理刚度计算方法与固定节理刚度的计算方法相类似,模型中节理选用各向同性变节理刚度参数,贯穿裂隙变节理刚度参数采用单节理渗流公式进行拟合计算,拟合所得参数见表 4-8,拟合曲线如图 4-31 所示。

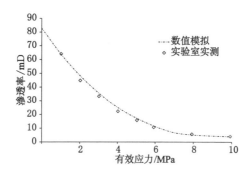

图 4-30 等压条件下贯穿裂隙模型数值模拟与实测结果对比图

表 4-8 贯穿裂隙煤样变节理刚度离散元模拟参数拟合结果

| 煤样编号 | $a_0$ | $c_{f0}$ | $\alpha_f$ | $R^2$ |
| --- | --- | --- | --- | --- |
| S1 | $3.63 \times 10^{-5}$ | $5.10 \times 10^{-6}$ | 0.251 1 | 0.997 6 |
| S2 | $3.69 \times 10^{-5}$ | $6.16 \times 10^{-6}$ | 0.218 8 | 0.999 9 |
| S3 | $3.48 \times 10^{-5}$ | $5.00 \times 10^{-6}$ | 0.211 9 | 0.994 7 |
| 平均值 | $3.60 \times 10^{-5}$ | $5.42 \times 10^{-6}$ | 0.227 3 | |

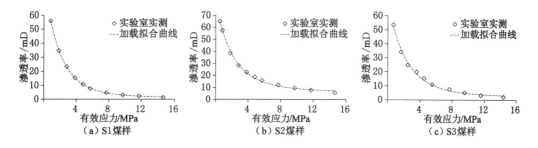

图 4-31 基于变节理刚度的贯穿裂隙煤样拟合曲线

由图 4-31 及相应的拟合相关系数 $R$(均达到 0.99 以上)可以看出,变节理刚度的拟合效果要优于固定节理刚度的拟合效果,且能够覆盖整个实验室实测应力范围。图 4-32 为采用贯穿裂隙煤样拟合参数的平均值计算得出的节理刚度及裂隙开度随有效应力改变的曲线以及模拟结果与实验室实测的对比曲线。由图可以看出,随着有效应力的增加,贯穿裂隙的刚度逐渐升高,裂隙开度逐渐降低并趋于稳定。本书为了数值模拟需要,同样选用有效应力达到 100 MPa 时的节理开度为残余节理开度,为 $1.22 \times 10^{-5}$ m,其值仍要明显大于弹性模型节理开度。由数值模拟结果与实验室实测结果对比图[图 4-32(b)]可以看出,变节理刚度数值模拟结果与实验室实测结果在应力范围内拟合效果更好,特别是在高应力阶段。

为了进一步验证模型参数的可靠性,运用上述分析得出的渗流参数结合实验室实验方案模拟贯穿裂隙煤样非等压加载过程中模型渗透率的变化。模拟过程中,围压和轴压的取值范围均为 1~5 MPa,间隔为 1 MPa,在这一范围内模型的渗透率应力敏感性相对较高,数值模拟结果如图 4-33 所示。

由图 4-33 可以看出,非等压偏应力数值模拟结果与实验结果非常吻合,只有在围压为 1 MPa、轴压为 5 MPa 处相差较大,这主要是由于实验室实测贯穿裂隙煤样贯穿裂隙形态

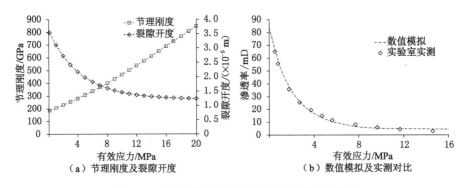

图 4-32　变节理刚度贯穿裂隙模型数值模拟结果

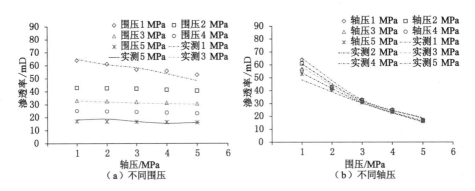

图 4-33　非等压偏应力条件下数值模拟与实测结果对比

并非绝对垂直,在高轴压情况下倾斜裂隙会出现一定的闭合。数值模拟与实测结果均表明贯穿裂隙煤样轴向渗透率对围压的敏感性要明显强于轴压,这主要是由于垂直贯穿裂隙对围压的敏感性要大于轴压。综上,本书通过拟合得出的贯穿裂隙煤样流固耦合参数能够很好地模拟贯穿裂隙煤样应力-渗透率实验。

(3)不同贯穿裂隙倾角对应力-渗流的影响

贯穿裂隙形态是裂隙轴压及围压敏感性的主要影响因素,本书借助上文根据实验室实验结果选取的节理与裂隙的渗流力学参数进行倾斜贯穿裂隙的应力-裂隙-渗流的数值模拟。模型中大裂隙垂直倾角分别为 15°、30°以及 40°,模型边长均为 50 mm,模型如图 4-34所示,等压实验结果如图 4-35 所示。

由图 4-35(a)可以看出,贯穿裂隙倾角越大,渗透率越小,但减小幅度并不是很大,这由图 4-35(b)可以看出。且随着有效应力的增加,倾角对渗透率的影响逐渐减小,渗透率与倾角满足的关系如下:

$$k = k_0 \cos \alpha \tag{4-24}$$

式中　$k$——模型在某一应力状态下贯穿裂隙倾角为 $\alpha$ 时的渗透率;

$k_0$——倾角为 0°时,同等应力状态下的渗透率。

根据式(4-24)画出的理论曲线如图 4-35(b)所示,由图可以看出,模拟结果与理论分析结果基本一致。

上文分析的是不同倾角贯穿裂隙模型在等压情况下渗透率的演化关系。在第 3 章非等压偏应力实验以及各向同性模型数值模拟过程中发现,倾斜裂隙对轴压及围压的敏感性与

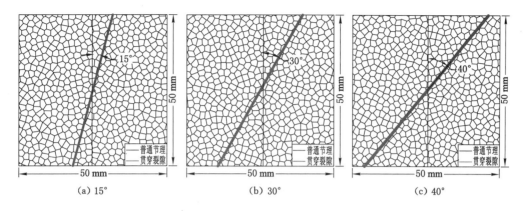

图 4-34 不同倾角贯穿裂隙数值模型

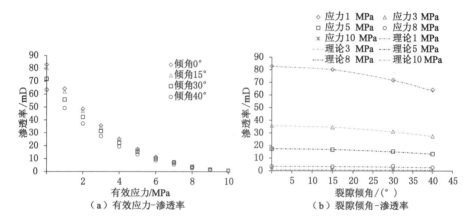

图 4-35 等压条件下不同倾角贯穿裂隙的渗透率模拟结果

垂直裂隙存在一定的区别,倾斜裂隙受围压及轴压的影响均比较大。为了进一步研究倾斜贯穿裂隙受轴压及围压的影响,本书进行了非等压偏应力渗流模拟,模拟结果如图 4-36 以及图 4-37 所示。由图 4-36 和图 4-37 可以看出,随着贯穿裂隙倾角的增加,渗透率对轴压的敏感性逐渐增加,而对围压的敏感性逐渐减弱。可以预见的是,当贯穿裂隙倾角达到 45°时,即达到单条直线贯穿裂隙最大倾角时,渗透率对轴压及围压的敏感性相等。因此,在本书第 3 章实验过程中出现渗透率对轴压及围压的敏感性很高的主要原因是其裂隙并不是垂直的,而存在有倾角的裂隙面。本书根据实际裂隙倾斜情况建立了模拟 S12 贯穿裂隙煤样的裂隙模型,具体如图 4-38 所示,模拟结果如图 4-39 所示。

由图 4-39 可以看出,数值模拟结果与实验室实测结果基本一致,由于实验室实测围压间隔为 2 MPa,因此图中仅给出了围压为 2 MPa 及 4 MPa 的实测结果。轴向渗透率受围压及轴压的影响效果基本相同,这表明贯穿裂隙的形态是影响轴压及围压敏感性的主要因素。为进一步分析围压及轴压与 S12 裂隙模型贯穿裂隙开度之间的相互作用关系,本书单列出了贯穿裂隙在各个应力状态下的裂隙开度,具体如图 4-40 所示。

由图 4-40 可以看出,不同应力状态下贯穿裂隙不同分段内的裂隙开度并不一样。具体为水平及近水平分段内的裂隙开度受轴压影响明显,如图 4-40(a)所示,在围压 1 MPa 的情

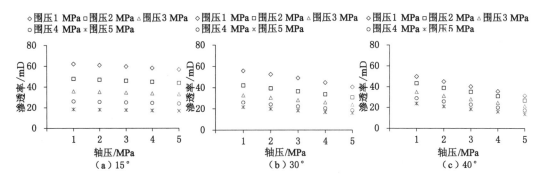

图 4-36　非等压偏应力条件下不同倾角贯穿裂隙渗透率随轴压变化模拟结果

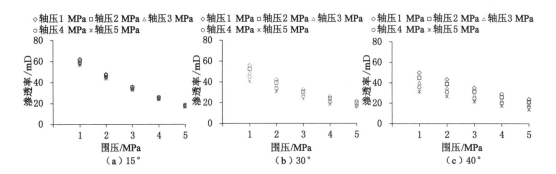

图 4-37　非等压偏应力条件下不同倾角贯穿裂隙渗透率随围压变化模拟结果

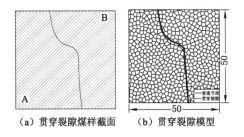

图 4-38　S12 贯穿裂隙煤样裂隙模型

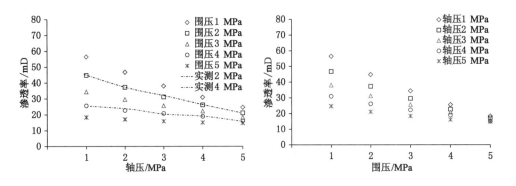

图 4-39　非等压偏应力条件下 S12 裂隙模型数值模拟结果

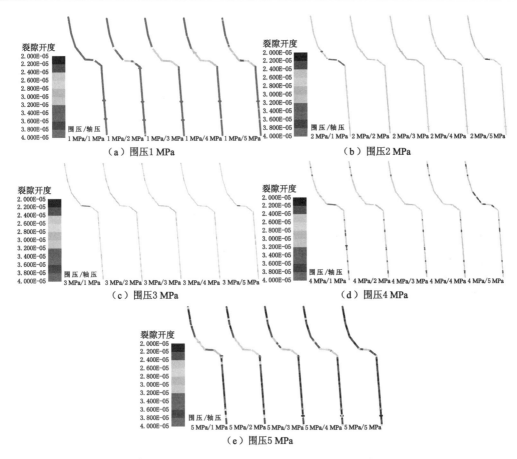

图 4-40  S12 裂隙模型不同应力状态下的贯穿裂隙开度(单位:m)

况下,随着轴压的逐渐升高,贯穿裂隙中部水平及倾斜段内的裂隙开度逐渐减小,而两端垂直裂隙开度变化则相对较小,甚至部分区域略微增大。而由上文分析可知,贯穿裂隙通道内的总流量往往取决于贯穿裂隙内裂隙开度相对较小的区域。因此,随着轴压的增加,贯穿裂隙渗透率随着水平及倾斜段裂隙开度的减小而相应减小。同样地,随着围压的增加,垂直裂隙开度大幅度减小,这由图 4-40 相同轴压下不同围压时垂直裂隙开度对比可以看出。因此,轴向渗透率对轴压及围压都表现出较强的应力敏感性的主要原因是贯穿裂隙兼有水平及垂直分段,轴压对水平分段的裂隙开度影响较大,围压对垂直分段的裂隙开度影响较大。同时,通过图 4-40 可以看出,在围压等于轴压的情况下,贯穿裂隙各分段内的裂隙开度基本上相等,这表明等压条件下,裂隙各分段裂隙开度与裂隙形态基本无关。为了进一步明确贯穿裂隙各分段裂隙开度对裂隙渗流的影响,本书结合围压 1 MPa、轴压 1 MPa 以及围压 1 MPa、轴压 5 MPa 两种情况下不同运算时步时裂隙渗流情况进行对比分析,贯穿裂隙不同运算时步时的渗流情况如图 4-41 及图 4-42 所示。

对比图 4-41 及图 4-42 可以看出,随着渗流运算时步的增加,贯通裂隙内的渗流路径逐渐增长。同时,由于渗流路径的增长,在压差不变的情况下,裂隙段内的流量逐渐减小。图 4-41 为轴压及围压相等情况下的渗流情况,由上文可知,在等压情况下,整体裂隙的开度基本相等。图 4-42 中轴压达到了 5 MPa,其水平裂隙开度要远小于垂直裂隙开度,而垂直

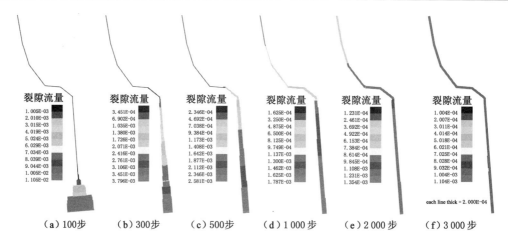

图 4-41　围压 1 MPa、轴压 1 MPa 情况下不同运算时步时裂隙流量示意图（单位：m²/s）

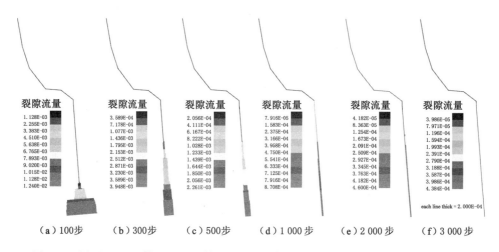

图 4-42　围压 1 MPa、轴压 5 MPa 情况下不同运算时步时裂隙流量示意图（单位：m²/s）

裂隙开度则基本上与等压条件下相等，倾斜裂隙开度则位于水平及垂直裂隙开度之间。因此，由于裂隙开度的不同，对比图 4-41 及图 4-42 可以看出，在运算 100 步时，渗流并未到达倾斜及水平分段裂隙，两者流量大小及渗流长度基本相等。而当运算 300 步时，由于渗流到达倾斜裂隙段，两者之间开始产生区别，图 4-42 的流量减小幅度要大于图 4-41 的，且渗流长度也要小于图 4-41 的。随着渗流运算的继续进行至 500 步时，图 4-41 的渗流已经通过水平裂隙段；而图 4-42 的仍然在水平裂隙段，且流量继续减小，直至 1 000 步时，才刚通过水平裂隙段，但流量要远小于图 4-41 的。图 4-41 在运算至 3 000 步时，渗流达到平衡状态，渗流流量并未在某一分段内出现大幅度减小，其减小量基本上是渗流距离的增加造成的。图 4-42 在运算至 5 000 步时才基本达到平衡，平衡后的流量要远小于图 4-41 的。这主要是由于渗流通过倾斜及水平裂隙分段时，流量大幅度降低至水平裂隙能够通过的流量，即图 4-41 稳定后的流量基本上等于水平裂隙分段内能通过的最大流量。因此，轴压的升高使得水平裂隙分段裂隙开度减小，降低了水平裂隙分段的渗流能力，进而决定着整条贯穿裂隙的流量。围压对于垂直裂隙的影响同样如此。

（4）贯穿裂隙曲折度对应力-渗流的影响

　　国内外学者通过大量研究发现,贯穿裂隙曲折度对裂隙煤岩体的渗流产生重要影响[101,207-209],认为裂隙面的曲折度越大,对渗流的阻碍越明显,渗透率越低。本书在进行垂直裂隙渗流实验时同样发现,裂隙表面越粗糙或者煤粉越多渗透率明显减小。在裂隙煤体的实验拟合参数基础上,进行贯穿裂隙曲折度对应力渗流影响的数值模拟。由于贯穿裂隙倾角同样对应力-渗流存在影响,本书为了降低该影响,不同曲折度的贯穿裂隙倾角均设置为45°,具体如图 4-43 所示。图中,三个模型的裂隙曲折次数不同,但裂隙总长度及裂隙倾角一样。且由上文分析可知,在非等压偏应力情况下,裂隙开度受轴压及围压的影响存在区别,因此针对裂隙曲折次数模拟仅进行等压模拟,模拟结果如图 4-44 所示。

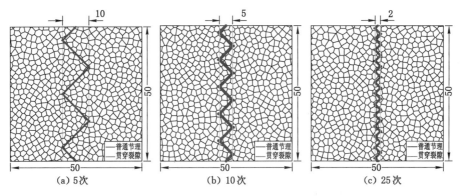

图 4-43　不同贯穿裂隙曲折度模型

　　由图 4-44 可以看出,在贯穿裂隙倾角及裂隙长度相等的情况下,贯穿裂隙曲折次数对渗透率影响较小。在无应力条件下,不同裂隙曲折次数的渗透率基本相等。但随着外部应力的增加,曲折次数多的模型,渗透率反而出现上升情况。这显然与实验室实测结果不符,表明基于立方定律的数值模拟不能很好地反映贯穿裂隙曲折度及裂隙粗糙度对渗透率的影响[210-211]。其主要原因是裂隙表面的粗糙摩擦及曲折造成渗流能量的损失在立方定律中很难体现。为此,国内外学者提出了考虑裂隙粗糙度及曲折度的渗流公式来修正立方定律[207,209],或者将裂隙分成若干小断面,使其在无限小的情况下接近立方定律所需的平板模型[212]。而对于本书 UDEC 数值模拟,可以对裂隙开度进行修正,使得粗糙度及裂隙曲折度越大,相应的裂隙等效开度越小。Z. H. Zhao 等通过数值模拟及实验室实测得出裂隙粗糙度与裂隙开度的关系如下[213]:

$$
\begin{cases}
a = \dfrac{a_0}{1 + Z_2^{2.25}} & (Re < 1) \\
a = \dfrac{a_0}{1 + Z_2^{2.25} + (0.000\ 06 + 0.004 Z_2^{2.25})(Re - 1)} & (Re > 1)
\end{cases}
\tag{4-25}
$$

式中　$a_0$——修正前的裂隙开度;

　　　$Re$——雷诺数,用以判断流体的流动类型;

　　　$Z_2$——裂隙表面粗糙度,由式(4-26)决定:

$$
Z_2 = \left[ \frac{1}{L} \sum \left( \frac{z_{i-1} - z_i}{x_{i-1} - x_i} \right)^2 \right]^{0.5}
\tag{4-26}
$$

式中,$z_i$ 与 $x_i$ 分别为裂隙表面轮廓的坐标;$L$ 为裂隙表面轮廓的长度。按照式(4-26)可以求得上述三种模型的粗糙度 $Z_2$ 分别为 0.346、0.469 以及 0.721。假设气体在煤层中流动的雷诺数小于 1[213]，则三种模型修正后的裂隙开度分别为 $3.305 \times 10^{-5}$ m、$3.053 \times 10^{-5}$ m 以及 $2.44 \times 10^{-5}$ m。基于上述修正后的裂隙开度，数值模拟计算结果如图 4-45 所示。由图 4-45 可以看出，随着曲折次数的增加，贯穿裂隙模型的渗透率逐渐减小，且随着有效应力的增加，曲折次数对渗透率的影响逐渐减小，这表明数值模拟同样可以进行考虑裂隙曲折度的研究。

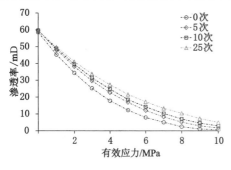

图 4-44　不同曲折次数的模拟结果　　　　图 4-45　不同曲折次数的修正模拟结果

## 4.3　裂隙煤样三轴流固耦合应力-裂隙-渗流演化特征

4.2 节针对离散元流固耦合模拟过程中的参数选取进行了概述及分析，同时分析了各向同性、各向异性以及贯穿裂隙模型的应力-裂隙-渗流的耦合关系。为了进一步将研究成果运用于工程实践，本节利用上述研究成果结合实验室应力-渗流三轴耦合实验结果研究裂隙煤样三轴流固耦合条件下的应力-裂隙-渗流演化特征。

### 4.3.1　力学特性反演

国内外许多学者运用离散元数值模拟软件对煤岩体的岩石力学特性进行了反演，取得了与实验室实验或现场实测较为一致的结果。离散元模拟将煤岩体看作由微观颗粒组成，颗粒之间存在着黏结强度，煤岩体的破坏主要为颗粒之间的节理发生破坏。为了与实际情况相符，单轴压缩模型尺寸同样为 $\phi 50$ mm×100 mm。块体划分采用 UDEC 软件自带的 Voronoi 多边形不规则块体生成算法，具体如图 4-46(a) 所示。

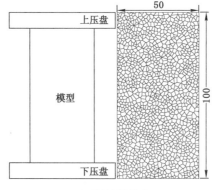 

（a）单轴压缩模型　　　　　　　　　（b）实测煤样

图 4-46　由 Voronoi 生成的单轴压缩模型及实验室实测煤样

数值模拟过程中,块体及内部划分的单元均为弹性的,不能发生破坏,但能够产生弹性变形。块体之间的节理裂隙存在一定的抗拉及抗剪强度,当节理裂隙上的作用力超过其自身强度时将发生破坏。按照4.1节给出的模型参数的选取方法,结合表2-2煤样的物理力学参数,根据实验室应力-渗流实测结果采用固定节理刚度的计算方法得出了模型力学渗流参数,具体见表4-9。

**表 4-9　模型力学渗流参数**

| $E$/GPa | 1.59 | $\nu$ | 0.15 |
|---|---|---|---|
| $k_n$/(GPa/m) | 1 653/354.5 | $\varphi$/(°) | 37.13/24 |
| $k_s$/(GPa/m) | 600/130.7 | $\sigma_t$/MPa | 2.09 |
| $C$/MPa | 2.84 | $d$/mm | 2 |

### 4.3.2　流固耦合计算

在应力-裂隙数值模拟的基础上需要进一步进行渗流的数值模拟。渗流的数值模拟主要取决于煤体模型内裂隙开度的发育情况。裂隙在应力加载过程中存在三种状态即弹性状态、拉破坏状态以及剪破坏状态。这三种破坏状态可以运用Fish语言根据煤体自身强度结合莫尔-库仑准则进行判断,具体判断方法如下:

(1) 当节理的正应力$\sigma_n$大于其抗拉强度$\sigma_t$时,节理裂隙发生拉破坏,之后作用于节理的正应力与剪应力均等于0,裂隙呈张开状态。因此,可以利用Fish语言读取裂隙的正应力$\sigma_n$来判断裂隙是否发生拉破坏。当$\sigma_n=0$时认为节理裂隙已发生拉破坏。此时裂隙开度采用上述贯穿裂隙模型拟合得出的裂隙开度参数,并对裂隙重新赋参数。

(2) 当裂隙发生剪切破坏时,其剪应力$\tau_s$应满足以下条件:

$$\begin{cases} |\tau_s| \leqslant C - \sigma_n \tan\varphi & (\sigma_n \leqslant \sigma_r) \\ |\tau_s| \leqslant C - \sigma_r \tan\varphi & (\sigma_n > \sigma_r) \end{cases} \tag{4-27}$$

需要注意的是,在UDEC中节理的正应力$\sigma_n$拉为正,压为负。因此式(4-27)中正应力$\sigma_n$带正负号。在很多情况下,围压达到一个很高的水平,使得节理之间的摩擦效应逐渐消失。为了解决该问题,C. Yao等[123]假定一个极限正应力$\sigma_r$,当节理所受正应力大于$\sigma_r$时,认为其剪切强度不随正应力的增高而变化,保持恒定。当节理发生剪切破坏时,本书则选用上文拟合得出的剪切裂隙参数。同时,裂隙内聚力与内摩擦角大幅度减小。利用Fish语言判断节理是否发生塑性破坏,同时更新裂隙内摩擦角、内聚力及裂隙开度。在更新完裂隙开度等参数之后,进行渗流计算。无论是哪种状态的节理裂隙,在更新完裂隙参数后仍以式(4-2)进行应力-裂隙开度的计算。整个三轴压缩渗流实验的数值反演过程如图4-47所示。对于已经发生塑性变形的节理,在压缩过程中裂隙开度仍然会随着应力的改变而改变,式(4-2)仍然适用,但裂隙开度对应力的敏感性发生变化,即$k_n$发生变化。本书根据实际煤体在发生塑性剪切破坏后的应力-渗透率情况求出了相应的$k_n$。为了使得发生屈服的节理不重复赋值以及发生屈服后的节理仍然能够实现应力-裂隙开度的运算,本书利用Fish语言编写了如下程序:① 先将所有节理划分为"Elastic"组。② 每运算一定步数后(如30步),利用上述屈服准则判断"Elastic"分组内的节理是否发生屈服。③ 将发生拉破坏及剪破坏的节理分别归为"Tension failure"以及"Shear failure"。④ 给"Tension failure"以及"Shear failure"重新赋值;⑤ 将赋完值的"Tension failure"和"Shear failure"归入"Post tension failure"以及"Post shear failure"。然后继续从第②步开始循环运算。

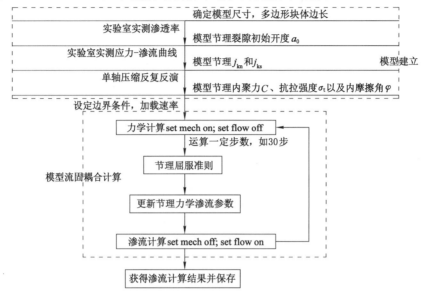

图 4-47　流固耦合数值模型反演程序

### 4.3.3　流固耦合计算结果分析

根据上述模拟方法模拟了煤样单轴及三轴流固耦合实验。为了比较上文中提出的塑性节理强度减弱对反演效果的影响,分别模拟了强度参数不变及强度参数折减两种情况下的单轴压缩实验,模拟结果如图 4-48(a)所示。从图中可以看出,采用强度折减法的数值模拟结果与实测基本一致,而强度不变条件下的单轴抗压强度则要高于实测结果。运用强度折减法模拟的三轴加载实验结果如图 4-48(b)所示。三轴实验模拟结果一般满足莫尔-库仑强度准则:

$$\sigma_1 = \sigma_m + \frac{1 + \sin \varphi_m}{1 - \sin \varphi_m}\sigma_3 \tag{4-28}$$

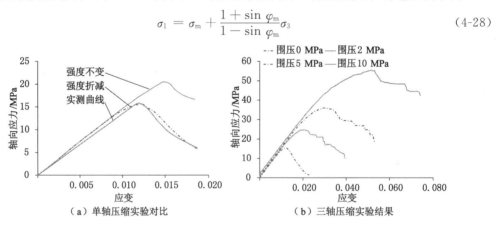

（a）单轴压缩实验对比　　　　　　（b）三轴压缩实验结果

图 4-48　煤样加载模拟结果

将图 4-48(b)中的实验结果通过式(4-28)拟合,结果如图 4-49 所示。由图 4-49 可以看出,数值模拟结果基本贴在曲线上,这表明数值模型能够很好地模拟煤样的三轴加载实验。为了进一步研究单轴压缩过程中各阶段裂隙发育以及渗流情况,本书选取了单轴压缩过程中特定点的裂隙发育及渗流情况进行分析,单轴压缩数值模拟过程中应力及对应的渗透率曲线如图 4-50 所示。由图 4-50 可以看出,随着单轴压缩应力的增加,渗透率缓慢减小直至 $a$ 点;在应力到达 $c$ 点时,煤样进入屈服阶段,渗透率增加幅度显著提高;当单轴压缩应力超过峰值时,渗透率迅速增加。

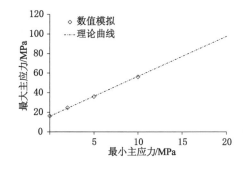

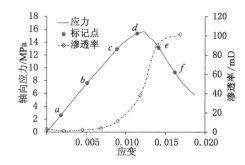

图 4-49　三轴加载实验结果及莫尔-库仑曲线　　　图 4-50　单轴加载全应力-渗透率-应变曲线

图 4-51、图 4-52 为图 4-50 各点对应的裂隙发育及节理开度情况。由图 4-51 可以看出,在煤样单轴加载过程中,先出现张拉破坏,且拉破坏节理基本上为垂直节理。当模型进入屈服阶

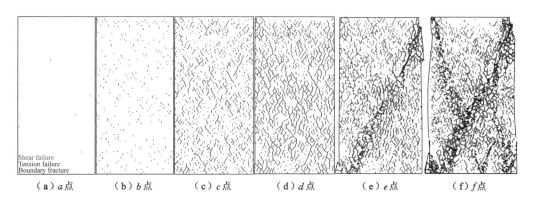

（a）$a$ 点　　（b）$b$ 点　　（c）$c$ 点　　（d）$d$ 点　　（e）$e$ 点　　（f）$f$ 点

图 4-51　单轴压缩各点裂隙发育情况

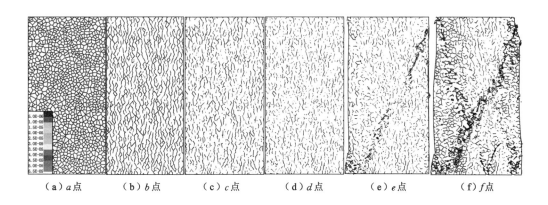

（a）$a$ 点　　（b）$b$ 点　　（c）$c$ 点　　（d）$d$ 点　　（e）$e$ 点　　（f）$f$ 点

图 4-52　单轴压缩各点节理开度情况

段时,内部塑性裂隙区域迅速扩展。当应力达到峰值时,节理破裂,节理与节理之间断开形成新的边界,此时应力逐渐降低。在节理裂隙发生拉破坏及剪切破坏的过程中,其节理裂隙开度大幅度升高,而未发生破坏的节理裂隙开度随着应力的增加逐渐减小,特别是水平节理裂隙,这由图 4-51(a)和图 4-51(b)可以看出,这也是煤样在初始加载阶段流量逐渐减小的主要原因。之后随着裂隙发生剪切破坏及拉破坏的数量增加,垂直渗流通道逐渐贯通,渗透率开始增加。进入屈服阶段后,剪切裂隙大范围扩展,相应裂隙开度增大,煤样渗透率大幅度提升。在煤样应力越过峰值时,节理裂隙贯通破裂形成新的渗流通道[图 4-52(e)和图 4-52(f)],流体直接沿着破裂裂隙渗流,流量大幅度升高。但随着应力的继续升高,渗透率增加缓慢。

在实际实验过程中很难形成单轴应力状态下的渗流情况,一般三轴应力状态下的渗流比较常见。本书同时研究了围压为 2 MPa 和 5 MPa 情况下的应力-裂隙-渗流情况,渗透率及应力演化情况具体如图 4-53 所示。由图 4-53 可以看出,与单轴压缩渗透率演化曲线基本类似,随着应变的上升呈"S"形变化。存在围压情况下,煤样发生破坏后,其渗透率要明显小于单轴渗流的渗透率,具体如图 4-54 所示。其主要原因是存在围压的情况下,即使发生屈服破坏,煤样所受应力仍然维持在较高水平,破裂贯通节理间仍然存在较大的压应力。除此之外,存在围压情况下的渗透率初始下降经历的应变范围更大。

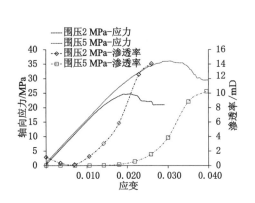

图 4-53　三轴加载应力-渗透率-应变曲线

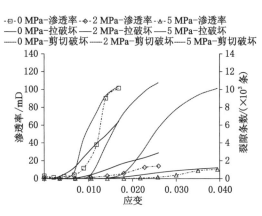

图 4-54　三轴加载裂隙及渗透率演化曲线

由图 4-54 可以看出,单轴压缩与 2 MPa 围压下的加载过程中均先出现拉破坏裂隙,而后剪切破坏裂隙条数超过拉破坏裂隙条数。围压为 5 MPa 情况下,先出现剪切破坏裂隙。在出现节理破坏前,渗透率逐渐减小,在节理出现拉破坏或剪切破坏之后渗透率开始缓慢升高;且随着节理屈服条数的快速增加,渗透率增加速度同样加快。存在围压的情况下,煤样节理发生屈服情况相对较晚,特别是拉破坏节理,因此随着围压的增加,渗透率初始下降阶段增长。除此之外,随着围压的增加,在煤样应力达到峰值时,发生拉破坏的裂隙逐渐减小,而塑性破坏裂隙则基本不变。拉破坏节理基本为垂直节理,是轴向渗流的主要通道,这也是塑性屈服后的渗透率随着围压增加逐渐减小的一个主要原因。综合以上分析可以看出,数值模拟结果可以很好地匹配本书实验及其他学者的实验结果[214-215],从而证明了上述模拟方法的可行性及可靠性。

# 4.4　本章小结

（1）总结分析了流固耦合数值模拟过程中块体参数及裂隙参数的选取方式。研究了基于不规则多边形节理块体平均边长、节理开度、压差、模型尺寸以及流量之间的相关关系,得出了相应的拟合公式。

（2）建立了各向同性模型、各向异性模型以及贯穿裂隙模型。同时给出了能够真实反演实验室轴向及径向应力-渗流实验结果的节理裂隙开度及刚度的选取方法。其中包括固定节理刚度的计算方法以及变节理刚度的计算方法。

（3）节理开度对轴压及围压的敏感性差异导致渗流对轴压及围压的敏感性差异。各向异性模型径向渗流的渗流通道主要由面节理构成,面节理开度受轴压的影响更大,导致径向渗流对于轴压的敏感性远大于围压。轴向渗流通道同时由面节理及端割理组成,当轴压升高导致面节理开度小于端割理开度时,轴向渗透率同样减小。贯穿裂隙形态直接影响渗透率的轴压及围压敏感性,贯穿裂隙渗透率取决于裂隙开度最小段的渗流能力。

（4）给出了煤样三轴加载流固耦合的模拟方法,分析了裂隙煤样三轴流固耦合应力-裂隙-渗流演化特征。煤样渗透率在煤样内部裂隙产生前随着轴压的增加而逐渐减小;煤样内部裂隙的产生及扩张使得渗透率开始升高,且裂隙扩张速度越快对应渗透率升高幅度越大。围压的升高使得煤样内部裂隙产生及扩展速度减缓,致使渗透率降低阶段延长,煤样初始渗透率及屈服后的渗透率逐渐减小。以本章研究成果为基础发表的论文详见参考文献[177,263-265]。

# 5 重复采动损伤煤体渗流模型及其应力敏感性分析

通过弹性、塑性裂隙及破碎煤体的重复加卸载渗流实验，瓦斯压力变化渗流实验及非等压偏应力渗流实验得出了不同损伤程度煤体在不同采动应力状态下的渗流特征，初步掌握了不同损伤程度煤体的应力-渗透率的相关关系，定性分析了采动损伤煤样的应力敏感性。不同裂隙结构煤样离散元的数值模拟给出了煤样裂隙损伤结构对应力-渗透率耦合规律的内在影响机理。但要进一步运用于数值模拟以定量获得重复采动过程中覆岩渗透率分布特征及瓦斯运移规律，则必须获得不同损伤程度煤体应力-渗透率的定量模型。因此，为了得出不同开采阶段不同损伤程度煤样的应力-渗透率耦合模型，本章基于传统的应力-渗透率模型，结合实验室实验结果建立了不同损伤程度煤岩体重复采动渗透率模型。在此基础上定量分析了不同采动阶段不同损伤程度煤体的应力敏感性。并利用上述所建模型及渗透率-瓦斯压力模型对FLAC3D的渗流模型进行二次开发，建立了基于实验室实测结果的应力-裂隙-渗流的流固耦合模型，用于定量描述煤层群开采过程中覆岩各分带内渗流演化特征。

## 5.1 不同损伤程度煤岩体重复采动渗透率模型建立

对于煤层的应力-渗透率耦合模型的研究起初大多基于油气抽采，如P&M、S&D、C&B等应力模型起初都应用于预测煤层气开采过程中的应力、渗透率的变化。基于火柴棍模型[图 5-1(a)]，J. P. Seidle 等[216]针对煤的特殊结构提出了基于有效应力的渗透率理论模型：

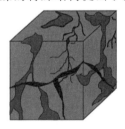
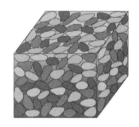

（a）火柴棍模型　　　　　（b）不规则裂隙模型　　　　　（c）多孔介质模型

图 5-1　不同损伤煤体的三类常见模型[216-217]

$$k_{\mathrm{f}} = k_{\mathrm{f0}}\mathrm{e}^{-3c_{\mathrm{f}}(\sigma-\sigma_0)} \tag{5-1}$$

式中　$k_{\mathrm{f}}$——煤层节理裂隙的渗透率；

$\quad\quad c_{\mathrm{f}}$——裂隙压缩系数；

$\quad\quad \sigma$——有效应力；

$\quad\quad k_{\mathrm{f0}}, \sigma_0$——初始状态的渗透率及有效应力。

许多学者研究得出,裂隙压缩系数 $c_f$ 并不是一个定值,随着有效应力的变化而变化。一般利用数据拟合得出的平均裂隙压缩系数来代替[84,218-219]:

$$\bar{c}_f = \frac{c_{f0}}{\alpha_f(\sigma - \sigma_0)}[1 - e^{-\alpha_f(\sigma - \sigma_0)}] \tag{5-2}$$

式中　$c_{f0}$——原始裂隙的压缩系数;

　　　$\alpha_f$——裂隙压缩系数随有效应力的改变系数。

随着研究的深入,D. Chen 等证明了上述模型也适用于不规则裂隙煤岩体[图 5-1(b)]以及孔隙煤岩体[图 5-1(c)],而不是单一的理想裂隙煤体[219-220]。因此,上述模型同样适用于本书的完整、裂隙及破碎煤体。将式(5-2)代入式(5-1)得到简化公式:

$$k_f = k_{f0} e^{-3\frac{c_{f0}}{\alpha_f}(1-e^{-\alpha_f \sigma})} \tag{5-3}$$

为了使拟合出来的公式尽量覆盖整个有效应力范围,将初始有效应力 $\sigma_0$ 假设为 0,该处的渗透率 $k_{f0}$ 也由拟合曲线得出。由式(5-3)可以看出,影响渗透率应力敏感性的主要参数为 $c_{f0}$ 与 $\alpha_f$,因此本书分别绘制了 $c_{f0}$ 为 0.5、$\alpha_f$ 为 0.1~0.9(两系数的取值范围均为0~1)以及 $\alpha_f$ 为 0.5、$c_{f0}$ 为 0.1~0.9 情况下渗透率比值 $k_f/k_{f0}$ 与有效应力 $\sigma$ 的变化曲线,具体如图 5-2 所示。

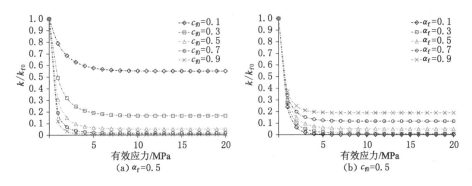

图 5-2　不同 $c_{f0}$ 与 $\alpha_f$ 条件下有效应力-渗透率比值曲线

由图 5-2 可以看出,渗透率的应力敏感性随着 $\alpha_f$ 的升高而降低,随着 $c_{f0}$ 的升高而升高。但两者对于渗透率的应力敏感性影响不同,$c_{f0}$ 的影响程度要明显大于 $\alpha_f$。这主要由于 $c_{f0}$ 代表煤样的原始裂隙的压缩系数,直接决定着煤样内部裂隙的可压缩性;而 $\alpha_f$ 是裂隙压缩系数随有效应力的改变系数,在 $c_{f0}$ 的基础上随着有效应力的变化来改变裂隙压缩系数。除此之外,通过图 5-2 可以看出,无论两参数如何取值,渗透率比值在高压范围内变化幅度非常小,在低压范围内则表现得非常敏感,这与第 3 章中的采动损伤煤样实验结果非常相似,表明了该公式的正确性。由于图中 $c_{f0}$ 与 $\alpha_f$ 的取值有限,图中显示的结果并不能涉及所有取值范围来判断渗透率的敏感性。因此,不能仅凭其中一个参数值判断煤样的具体应力敏感性。

(1) 不同损伤程度煤岩样重复采动渗透率模型

根据式(5-3)将第 2 章弹性煤样、贯穿裂隙煤样及破碎煤岩样的实验结果进行拟合,拟合结果见表 5-1,各拟合曲线如图 5-3 所示。

表 5-1　各类煤样重复加卸载拟合结果

| 煤样 | 加卸载阶段 | 拟合参数 | | | | $R^2$ |
| --- | --- | --- | --- | --- | --- | --- |
| | | $k_{f0}/mD$ | $c_{f0}/MPa^{-1}$ | $\alpha_f/MPa^{-1}$ | $c_{f0}/\alpha_f$ | |
| Z1 弹性煤样 | 第一次加载 | 13.870 9 | 0.532 9 | 0.288 1 | 1.850 | 0.999 9 |
| | 第一次卸载 | 7.380 9 | 0.628 1 | 0.358 6 | 1.752 | 0.999 5 |
| | 第二次加载 | 4.237 8 | 0.268 9 | 0.102 3 | 2.629 | 0.999 2 |
| | 第二次卸载 | 5.251 3 | 0.748 0 | 0.476 4 | 1.570 | 0.995 4 |
| | 第三次加载 | 2.544 7 | 0.240 6 | 0.095 0 | 2.533 | 0.996 4 |
| | 第三次卸载 | 3.594 5 | 0.573 9 | 0.376 5 | 1.524 | 0.995 3 |
| R1 弹性煤样 | 第一次加载 | 25.505 8 | 0.295 8 | 0.101 9 | 2.903 | 0.998 3 |
| | 第一次卸载 | 14.938 9 | 0.353 6 | 0.149 7 | 2.362 | 0.986 0 |
| | 第二次加载 | 13.828 7 | 0.325 3 | 0.100 3 | 3.243 | 0.998 1 |
| | 第二次卸载 | 15.983 8 | 0.508 9 | 0.173 9 | 2.926 | 0.993 8 |
| | 第三次加载 | 11.655 3 | 0.281 3 | 0.091 4 | 3.078 | 0.999 0 |
| | 第三次卸载 | 13.433 8 | 0.452 4 | 0.181 8 | 2.488 | 0.997 6 |
| S1 贯穿裂隙煤样 | 第一次加载 | 821.188 6 | 0.217 2 | 0.155 1 | 1.400 | 0.998 9 |
| | 第一次卸载 | 194.812 2 | 0.330 6 | 0.361 1 | 0.916 | 0.996 2 |
| | 第二次加载 | 135.926 3 | 0.124 7 | 0.123 1 | 1.013 | 0.999 3 |
| | 第二次卸载 | 163.728 7 | 0.304 6 | 0.324 1 | 0.940 | 0.997 7 |
| | 第三次加载 | 127.438 4 | 0.147 8 | 0.153 7 | 0.962 | 0.999 5 |
| | 第三次卸载 | 161.688 4 | 0.347 4 | 0.370 7 | 0.937 | 0.993 4 |
| G1 破碎煤样 | 第一次加载 | 481.698 1 | 0.067 8 | 0.098 0 | 0.692 | 0.995 9 |
| | 第一次卸载 | 175.733 3 | 0.019 0 | 0.076 9 | 0.247 | 0.984 0 |
| | 第二次加载 | 181.099 4 | 0.042 1 | 0.140 9 | 0.299 | 0.994 3 |
| | 第二次卸载 | 124.454 6 | 0.008 4 | 0.095 3 | 0.088 | 0.986 4 |
| | 第三次加载 | 127.632 4 | 0.033 2 | 0.203 9 | 0.163 | 0.997 9 |
| | 第三次卸载 | 97.233 5 | 0.010 1 | 0.124 0 | 0.081 | 0.991 3 |
| G7 破碎岩样 | 第一次加载 | 1 087.647 | 0.108 0 | 0.448 7 | 0.241 | 0.996 7 |
| | 第一次卸载 | 639.887 2 | 0.018 6 | 0.264 3 | 0.070 | 0.998 4 |
| | 第二次加载 | 642.605 5 | 0.023 4 | 0.238 3 | 0.098 | 0.993 5 |
| | 第二次卸载 | 538.418 4 | 0.008 2 | 0.202 7 | 0.040 | 0.999 2 |
| | 第三次加载 | 546.260 6 | 0.019 5 | 0.351 1 | 0.056 | 0.994 4 |
| | 第三次卸载 | 494.442 2 | 0.007 8 | 0.335 2 | 0.023 | 0.999 5 |

　　由于在第 3 章已经给出了各类煤样的加卸载曲线,图 5-3 以及表 5-1 仅给出每类煤样一个试件的拟合结果。由图 5-3 以及表 5-1 可以看出,按照式(5-3)拟合效果非常好,相关系数 $R$ 均能达到 0.99 以上。取各类煤样三次加卸载拟合参数的平均值求得各类煤样各次加卸载的应力-渗透率公式:

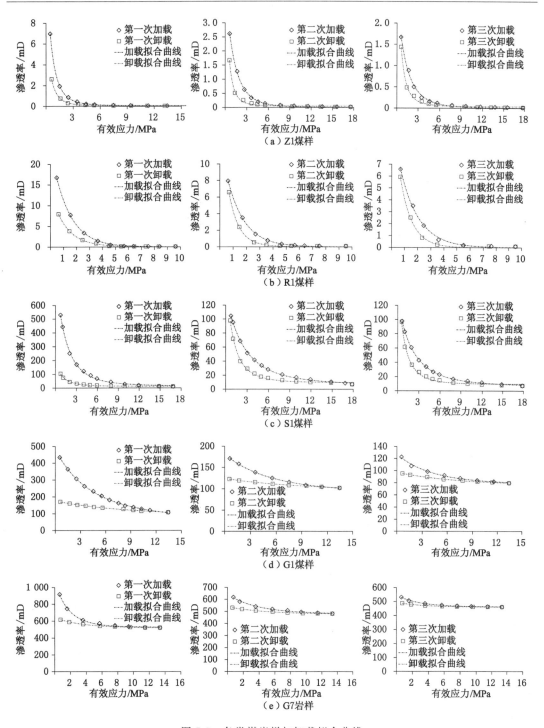

图 5-3 各类煤岩样加卸载拟合曲线

$$k_{\text{TL1}} = 13.456\,6\,e^{-6.755\,3(1-e^{-0.182\,1\sigma})}, k_{\text{TU1}} = 7.811\,4\,e^{-4.977\,6(1-e^{-0.381\,3\sigma})} \tag{5-4}$$

$$k_{\text{TL2}} = 5.446\,5\,e^{-5.811\,6(1-e^{-0.164\,4\sigma})}, k_{\text{TU2}} = 6.194\,2\,e^{-4.694\,9(1-e^{-0.399\,3\sigma})} \tag{5-5}$$

$$k_{\text{TL3}} = 4.131\,8\,e^{-5.171\,9(1-e^{-0.179\,9\sigma})}, k_{\text{TU3}} = 5.340\,6\,e^{-4.606\,2(1-e^{-0.403\,3\sigma})} \tag{5-6}$$

$$k_{JL1} = 23.970\,1e^{-9.022\,1(1-e^{-0.101\,9\sigma})}, k_{JU1} = 13.778\,7e^{-6.958\,5(1-e^{-0.152\,1\sigma})} \tag{5-7}$$

$$k_{JL2} = 12.211\,1e^{-9.612\,6(1-e^{-0.119\,1\sigma})}, k_{JU2} = 13.727\,9e^{-8.513\,7(1-e^{-0.178\,5\sigma})} \tag{5-8}$$

$$k_{JL3} = 11.068\,3e^{-9.190\,6(1-e^{-0.095\,0\sigma})}, k_{JU3} = 12.640\,0e^{-7.525\,5(1-e^{-0.181\,8\sigma})} \tag{5-9}$$

$$k_{SL1} = 795.183\,7e^{-5.932\,0(1-e^{-0.118\,8\sigma})}, k_{SU1} = 131.614\,4e^{-3.012\,0(1-e^{-0.285\,1\sigma})} \tag{5-10}$$

$$k_{SL2} = 103.170\,9e^{-4.881\,4(1-e^{-0.096\,2\sigma})}, k_{SU2} = 109.716\,0e^{-3.129\,7(1-e^{-0.268\,2\sigma})} \tag{5-11}$$

$$k_{SL3} = 87.516\,3e^{-3.375\,8(1-e^{-0.136\,7\sigma})}, k_{SU3} = 98.153\,4e^{-3.101\,8(1-e^{-0.264\,6\sigma})} \tag{5-12}$$

$$k_{BL1} = 775.956\,8e^{-3.287\,3(1-e^{-0.046\,6\sigma})}, k_{BU1} = 300.598\,8e^{-0.821\,6(1-e^{-0.121\,9\sigma})} \tag{5-13}$$

$$k_{BL2} = 295.777\,9e^{-1.001\,4(1-e^{-0.131\,9\sigma})}, k_{BU2} = 198.718\,5e^{-0.583\,6(1-e^{-0.194\,7\sigma})} \tag{5-14}$$

$$k_{BL3} = 193.302\,3e^{-0.924\,1(1-e^{-0.083\,7\sigma})}, k_{BU3} = 156.849\,3e^{-0.552\,9(1-e^{-0.138\,0\sigma})} \tag{5-15}$$

$$k_{RL1} = 1\,087.647\,0e^{-1.346\,1(1-e^{-0.448\,7\sigma})}, k_{RU1} = 639.887\,2e^{-0.792\,9(1-e^{-0.264\,3\sigma})} \tag{5-16}$$

$$k_{RL2} = 642.605\,5e^{-0.714\,9(1-e^{-0.238\,3\sigma})}, k_{RU2} = 538.418\,4e^{-0.608\,1(1-e^{-0.202\,7\sigma})} \tag{5-17}$$

$$k_{RL3} = 546.260\,6e^{-1.053\,3(1-e^{-0.351\,1\sigma})}, k_{RU3} = 494.442\,2e^{-1.005\,6(1-e^{-0.335\,2\sigma})} \tag{5-18}$$

式中,下标 T、J、S、B、R 分别表示弹性煤样轴向渗流、弹性煤样径向渗流、贯穿裂隙煤样、破碎煤样以及破碎岩样;L 和 U 分别表示加卸载公式;1、2、3 分别表示第一、二、三次加卸载。G1—G6 均为破碎煤样,虽然粒径不同,但采空区垮落带残煤煤样各粒径也都存在。因此,本书取 G1—G6 煤样渗透率的平均值来表示采空区内残煤的渗透率。采空区垮落带破碎研石的渗透率表达式以 G7 岩样为准。混合煤岩样则不进一步拟合。综合以上拟合公式,煤层群卸压开采重复采动过程中覆岩各带煤层应力-渗透率模型公式已经全部得到,后期数值模拟中的渗透率的演化规律均基于上述模型。

（2）不同粒径破碎煤样应力-渗透率计算模型

根据式(5-3)拟合得出了不同粒径破碎煤样(G1—G6)的拟合公式,即得出了不同加卸载条件下的拟合参数 $k_{f0}$、$c_{f0}$ 与 $\alpha_f$。在实际煤层开采过程中,破碎煤岩样的粒径要远大于实验室实测煤样,因此初步掌握不同粒径破碎煤样加卸载过程中的应力-渗透率计算公式对预测采空区垮落带内渗透率的演化规律具有重要意义。本书借助不同粒径破碎煤样应力-渗透率模型拟合所得参数对颗粒粒径进行进一步的拟合,各参数拟合结果如图 5-4 所示。图中颗粒粒径为不同粒径破碎煤样的平均粒径,本书仅进行一次加卸载渗透率实验结果的分析。

由图 5-4 可以看出,破碎煤样的初始渗透率及初始裂隙压缩系数随着颗粒粒径的增加而增加,裂隙压缩系数随有效应力的改变系数随粒径的增加而减小。由图 5-2 可以看出,破碎煤样渗透率的应力敏感性系数随 $c_{f0}$ 的增加及 $\alpha_f$ 的减小而增加,因此破碎煤样的应力敏感性随着颗粒粒径的增加而增加。各参数的拟合线性相关系数 $R$ 均能达到 0.98 以上,表明按照图中选取的拟合公式拟合效果很好。为了进一步提高拟合公式的准确性,本书对式(5-3)中的 $c_{f0}/\alpha_f$ 同样进行了拟合,拟合结果如图 5-4(d)所示。结合图 5-4 及式(5-3)便可以给出不同粒径破碎煤样的应力-渗透率模型:

$$k_{BL1} = [345.19\ln(r-4.94) + 29.66]e^{-3[2.094\ln(r+1.96)-4.257](1-e^{-[-0.026\,7\ln(r-6.787)+0.153]\sigma})}$$

$$\tag{5-19}$$

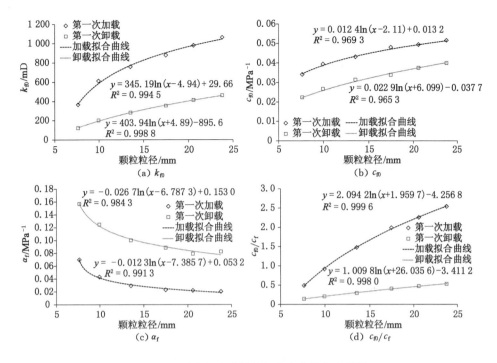

图 5-4　不同粒径破碎煤样拟合参数的拟合结果

$$k_{\mathrm{CU1}} = \left[403.94\ln(r+4.89)-895.6\right]\mathrm{e}^{-3\left[1.01\ln(r+26.05)-3.411\right]\left\{1-\mathrm{e}^{-\left[-0.012\,3\ln(r-7.386)+0.053\right]\sigma\right\}}}$$

(5-20)

式中　$r$——破碎煤样颗粒粒径。

利用式(5-19)及式(5-20)即可以初步求得不同粒径破碎煤样的应力-渗透率模型。但需要说明的是,由于实验煤样粒径范围有限,超过实验粒径范围的煤样渗透率公式的可靠性相对较低。且公式各参数存在多次拟合,其误差存在累积叠加情况,会影响精度。因此,在后期的研究过程中将加大破碎煤样的粒径测试范围,同时结合理论分析尽可能减少拟合次数,以提高公式的适用性及可靠性。本书在后续破碎煤样的应力敏感性分析及数值模拟过程中主要采用式(5-13)至式(5-15)的不同粒径破碎煤样拟合参数的平均值拟合公式。但式(5-19)及式(5-20)对于初步分析不同粒径破碎煤样的应力-渗透率变化过程具有重要意义,可对现有理论分析结果进行补充,可以用来初步预测不同粒径破碎煤样的应力-渗透率模型。

## 5.2　重复采动煤岩体不同开采阶段应力敏感性评价

根据石油天然气行业标准(SY/T 5358、SY/T 6385)评价储层应力敏感性参数,主要包括渗透率损害系数、渗透率损害率、不可逆渗透率损害率以及应力敏感性系数[34,88],各参数的计算公式如下:

$$D_{\mathrm{k1}} = \frac{k_i - k_{i+1}}{k_i \left| (\sigma_{i+1} - \sigma_i) \right|}$$

(5-21)

$$D_{\mathrm{k2}} = \frac{k_1 - k'_{\min}}{k_1}$$

(5-22)

$$D_{k3} = \frac{k_1 - k_{1r}}{k_1} \times 100\%$$ (5-23)

式中　$D_{k1}$，$D_{k2}$，$D_{k3}$——渗透率损害系数、渗透率损害率及不可逆渗透率损害率；

　　　　$k_i$——第 $i$ 个有效应力 $\sigma_i$ 下煤样的渗透率，mD；

　　　　$k_{i+1}$——第 $i+1$ 个有效应力 $\sigma_{i+1}$ 下煤样的渗透率，mD；

　　　　$k_1$——第 1 个应力点对应的煤样渗透率，mD；

　　　　$k'_{min}$——实验过程中达到最后一个点的渗透率，mD；

　　　　$k_{1r}$——卸载过程中应力恢复至第 1 个应力点后煤样的渗透率，mD。

第四个参数应力敏感性系数即式(5-1)中的 $3c_f$。$D_{k1}$、$D_{k2}$、$D_{k3}$ 均可由应力-渗透率曲线图得出，在第 3 章也进行了相关说明。对于不同损伤程度煤样而言，在第一次加载过程中渗透率损害率 $D_{k2}$ 最大，之后随着加载次数的增加，渗透率损害率逐渐减小。第一次加卸载造成的不可逆渗透率损害率 $D_{k3}$ 最大，且远大于后续的加卸载；随着加卸载次数的增加，不可逆渗透率损害率逐渐减小。渗透率损害系数 $D_{k1}$ 指的是应力变化过程对渗透率变化的影响程度，其实际意义与渗透率应力敏感性系数的意义基本一致。而由式(5-2)可知，$c_f$ 并不是一个稳定值，随着应力的增加逐渐减小。因此，为了描述不同损伤程度煤样的应力敏感性，本书以上述重复采动煤样应力-渗透率的拟合公式为基础研究不同损伤程度煤样的应力敏感性特征。

### 5.2.1　渗透率的绝对应力敏感性分析

渗透率的绝对应力敏感性是指在降低或者升高相同应力情况下渗透率的变化值，可以直接由拟合公式求导得出。基于拟合公式(5-3)得出的绝对应力敏感性系数 $k'_f$ 公式如下：

$$k'_f = -3c_{f0}k_{f0}e^{-3\frac{c_{f0}}{\alpha_f}(1-e^{-\alpha_f\sigma})}e^{-\alpha_f\sigma}$$ (5-24)

(1) 弹性煤样

弹性煤样渗流实验分为轴向及径向渗流两类，各阶段径向及轴向绝对应力敏感性系数与有效应力变化关系如图 5-5 及图 5-6 所示。为了方便各次加卸载对比，本书将实验应力范围分为低压阶段(0～5 MPa)、中压阶段(5～10 MPa)以及高压阶段(10～20 MPa)。

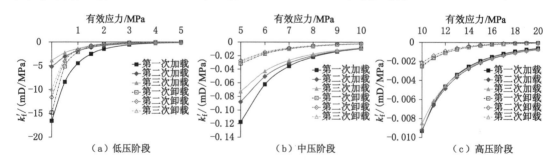

图 5-5　弹性煤样轴向渗流绝对应力敏感性系数

由图 5-5 可以看出，弹性煤样轴向渗流在各个应力阶段的绝对应力敏感性系数差别相当大，各个加卸载阶段在应力范围 0～1 MPa 内绝对应力敏感性系数大幅度降低。当应力升高至 5 MPa 左右时，绝对应力敏感性系数将降低两个数量级。在中压阶段，加卸载阶段的绝对应力敏感性系数仍有小幅度降低，绝对应力敏感性系数已经低于 0.1 mD/MPa，即在

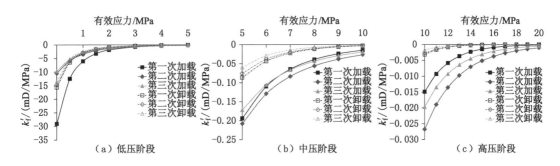

图 5-6 弹性煤样径向渗流绝对应力敏感性系数

此基础上增加 1 MPa 有效应力,渗透率降低值不足 0.1 mD。随着有效应力的继续升高,渗透率的绝对应力敏感性系数不断降低,在高压阶段已降至 0.001 mD/MPa 以下,可以认为应力对渗透率基本不存在影响。

轴向渗流各次加卸载绝对应力敏感性系数存在一定的区别,第一次加载渗透率绝对应力敏感性系数要大于其余各次加卸载绝对应力敏感性系数。但随着有效应力的升高,第一次加载的绝对应力敏感性系数逐渐与第二、三次的绝对应力敏感性系数相等,这由图 5-5(b) 和图 5-5(c) 可以看出。这主要是由于经过第一次加载后煤样取样加工过程中产生的微裂隙逐渐闭合压实。在低应力阶段初期,第二次及第三次卸载阶段的绝对应力敏感性系数要高于同次加载阶段的绝对应力敏感性系数。但随着有效应力的升高,卸载阶段的绝对应力敏感性系数降低幅度要大于加载阶段的,这导致加载阶段的应力敏感性超过卸载过程中的应力敏感性,之后加卸载过程应力敏感性均减小,两者之间的差别也逐渐减小。本书将第二、三次加卸载绝对应力敏感性系数相等处的有效应力称为绝对临界有效应力,当有效应力小于绝对临界有效应力时,卸载过程的应力敏感性大于加载过程的应力敏感性;当有效应力大于绝对临界有效应力时,加载过程的绝对应力敏感性要高于卸载过程的绝对应力敏感性。经计算弹性煤样第二、三次加卸载的绝对临界有效应力分别为 0.86 MPa 以及 1.23 MPa,即弹性煤样第二、三次卸载过程中当有效应力卸载至 0.86 MPa 及 1.23 MPa 时加卸载渗透率差值最大。

径向渗透率的绝对应力敏感性系数显然要大于轴向渗透率的绝对应力敏感性系数,但两者的基本变化趋势一致。除了第一次加载应力敏感性始终大于卸载应力敏感性,第二、三次加卸载均存在绝对临界有效应力,分别为 0.54 MPa 及 0.53 MPa。

(2) 贯穿裂隙煤样

贯穿裂隙煤样的渗透率要远大于弹性煤样,因此其绝对应力敏感性系数也要远大于弹性煤样的,具体如图 5-7 所示。

由图 5-7 可以看出,在高应力状态下,贯穿裂隙煤样的绝对应力敏感性系数仍能达到 1 mD/MPa 左右,这表明贯穿裂隙煤样在高应力状态下有效应力对渗透率仍然存在一定的影响。贯穿裂隙煤样第一次加载的绝对应力敏感性系数要远大于第二、三次加卸载的绝对应力敏感性系数,这表明第一次加载渗透率损失十分严重,且要远大于弹性煤样第一次加载时的渗透率损失量。除此之外,贯穿裂隙煤样与弹性煤样的应力敏感性变化趋势基本一致。贯穿裂隙煤样第二、三次加卸载的绝对临界有效应力分别为 1.51 MPa 以及 1.88 MPa,要

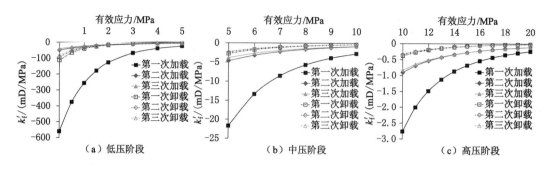

图 5-7　贯穿裂隙煤样渗流绝对应力敏感性系数

略大于弹性煤样的,这表明贯穿裂隙煤样在卸载过程中渗透率的应力敏感性更容易超过加载过程中的应力敏感性,渗透率恢复更快。

（3）破碎煤岩样

破碎煤岩样由于弹性模量以及强度的不同,其绝对应力敏感性系数存在一定的差别,具体如图 5-8 及图 5-9 所示。

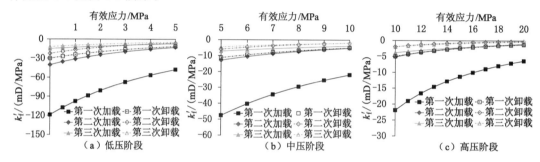

图 5-8　破碎煤样渗流绝对应力敏感性系数

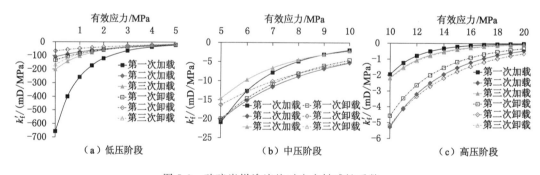

图 5-9　破碎岩样渗流绝对应力敏感性系数

在低应力阶段,破碎煤样第一次加载阶段的绝对应力敏感性系数要低于破碎岩样的绝对应力敏感性系数。但是随着应力的升高,破碎岩样的应力敏感性大幅度减小;而破碎煤样的应力敏感性减小相对缓慢,在高应力阶段仍维持在较高水平。这主要是由于破碎岩样初期存在结构压密调整,孔隙空间闭合大,而后期岩样强度大不易破坏,应力敏感性大幅度降低。破碎煤样在整个第一次加载过程中不断发生再次破碎,因此渗透率的应力敏感性能够维持在较高水平。

破碎煤样各阶段的加载渗透率绝对应力敏感性系数始终大于卸载过程中的绝对应力敏感性系数，并不存在临界绝对有效应力。这主要是由于破碎煤样加载时结构调整及煤样再次破碎造成的不可逆渗透率损害率较大，导致卸载过程中应力恢复的敏感性始终小于加载敏感性。破碎岩样的加卸载应力敏感性与上述煤样存在一定的区别，在第二、三次加卸载过程中渗透率的绝对应力敏感性系数相差很小。除此之外，在高应力阶段第一次加载的应力敏感性要低于卸载过程中的应力敏感性，甚至要低于后几次加卸载过程中的应力敏感性。出现上述差异的主要原因是破碎岩样在后期加卸载过程中结构变形及再次破碎造成的渗透率减小量很小，基本上只有颗粒变形造成的渗透率变化。而后期加卸载过程中，三颗粒组合结构越来越多，其应力敏感性要高于多颗粒组合结构，因此在后期高应力加卸载过程中，卸载渗透率的绝对应力敏感性系数要略高于加载过程中的渗透率绝对应力敏感性系数，但相差很小。

（4）不同损伤程度煤岩样渗透率的绝对应力敏感性对比分析

上文分析了不同损伤程度煤岩样重复加卸载过程中各自绝对应力敏感性变化情况，为了对不同损伤程度煤岩样绝对应力敏感性进行对比，将采动损伤煤岩样的绝对应力敏感性系数绘制在一起，具体如图 5-10 所示。各类煤岩样在高压情况下渗透率绝对应力敏感性系数相对比较平稳，对应的加卸载应力敏感性由大到小分别为破碎煤样、破碎岩样、贯穿裂隙煤样以及弹性煤样，这由图 5-5 至图 5-9 直接可以看出。在低应力阶段，各类煤样的应力敏感性变化幅度较大，因此本书仅列举各类煤样在 0～10 MPa 内的绝对应力敏感性系数对比曲线。且由于第二次及第三次加卸载在应力敏感性上差别相对较小，本书仅对比第一次及第二次加卸载各类煤岩样的绝对应力敏感性系数曲线。

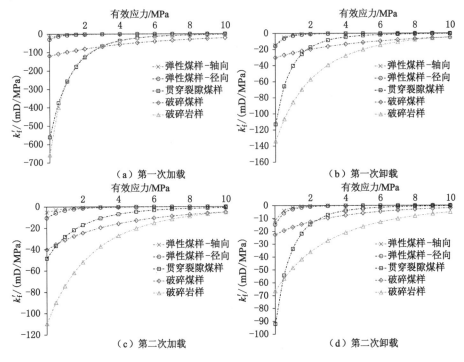

图 5-10　各类煤岩样渗透率绝对应力敏感性系数对比曲线

由图 5-10 可以看出,各类煤岩样孔隙结构不同,导致各渗透率的绝对应力敏感性系数相差较大。总体上弹性煤样的轴向及径向绝对应力敏感性系数要明显小于其他三类煤岩样。径向渗流的加卸载过程中的应力敏感性均要略大于轴向渗流。在第一次加载过程中破碎岩样与贯穿裂隙煤样的绝对应力敏感性系数基本相当,且要明显大于破碎煤样。在第一次加载后期,破碎煤样的绝对应力敏感性系数超过破碎岩样及贯穿裂隙煤样。在第二次加载过程中,各类煤岩样加载初期应力敏感性均明显减小,特别是贯穿裂隙煤样的绝对应力敏感性系数大幅度降低,但变化趋势基本相当。而在第一次卸载过程中,同样表现为在较低应力处,破碎岩样的绝对应力敏感性系数>贯穿裂隙煤样的>破碎煤样的。但随着应力的升高,贯穿裂隙煤样的绝对应力敏感性系数的减小幅度大于破碎岩样的,破碎岩样的则要大于破碎煤样的。因此,在高应力阶段破碎煤样的应力敏感性要大于破碎岩样及贯穿裂隙煤样。在第二次及以后的卸载过程中,贯穿裂隙煤样在低应力处的应力敏感性要大于破碎岩样及破碎煤样,但应力敏感性减小幅度要大于破碎煤岩样,从而导致在高应力处的应力敏感性要低于破碎煤岩样。

### 5.2.2 渗透率的相对应力敏感性分析

由于不同损伤程度煤样以及不同次加卸载的初始渗透率差别较大,渗透率的绝对应力敏感性表达的是应力变化导致渗透率值变化的大小。这就导致贯穿裂隙煤样及破碎煤岩样的绝对应力敏感性要远大于弹性煤样应力敏感性。为了能够对各类煤样应力敏感性的变化趋势进行对比,本书提出渗透率的相对应力敏感性对采动损伤煤样的应力敏感性作进一步分析。相对应力敏感性是指应力变化对渗透率比值的影响,相对应力敏感性系数计算公式如下:

$$\left(\frac{k_{\mathrm{f}}}{k_{\mathrm{f0}}}\right)' = -3c_{\mathrm{f0}}\,\mathrm{e}^{-3\frac{c_{\mathrm{f0}}}{a_{\mathrm{f}}}(1-\mathrm{e}^{-a_{\mathrm{f}}\sigma})}\,\mathrm{e}^{-a_{\mathrm{f}}\sigma} \tag{5-25}$$

（1）弹性煤样

与绝对应力敏感性相似,弹性煤样的相对应力敏感性分为轴向及径向渗流进行分析。各阶段径向及轴向渗透率相对应力敏感性系数如图 5-11 及图 5-12 所示。

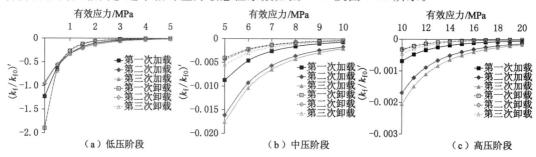

图 5-11　弹性煤样轴向渗流相对应力敏感性系数

由图 5-11 及图 5-12 可以看出,弹性煤样轴向及径向渗流在各个应力阶段的相对应力敏感性系数差别相当大,当有效应力升高至 5 MPa 左右时,其相对应力敏感性系数不到 0.02,这意味着在 5 MPa 时继续升高应力只能使初始渗透率再降低 2%。而当有效应力升高至 10 MPa 时,相对应力敏感性系数仅为 0.002,再加之弹性煤样的轴向渗透率本身就比较低,其渗透率基本上不变。

从图 5-5、图 5-6、图 5-11 和图 5-12 中可以看出,渗透率的相对应力敏感性系数与渗透

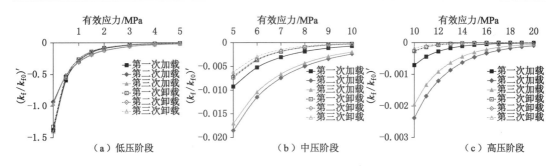

图 5-12  弹性煤样径向渗流相对应力敏感性系数

率的绝对应力敏感性系数虽然在各个加卸载阶段表现的变化趋势基本一致,但仍然存在一定区别。在低压阶段初期,第一次加载渗透率的相对应力敏感性系数要大于第二次及第三次加载阶段,但要明显低于三次卸载过程中的相对应力敏感性系数。三次卸载各个阶段的相对应力敏感性系数差别很小,仅随着卸载次数的增加略微升高。在整个低压阶段,卸载阶段的相对应力敏感性系数随着应力的增加先大于加载阶段的,之后逐渐小于加载阶段的。与绝对应力敏感性不同的是,在中高压阶段,第一次加载的相对应力敏感性要低于第二、三次加载阶段的相对应力敏感性。第一次卸载过程中的相对应力敏感性同样要略低于第二、三次卸载的相对应力敏感性。产生上述现象的主要原因是,加载过程中的渗透率损失不一样,第一次加载过程中渗透率的损失最大,导致第一次加载后期的渗透率比值的变化幅度相对较小。径向渗透率的相对应力敏感性与轴向渗透率的相对应力敏感性变化趋势基本相当。

（2）贯穿裂隙煤样

贯穿裂隙煤样各阶段渗透率相对应力敏感性系数如图 5-13 所示。

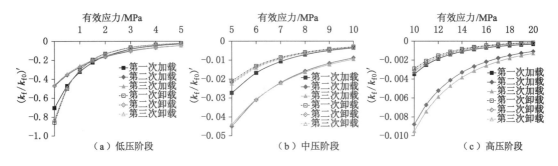

图 5-13  贯穿裂隙煤样渗流相对应力敏感性系数

贯穿裂隙煤样的相对应力敏感性系数与弹性煤样表现基本一致,在低压阶段初期,卸载阶段的相对应力敏感性系数要大于加载阶段相对应力敏感性系数。第一次加载渗透率的相对应力敏感性系数与三次卸载阶段的相对应力敏感性系数较为接近。在高应力阶段,第二、三次加载阶段的相对应力敏感性系数要明显大于第一次加载及三次卸载阶段。随着应力的增加,同次加卸载阶段卸载的相对应力敏感性系数先大于加载的相对应力敏感性系数,之后逐渐低于加载的相对应力敏感性系数。

（3）破碎煤岩样

破碎煤岩样由于弹性模量以及强度的不同,其相对应力敏感性系数同样存在一定的差别,具体如图 5-14 及图 5-15 所示。与另外两类煤样不同,破碎煤样在加载过程中渗透率的相对应力敏感性系数始终大于卸载过程中的相对应力敏感性系数。破碎岩样则与另外两类煤样刚好相反,在有效应力较小时,加载阶段的相对应力敏感性系数要大于卸载阶段,而后期随着有效应力的增加卸载阶段渗透率的相对应力敏感性系数要大于加载阶段的相对应力敏感性系数。除此之外,破碎煤样相对应力敏感性系数偏低,但随着应力的升高其降低幅度同样很低。

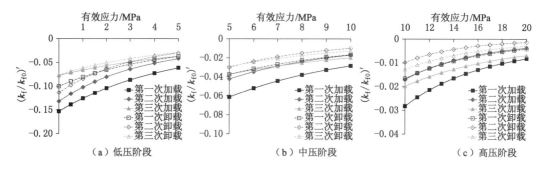

图 5-14　破碎煤样渗流相对应力敏感性系数

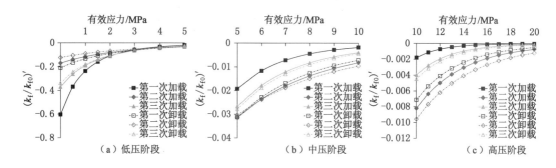

图 5-15　破碎岩样渗流相对应力敏感性系数

(4) 不同损伤程度煤岩样渗透率的相对应力敏感性对比分析

与绝对应力敏感性系数相似,相对应力敏感性系数在高压阶段基本处于稳定状态,加卸载阶段的差值也相对较小,基本上在 $10^{-3} \sim 10^{-2}$。相对应力敏感性系数由高到低依次为破碎煤岩样、贯穿裂隙煤样以及弹性煤样,这与绝对应力敏感性系数基本一样,但破碎煤样的相对应力敏感性系数要显著大于其余各类煤样。除此之外,第二、三次加卸载渗透率的相对应力敏感性系数变化趋势基本一致。因此,本书仍只研究第一、二次加卸载过程中各类煤岩样在 $0 \sim 10$ MPa 内的相对应力敏感性系数变化趋势,具体如图 5-16 所示。

对比弹性煤样、贯穿裂隙煤样及破碎煤岩样第一次加载过程中的相对应力敏感性系数可以看出,在低压阶段渗透率的相对应力敏感性系数由大到小依次是弹性煤样、贯穿裂隙煤样、破碎岩样及破碎煤样。弹性煤样的轴向及径向渗流的相对应力敏感性系数基本上一致。而相对应力敏感性系数的大小反映了渗透率应力敏感性的变化趋势,这表明弹性煤样在低压阶段渗透率的应力敏感性变化趋势最大。随着有效应力的增加,弹性煤样的相对应力敏

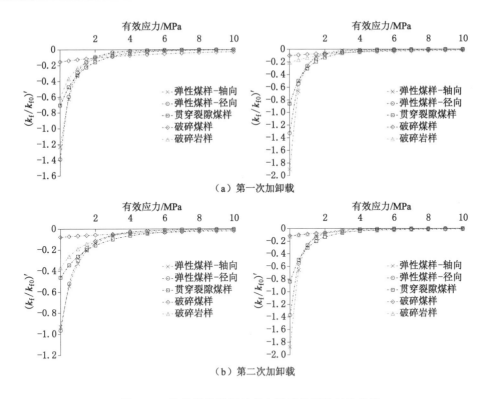

（a）第一次加卸载

（b）第二次加卸载

图 5-16 各类煤岩样相对应力敏感性系数对比曲线

感性系数下降幅度明显大于其余各类煤岩样，在中压阶段，渗透率的相对应力敏感性系数由大到小分别为破碎煤样、贯穿裂隙煤样、破碎岩样及弹性煤样，且破碎煤样相对应力敏感性系数明显大于其余几类煤岩样。

由各类煤岩样第一次卸载过程中的相对应力敏感性系数可以看出，其在低压阶段的变化趋势与第一次加载的基本相当。但破碎煤岩样的相对应力敏感性系数的差距要小于第一次加载时的。在中压阶段，破碎煤样的相对应力敏感性系数依然最大，破碎岩样的相对应力敏感性系数则要大于贯穿裂隙煤样。

第二次加卸载过程中渗透率的相对应力敏感性系数的总体变化趋势与第一次加卸载相同。第二次加载过程中在中压阶段破碎煤样的相对应力敏感性系数虽然仍要大于其余各类煤岩样，但差值小于第一次加载过程。在整个第二次卸载过程中，破碎煤岩样的相对应力敏感性系数基本相等。

## 5.3 煤岩体重复采动应力-裂隙-渗流耦合模型建立

目前针对卸压开采过程中覆岩渗透率的数值模拟研究绝大多数通过围岩裂隙发育情况、应力释放以及煤层应变等间接反映保护层开采对本煤层和被保护层瓦斯渗流的影响，而现有的流固耦合程序大多集中在小采动损伤的油气抽采模拟方面，适用于大规模采动损伤条件下的流固耦合模拟程序相对较少。本书在上述不同损伤程度煤岩样应力-渗透率模型的基础上运用 FLAC3D 内嵌的 Fish 语言对 FLAC3D 的渗流模式进行二次开发，建立重复采动应力-裂隙-渗流耦合模型。结合该模型可以定量分析保护层开采后本煤层和被保护层瓦斯渗透率、瓦斯渗流路径及瓦斯压力变化情况。

### 5.3.1　弹性煤岩样的渗透率计算

原始煤岩的渗透率一般由现场实测取得，由于处于弹性阶段的岩石渗透率很低，一般认为在原岩应力状态下不发生渗透[221]。因此，本书根据 G. S. Esterhuizen 等总结的各种岩石初始渗透率进行相关模拟计算[146]，渗透率见表 5-2。对于煤体的渗透率，则采用本书实验室实测渗透率进行计算。需要说明的是，本书使用的数值模拟软件 FLAC3D 中渗透率的单位为 $m^2/(Pa \cdot s)$，即除以甲烷的动力黏度 $1.106\ 7 \times 10^{-5}\ Pa \cdot s$(常压，25 ℃)，它与本书实验室实测使用的渗透率单位 mD 的转换关系如下：

$$1\ mD = 9.036 \times 10^{-11}\ m^2/(Pa \cdot s) = 42\ m^2/(MPa^2 \cdot d) \tag{5-26}$$

表 5-2　模型中各类岩石的渗透率

| 岩石分级 | 岩石种类 | 水平渗透率/mD | 垂直渗透率/mD |
|---|---|---|---|
| 土壤 | 黏土 | 0.1 | 0.1 |
| 极低渗透率岩石 | 黑色页岩 | 0.2 | 0.1 |
| 低渗透率岩石 | 灰色页岩 | 1.0 | 0.5 |
| 中等渗透率岩石 | 石灰岩 | 2.0 | 2.0 |
| 高渗透率岩石 | 砂岩 | 10.0 | 10.0 |

弹性块体渗透率计算流程如图 5-17 所示。

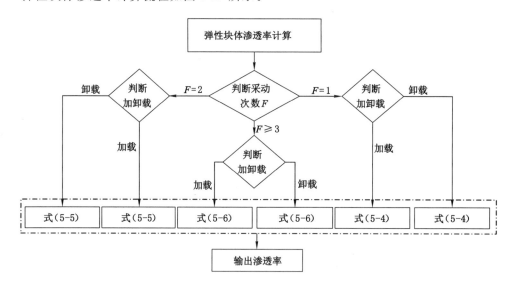

图 5-17　弹性块体渗透率计算流程

图 5-17 为轴向渗透率的计算流程，考虑煤层轴向及径向渗透率的不同，计算径向渗透率时将式(5-4)至式(5-6)换成式(5-7)至式(5-9)。弹性煤岩样主要对应煤矿开采过程中离层裂隙带以上以及底鼓变形带以下的煤岩层，在数值模拟过程中该部分煤岩样处于弹性状态。需要说明的是，在煤层开采过程中，由于采动影响大，水平应力与垂直应力出现明显的

差别,这就导致无法采用实验室三向等压的有效应力计算公式。而由偏应力实验以及第4章数值模拟结果可知,裂隙面渗透率主要受垂直于该裂隙面应力的影响,再加上本书均使用的是各向异性模型,水平渗透率与垂直渗透率应分开考虑。因此,在本书煤层开采数值模拟过程中,计算水平渗透率时主要采用垂直应力,计算垂直渗透率时主要采用水平应力。

### 5.3.2 贯穿裂隙煤岩样的渗透率计算

贯穿裂隙块体渗透率计算流程如图5-18所示。

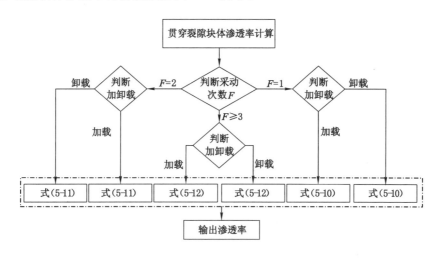

图 5-18　贯穿裂隙块体渗透率计算流程

位于离层裂隙带及底鼓变形带内的煤岩体出现水平离层裂隙面或水平膨胀裂隙,水平渗透率大幅度增加,而垂直渗透率基本不变。离层裂隙带及底鼓变形带内的裂隙面一般由张拉破坏产生,可以通过膨胀变形量判断,因此层间拉破坏的煤岩体水平渗透率采用图5-18所示的贯穿裂隙块体渗透率计算流程计算,而垂直渗透率则采用图5-17所示的弹性块体轴向渗透率的计算流程计算。

根据淮南矿区所取煤样的单轴压缩实验结果,结合上述贯穿裂隙煤样与弹性煤样的渗透率计算公式对FLAC3D中渗流模型进行二次开发,采用模型中的应变软化本构模型模拟了煤的单轴压缩实验。由于模拟的是压缩实验,发生拉破坏及剪切破坏的贯穿裂隙块体均采用图5-18所示的计算流程计算。模拟参数见表5-3,数值模拟结果如图5-19所示。

表 5-3　单轴压缩有限差分法模拟参数

| 体积模量 /GPa | 剪切模量 /GPa | 抗拉强度 /MPa | 应变/内聚力(MPa) | | | 应变/内摩擦角(°) | | | 应变/剪胀角(°) | | |
|---|---|---|---|---|---|---|---|---|---|---|---|
| 0.75 | 0.69 | 1.09 | 0/2 | 0.05/1.5 | 0.1/1 | 0/40 | 0.05/35 | 0.1/30 | 0/10 | 0.05/5 | 0.1/0 |

由图5-19可以看出,煤样采用应变软化模型,其单轴压缩实验结果与数值模拟结果基本一致,表明本书采用的模拟参数及选用的模型可靠。由图5-19(a)可以看出,在单轴压缩曲线直线初段(即图中 $a$ 点到 $b$ 点的弹性变形阶段),模型轴向渗透率随着轴压的升高缓慢减小;在轴压达到 $b$ 点后,开始出现塑性屈服块体,渗透率开始缓慢增加;当应力曲线进入屈

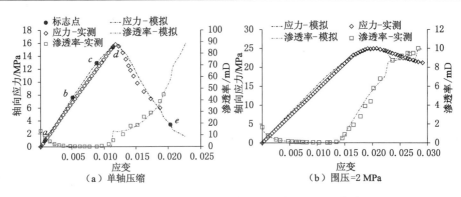

图 5-19　三轴流固耦合数值模拟与实验室实测曲线

服阶段（$c$ 点到 $d$ 点）后，实测渗透率升高速度开始加快；当轴压超过峰值后，渗透率开始大幅度升高。围压为 2 MPa 时，煤样的抗压强度及峰后残余强度明显增加，裂隙扩展阶段也明显增长，初始渗透率明显减小。由图 5-19（b）可以看出，随着轴向应变的增加，渗透率变化曲线呈"S"形变化；整个单轴压缩及围压为 2 MPa 下的渗透率演化曲线与离散元数值模拟结果基本一致，与实验室实测结果同样吻合，表明了本书数值模拟的准确性及可靠性。单轴压缩各个应力点的塑性发育、轴向及径向渗透率、垂直有效应力情况如图 5-20 所示。图中从左往右依次为煤样塑性发育情况、径向渗透率、轴向渗透率以及垂直有效应力。在单轴压缩模拟过程中，本书采用上下两端位移加载方法，但并没有建上下压盘，在施加位移命令时主要以上下端两层块体挤压内部块体，因此在分析时不考虑两端块体的应力-塑性裂隙-渗透率情况。

由图 5-20 可以看出，在加载过程中，随着应力的增加，煤样塑性裂隙区逐渐发育。塑性裂隙区的发育主要是由于两端位移的施加导致应力由两端向煤样内部传递。在单轴压缩初期，煤样两端中部应力升高明显，导致中部优先产生塑性发育区。之后随着左右两端塑性裂隙区的发育，应力逐渐向煤样中部转移，塑性裂隙区应力开始卸载。煤样的渗透率则与塑性裂隙区及应力密切相关，弹性块体在应力升高过程中轴向及径向渗透率均逐渐减小，但径向渗透率要大于轴向渗透率，且减小幅度相对较大，这主要是由于煤样径向渗透率轴向应力敏感性要大于轴向渗透率的轴向应力敏感性，这与实验结果一致。当块体应力持续升高发生塑性变化时，其渗透率开始增加，但由于塑性块体应力仍然处于较高范围，其渗透率增加并不明显，这由图 5-20（b）可以看出；再加之塑性裂隙区域很小，且并未贯通，随着应力的增加煤样的渗透率增加缓慢。当煤样进入塑性裂隙扩展阶段后，煤样两端塑性裂隙区域大面积增加，应力卸载并向煤样中部区域转移。这就导致煤样左右两帮渗透率急剧增加，而中部渗透率持续降低，塑性裂隙区域几乎占煤样体积的一半但并未贯通，煤样整体渗透率开始缓慢增加。

当煤样应力达到峰值时，塑性裂隙区贯通，煤样弹性区与塑性裂隙区交界处（类似 X 形区域）发生张裂破坏，应力急剧减小，渗透率大幅度升高导致煤样整体渗透率急剧升高。在残余应力阶段，煤样塑性裂隙区进一步扩张，应力均集中在煤样中部，导致中部塑性裂隙区渗透率相对较小；其余各处应力均发生卸载，左右两帮渗透率继续升高，整体渗透率同样继续升高。

除了渗透率的计算，本书在此基础上进行了单轴渗流计算。渗流计算过程中上下端瓦斯压力分别为 0.5 MPa 以及 1 MPa，柱面设为不渗透边界，同时监测模型内任意一点的孔隙压力，当孔隙压力不变时即认为渗流计算达到平衡。单轴压缩曲线 $a$ 点及 $d$ 点对应的渗流计算结果如图 5-21 所示。

$a$ 点与 $d$ 点由流量计算出的整体模型的渗透率在图 5-19 中已经给出，$d$ 点的渗透率要明显高于 $a$ 点。由图 5-21 可以看出，$a$、$d$ 两点对应的孔隙压力分布情况差别较大。$a$ 点除了上下两端孔隙压力等值线较密集以外，中间部分基本平行。而 $d$ 点对应的孔隙压力等值

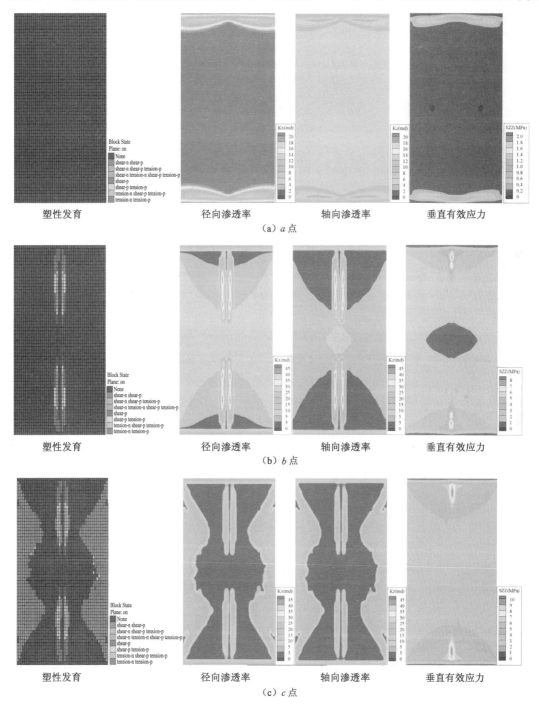

图 5-20　单轴压缩不同应力点的塑性-应力-渗透率情况

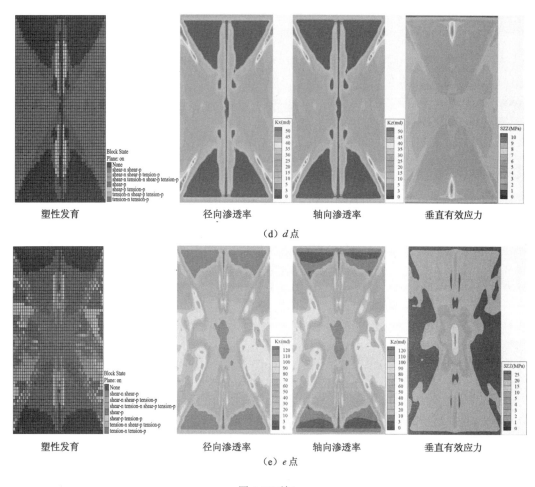

图 5-20（续）

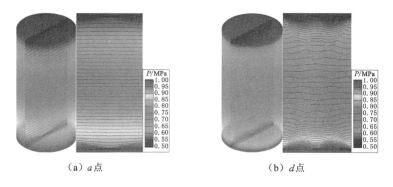

图 5-21　单轴压缩渗流孔隙压力计算结果

线则非常不规则。对比各点的渗透率分布情况可以看出,渗透率较低处,孔隙压力等值线相对密集;渗透率越高,孔隙压力等值线越稀疏。这是由于渗透率越低,同等渗流距离孔隙压力下降得越多。这就导致 $d$ 点模型对应塑性裂隙区间内的孔隙压力等值线间距要明显大于 $a$ 点模型。且由于 $d$ 点模型内渗透率变化幅度大,孔隙压力等值线相对不规则。

综上可以看出,利用本书加卸载阶段弹性及贯穿裂隙煤样的应力-渗透率模型能够很好地反演实验室单轴及三轴压缩渗流实验,以定量分析煤样内部应力-塑性裂隙-渗透率的演化规律,可以进一步为卸压开采及瓦斯抽采流固耦合模拟提供基础。

### 5.3.3 破碎煤岩样的渗透率计算

由于不同分带内渗透率的变化各不相同,贯穿裂隙带、离层裂隙带、弯曲下沉带及以上煤岩层的渗透率可以通过贯穿裂隙及弹性煤岩体与渗透率的关系来计算。垮落带基本上由破碎煤岩石构成,由实验室实测可知渗透率很高,垮落带高度一般按式(5-27)计算[155]:

$$H = \frac{100h}{c_1 h + c_2} \tag{5-27}$$

式中 $h$——采高,m;

$c_1, c_2$——与直接顶顶板岩性有关的垮落带高度系数,见表1-2。

由式(5-27)和表1-2可知垮落带高度与煤层采高和直接顶强度有关。

随着工作面不断推进,采空区岩体受自身重力及覆岩压力作用逐渐被压实,对上覆岩层的支撑力逐渐升高,其自身的密度、弹性模量和泊松比都随时间的延长而不断增大,渗透率逐渐减小。白庆升等[222]基于采空区压实理论给出了采空区岩体体积模量 $K$、剪切模量 $G$、垂直应力 $\sigma_v$、垂直应变 $\varepsilon$ 及最大垂直应变 $\varepsilon_m$ 的关系:

$$K = \frac{4G}{3} = \frac{\sigma_v}{2\varepsilon} = \frac{E_0}{2(1 - \varepsilon/\varepsilon_m)} \tag{5-28}$$

利用Fish语言对采空区参数进行不断更新,可以模拟垮落带岩体逐渐被压实的过程,结合上文给出的破碎煤岩体应力-渗透率的关系可以表征采空区渗透率的变化规律。具体地,在垮落带压实过程中对应破碎煤岩样的第一次加载过程,而邻近层再次开采引起的垮落带破碎煤岩卸压对应的是第一次卸载过程,恢复过程则对应的是第二次加载过程;之后煤层群的采动则对应破碎煤样的第三次加卸载过程,具体垮落带块体渗透率计算流程如图5-22

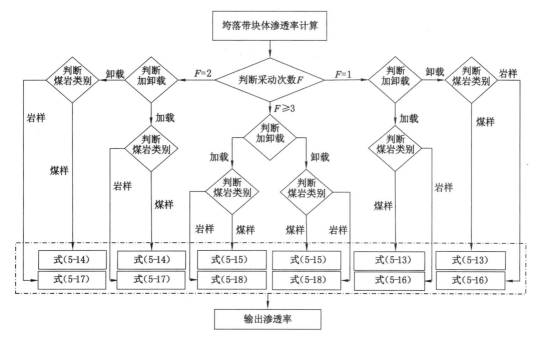

图 5-22 垮落带块体渗透率计算流程

所示。这里需要说明的是,垮落带内工作面残煤比例随开采方法的不同相差较大,一次采全高回采率约为90%,而放顶煤开采回采率仅能达到60%左右[223-224]。煤层采高与垮落带高度存在式(5-27)所示的关系,则垮落带内破碎岩体的高度$H_R$可以由式(5-29)求得:

$$H_R = \frac{100h}{c_1 h + c_2} - 0.1h \tag{5-29}$$

综上所述,运用FLAC3D内嵌的Fish语言,根据不同损伤程度煤岩样重复加卸载过程中的应力-渗透率相关实验模型以及垮落带内煤岩体压实理论对渗流模式进行二次开发,可以用于分析煤层群保护层开采及后期被保护层开采过程中围岩各分带内渗透率的演化规律。在此基础上,便可以进一步模拟卸压开采过程中卸压瓦斯运移路径及瓦斯抽采过程中的瓦斯运移渗流规律及瓦斯压力的变化情况,整个模拟过程的流程图如图5-23所示。

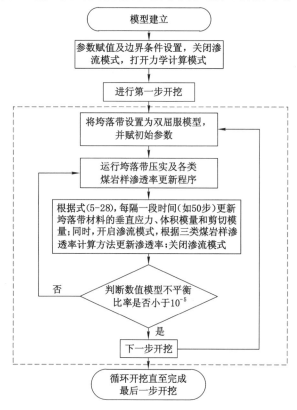

图5-23　流固耦合计算流程

### 5.3.4　瓦斯抽采过程中的渗透率计算

由实验室实测分析可知,在外部应力一定的情况下,瓦斯压力的改变同样使得渗透率发生变化。在卸压开采瓦斯抽采过程中,由于突出煤层初始瓦斯压力较大,瓦斯压力的减小势必会对煤层渗透率造成影响。因此,在模拟瓦斯抽采过程中必须对围岩的渗透率进行实时更新。考虑采空区垮落带渗透率较高,瓦斯压力近似等于大气压力,渗透率变化幅度较小,本书不考虑破碎煤岩体受瓦斯压力减小的影响。渗流计算过程中渗透率的计算程序如图5-24所示。

本书为了进一步验证上述程序的正确性,根据抽采过程中的渗透率变化模型,同时结合

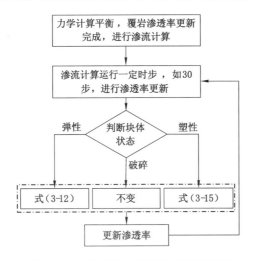

图 5-24　瓦斯压力变化渗透率更新程序

上述覆岩渗透率的计算程序模拟了钻井抽采过程中渗透率的变化过程。地面抽采钻井直径仅为 200 mm,远小于模型的尺寸,因此其对整个模型的渗透率分布特征及演化规律基本上没有影响,只影响自身周围一定范围内的围岩。国内外学者通过理论分析、数值模拟以及现场实测等手段提出了钻孔的三区模型,即钻孔由内向外依次为破碎区、塑性裂隙区以及弹性区,具体如图 5-25 所示[225-226]。

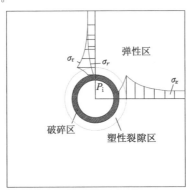

图 5-25　钻孔围岩分区示意图

本书采用黄磊等[226]提出的钻孔塑性裂隙区煤体内聚力软化模型进行塑性裂隙区范围的计算,塑性裂隙区煤体内聚力的软化公式如下:

$$C = C_s + j_c(r - R) \tag{5-30}$$

式中　$C_s$——钻孔边缘破碎区的残余内聚力;

　　　$j_c$——塑性裂隙区内内聚力的变化梯度;

　　　$r$——塑性裂隙区内计算点距钻孔中心的距离;

　　　$R$——钻孔半径。

$j_c$由式(5-31)计算:

$$j_c = \frac{C_0 - C_s}{R_S - R} \tag{5-31}$$

式中　　$C_0$——完整煤体的内聚力；

　　　　$R_s$——实际塑性裂隙区半径。

本书基于淮南矿区实际条件建立如图 5-26 所示的瓦斯抽采模型，并且利用 FLAC3D 自带的 Fish 语言编写相关程序嵌入模型中对原有的莫尔-库仑模型进行修正，计算得出塑性裂隙区分布如图 5-27(a) 所示。在力学计算之后，为整个模型赋值 3.7 MPa 的瓦斯压力，抽采钻孔边界负压设置为 0.05 MPa。钻孔围岩弹性区渗透率按照弹性煤样渗透率计算模型进行计算。塑性裂隙区渗透率按照贯穿裂隙煤样的渗透率计算模型进行计算。破碎区的渗透率则采用破碎煤岩样渗透率计算模型进行计算。渗流计算初始瓦斯压力状态下 (3.7 MPa) 的渗透率分布情况如图 5-27(b) 所示。由图 5-27(b) 可以看出，数值模拟结果能够很好地贴合理论模型，钻孔围岩渗透率也存在明显的分区现象，破碎区的渗透率最大，塑性裂隙区的渗透率要比破碎区的小一个数量级，但仍要比弹性区的渗透率高很多。钻孔施工对渗透率的影响范围很小，但是在保护层开采过程中煤层的开采对钻孔影响较大，需要对钻孔进行加固处理。针对抽采钻孔的稳定性及加固，国内外学者已经进行大量研究[227-229]，本书不再详细说明。

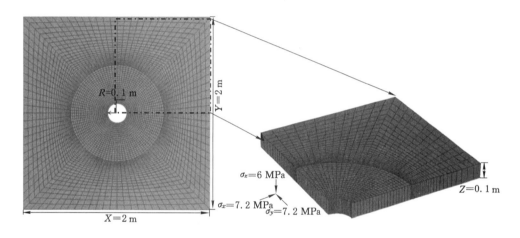

图 5-26　抽采模型示意

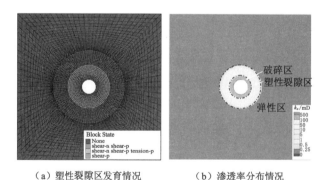

（a）塑性裂隙区发育情况　　　　（b）渗透率分布情况

图 5-27　钻孔围岩塑性裂隙区及渗透率分布情况

虽然在本书模拟过程中已经考虑保护层开采卸压效果，将模型的垂直应力由原来的

22.5 MPa 降至 6 MPa，水平应力也同样降至 7.2 MPa，但弹性区内水平渗透率的增加幅度显然很有限，渗透率基本位于 0.25 mD 以下，远低于塑性裂隙区渗透率。这表明仅仅降低煤层应力对煤层渗透率提高有限，应该使得煤层位于离层裂隙带、贯穿裂隙带、底鼓裂隙带以及底鼓变形带内才能大幅度提升煤层渗透率。本书在上述渗透率计算结果的基础上进行瓦斯抽采模拟，同时利用渗透率更新程序更新模型的渗透率，不同抽采时间的瓦斯压力分布情况如图 5-28 所示。

(a) 0.5 h　(b) 2 h　(c) 10 h

(d) 50 h　(e) 100 h　(f) 200 h

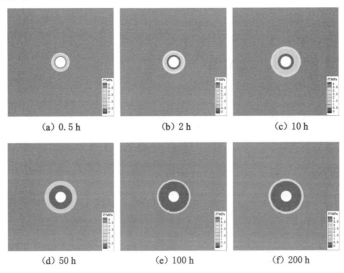

图 5-28　不同抽采时间的瓦斯压力分布情况

由图 5-28 瓦斯压力随抽采时间的变化情况可以看出，随着钻孔瓦斯的抽采，钻孔抽采范围逐渐扩大。破碎区及塑性裂隙区由于渗透率较高，瓦斯压力降低速度较快，在抽采近 10 h 后，瓦斯压力已经低于 0.5 MPa。但是处于弹性区的瓦斯压力基本不变化，这主要是由于弹性区的渗透率相对较小。随着塑性裂隙区内瓦斯压力的降低，塑性裂隙区对应的渗透率也在不断上升，具体可由图 5-29 看出。

因此，数值模拟结果同样表明被保护层处于弹性区内的瓦斯抽采效果相对较差。结合实验室实验可知，除非能够使煤层中应力一直处于低应力状态，才能勉强提升煤层渗透率。但由于煤矿开采过程中，煤层卸压区随着工作面的推进将逐渐压实，应力很难一直处于低应力状态。综上，要提高被保护层渗透率，在卸压的同时需要使煤层内部产生大量裂隙。由于仅模拟被保护层，煤层中瓦斯出口仅为抽采钻孔，上下面及四周均为不渗透边界。在实际情况下，卸压瓦斯会向邻近裂隙带煤岩层涌出，其瓦斯压力减小速度要明显大于数值模拟结果。但这也仅限于邻近煤岩层处于裂隙带内，渗透率相对较高的情况下。

为了更加清楚地掌握各区域瓦斯压力及渗透率的演化规律，在模型中布置相应的监测点以监测模型中各区域的瓦斯压力及渗透率的演化规律，监测点布置如图 5-30 所示。图中 1# 监测点位于破碎区中部，2# 监测点位于塑性裂隙区中部，3#—5# 监测点位于弹性区内且距抽采钻孔的距离越来越远。

图 5-31 及图 5-32 为不同抽采时间各监测点的瓦斯压力及渗透率演化情况。由图 5-31 可以看出，随着抽采时间的增加，破碎带内的瓦斯压力迅速减小。塑性裂隙区内的瓦斯压力

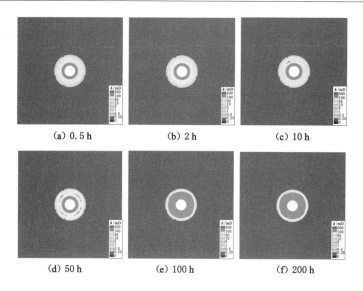

(a) 0.5 h  (b) 2 h  (c) 10 h

(d) 50 h  (e) 100 h  (f) 200 h

图 5-29　不同抽采时间的渗透率分布情况

减小速度相对渗透率恒定情况下的数值模拟结果(图 5-31 中的 U2# 监测点测量的是渗透率不变情况下的瓦斯压力)要快,这与实际抽采过程中处于钻孔边缘的塑性裂隙区内瓦斯压力降低幅度更加符合[230-231],表明了数值模拟的可靠性。

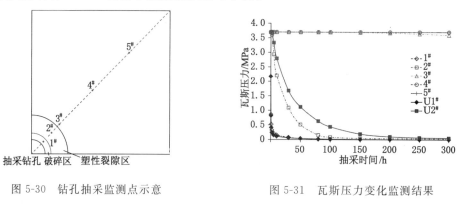

图 5-30　钻孔抽采监测点示意　　　　图 5-31　瓦斯压力变化监测结果

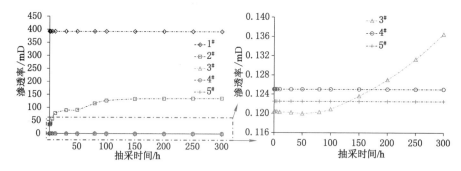

图 5-32　瓦斯抽采过程中渗透率变化监测结果

由图 5-32 可以看出,随着瓦斯压力的减小,塑性裂隙区的渗透率逐渐升高,但由于瓦斯压力并非线性减小的,塑性裂隙区渗透率的增长幅度发生明显的变化,具体可以分为四个阶段:迅速增加—逐渐平稳—二次增加—最终稳定。产生上述变化规律的主要原因是,塑性裂隙区渗透率受瓦斯压力变化的敏感性不同以及抽采过程中塑性裂隙区瓦斯压力降低幅度不同。由贯穿裂隙煤样不同瓦斯压力的实验结果可以看出,随着瓦斯压力的增加,渗透率降低幅度逐渐减小。且在外部应力较大的情况下,瓦斯压力的敏感性也逐渐减小。而抽采过程中前期的瓦斯压力减小幅度要明显大于后期。因此,塑性裂隙区前期渗透率的迅速上升是瓦斯压力的急剧减小造成的,后期的增长速度加快主要与塑性裂隙区在瓦斯压力较小的情况下的应力敏感性大幅度提升有关。弹性区的渗透率很低,只有在靠近塑性裂隙区的监测点(3#监测点),瓦斯压力才小幅度减小,且还是在塑性裂隙区瓦斯压力降至 0.1 MPa 以下时才开始减小的。伴随着弹性区瓦斯压力的减小,监测点处的渗透率表现为先减小后开始增加的"V"形变化特征,但由于瓦斯压力降低幅度较小及外部应力相对较大,渗透率变化幅度较小。以上数值模拟结果与陈金刚等[232]以及王登科等[233]的理论分析、物理模拟、现场实测以及本书的实验室测试结果基本一致[234-235],从而验证了本书的应力-裂隙-渗流耦合数值模拟的可靠性。

# 5.4　本章小结

(1) 根据弹性煤样、贯穿裂隙煤样以及破碎煤岩样的重复加卸载渗透率实验结果结合火柴棍模型给出了不同开采阶段不同损伤程度煤岩样的实验室应力-渗透率拟合模型。根据不同粒径破碎煤样的拟合参数进一步给出了基于破碎煤样颗粒粒径的应力-渗透率拟合模型。

(2) 提出了绝对应力敏感性系数及相对应力敏感性系数,定量评价对比了不同损伤程度煤岩样渗透率在不同采动阶段应力敏感性的大小及差别。

(3) 根据不同损伤程度煤岩样重复采动渗透率模型、采空区压实理论以及瓦斯压力与渗透率的拟合公式,结合 FLAC3D 内嵌的 Fish 语言对渗流模式进行了二次开发,建立了重复采动应力-裂隙-渗流耦合模型。进行了三轴流固耦合数值模拟以及煤层瓦斯钻孔抽采模拟。掌握了三轴渗流及钻孔瓦斯抽采过程中瓦斯压力及渗透率的演化规律。以本章研究成果为基础发表的论文详见参考文献[266-268]。

# 6 煤层群卸压开采瓦斯渗流特征及工艺参数设计

通过实验室及离散元数值模拟的应力-裂隙-渗透率的研究,掌握了不同损伤程度煤岩体的应力-渗透率演化规律,给出了重复采动作用下不同损伤程度煤岩体的应力-渗透率计算模型,为卸压开采覆岩渗透率的研究提供了理论及实验基础。目前,煤层群卸压开采覆岩渗透率的演化分布规律以及卸压瓦斯的运移路径大多仍处于定性研究阶段。而结合大量理论公式得出的流固耦合数值模型现阶段大多用于小模型或者开采扰动相对较小的煤层气及其他油气抽采过程的模拟,很难进行煤层群开采(开采扰动大、覆岩损伤程度高且发育不均、应力分布复杂)的数值模拟。因此,如何更加准确高效地实现卸压开采覆岩渗透率及瓦斯运移的流固耦合模拟对卸压开采及瓦斯抽采的设计具有重要意义。本章运用上一章给出的基于有限差分法模拟软件的应力-裂隙-渗流耦合模型,结合淮南矿区下保护层及韩城矿区上保护层实际开采条件,模拟保护层卸压开采过程中覆岩渗透率演化规律以及瓦斯渗流路径,以指导保护层开采及瓦斯抽采钻孔的设计。

## 6.1 卸压开采工程背景及保护层临界采高确定

### 6.1.1 工程地质条件

(1) 淮南矿区下保护层开采地质条件

淮南矿区 1111(1)、1112(1)、1121(1)以及 1242(1)工作面均布置在 11-2 煤层中,该煤层标高 $-916.5 \sim -957.5$ m,平均煤厚 1.24 m,瓦斯含量 4.73 m³/t,最大瓦斯压力 0.5 MPa,与上覆 13-1 煤层平均间距 66 m;13-1 煤层瓦斯含量 8.78 m³/t,最大瓦斯压力 3.7 MPa,渗透率 0.002 mD,为煤与瓦斯突出煤层,煤层的钻孔柱状图如图 6-1(a)所示。为了消除 13-1 煤层的突出危险性,首先开采 11-2 煤层对 13-1 煤层进行卸压,同时结合立体式瓦斯抽采方式进行卸压瓦斯的抽采。1111(1)工作面为 11-2 煤层的首采工作面,走向长度 1 608 m,倾斜长度 220 m;1112(1)工作面走向长度 2 181.8 m,倾斜长度 220 m;1121(1)工作面走向长度 1 703 m,倾斜长度 220 m。以上 3 个工作面均采用 Y 形通风方式。1242(1)工作面走向长度 1315 m,倾斜长度 220 m,采取 U 形通风方式。

(2) 韩城矿区上保护层开采地质条件

韩城矿区 23209 工作面开采 2# 煤层,煤层结构简单,厚度 0.3~2.2 m,平均 1.0 m,埋深平均 552 m。工作面钻孔柱状如图 6-1(b)所示。工作面走向长度 785 m,倾斜长度 138 m。经煤炭科学研究总院重庆分院鉴定,2# 煤层为非突出煤层,工作面瓦斯含量均在 6 m³/t 以下,瓦斯压力均在 0.74 MPa 以下。2# 煤层与 3# 煤层间距平均 17.5 m。3# 煤层相对瓦斯涌出量高达 27.82 m³/t,瓦斯压力 2.03 MPa,为突出煤层,且煤层原始渗透率为 0.022 5 mD。为解决 3# 煤层的煤与瓦斯突出问题,选择 2# 煤层作为保护层进行开采。

| 柱状 | 厚度/m | 岩性 |
|---|---|---|
|  | 3.49 | 细砂岩 |
|  | 0.40 | 煤线 |
|  | 1.91 | 泥岩 |
|  | 5.67 | 粉砂岩 |
|  | 2.43 | 砂质泥岩 |
|  | 2.00 | 泥岩 |
|  | 4.58 ▲ | 13-1煤 ▲ |
|  | 4.32 | 泥岩 |
|  | 0.39 | 煤线 |
|  | 2.12 | 细砂岩 |
|  | 10.40 | 泥岩 |
|  | 8.51 | 粉砂岩 |
|  | 8.61 | 泥岩 |
|  | 10.38 | 砂质泥岩 |
|  | 13.80 | 粉砂岩 |
|  | 6.44 | 泥岩 |
|  | 1.24 | 11-2煤 |
|  | 2.18 | 泥岩 |
|  | 1.43 | 粉砂岩 |
|  | 0.63 | 11-1煤 |
|  | 3.87 | 泥岩 |
|  | 0.85 | 砂质泥岩 |
|  | 25.44 | 粉砂岩 |

▲ 被保护层　　● 保护层

（a）淮南矿区

| 柱状 | 厚度/m | 岩性 |
|---|---|---|
|  | 8.01 | 细砂岩 |
|  | 2.99 | 粉砂岩 |
|  | 0.49 | 2上煤 |
|  | 3.67 | 粉砂岩 |
|  | 4.23 | 细砂岩 |
|  | 1.00 | 2#煤 |
|  | 2.58 | 砂质泥岩 |
|  | 4.92 | 粉砂岩 |
|  | 8.11 | 中砂岩 |
|  | 1.98 | 粉砂岩 |
|  | 6.09 ▲ | 3#煤 ▲ |
|  | 2.97 | 砂质泥岩 |
|  | 5.03 | 细砂岩 |
|  | 45.64 | 中砂岩 |

▲ 被保护层　　● 保护层

（b）韩城矿区

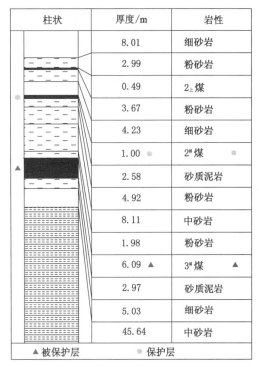

图 6-1　工作面钻孔柱状图

## 6.1.2　数值模型的建立

（1）淮南矿区下保护层开采模型建立

根据淮南矿区工作面实际情况,所建模型尺寸为 $X=300$ m,$Y=400$ m,$Z=140$ m,具体如图 6-2(a)所示。模拟工作面长度 220 m,左右两条巷道宽 5 m、高 2.5 m,沿顶板掘进,与实际情况相对应布置两个地面钻孔,直径 200 mm,$1^{\#}$ 钻孔距开切眼 80 m,$2^{\#}$ 钻孔距开切眼 270 m,两个钻孔距进风巷 85 m,模型中各岩层参数见表 6-1。

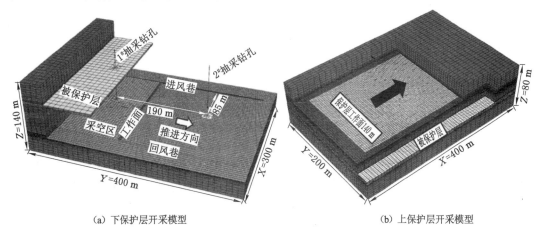

（a）下保护层开采模型　　　　　　　　（b）上保护层开采模型

图 6-2　数值模型

表 6-1　淮南矿区数值模型的各岩层参数

| 序号 | 岩性 | 厚度/m | 密度/(kg/m³) | 体积模量/GPa | 剪切模量/GPa | 内聚力/MPa | 内摩擦角/(°) | 抗拉强度/MPa |
|---|---|---|---|---|---|---|---|---|
| 1 | 下伏岩层 | 25.0 | 2 485 | 28.02 | 20.71 | 12.20 | 38.93 | 6.15 |
| 2 | 泥岩 | 4.0 | 2 200 | 12.65 | 16.19 | 8.00 | 32.07 | 4.30 |
| 3 | 粉砂岩 | 1.8 | 2 485 | 28.02 | 20.71 | 12.20 | 38.93 | 6.15 |
| 4 | 泥岩 | 2.0 | 2 200 | 12.65 | 16.19 | 8.00 | 32.07 | 4.30 |
| 5 | 11-2 煤 | 1.2 | 1 350 | 1.33 | 1.61 | 2.10 | 30.00 | 1.00 |
| 6 | 泥岩 | 6.5 | 2 200 | 12.65 | 16.19 | 8.00 | 32.07 | 4.30 |
| 7 | 粉砂岩 | 14.0 | 2 485 | 28.02 | 20.71 | 12.20 | 38.93 | 6.15 |
| 8 | 砂质泥岩 | 10.0 | 2 350 | 16.65 | 8.99 | 8.50 | 35.12 | 4.50 |
| 9 | 泥岩 | 8.5 | 2 200 | 12.65 | 16.19 | 8.00 | 32.07 | 4.30 |
| 10 | 粉砂岩 | 8.5 | 2 485 | 28.02 | 20.71 | 12.20 | 38.93 | 6.15 |
| 11 | 泥岩 | 10.5 | 2 200 | 12.65 | 16.19 | 8.00 | 32.07 | 4.30 |
| 12 | 细砂岩 | 2.5 | 2 400 | 32.46 | 28.42 | 15.56 | 37.25 | 8.80 |
| 13 | 泥岩 | 4.0 | 2 200 | 12.65 | 16.19 | 8.00 | 32.07 | 4.30 |
| 14 | 13-1 煤 | 4.5 | 1 350 | 0.69 | 0.75 | 1.14 | 37.13 | 1.09 |
| 15 | 泥岩 | 4.0 | 2 200 | 12.65 | 16.19 | 8.00 | 32.07 | 4.30 |
| 16 | 粉砂岩 | 5.5 | 2 400 | 32.46 | 28.42 | 15.56 | 37.25 | 8.80 |
| 17 | 上覆岩层 | 22.0 | 2 485 | 28.02 | 20.71 | 12.20 | 38.93 | 6.15 |

（2）韩城矿区上保护层开采模型建立

根据 23209 工作面地质条件建立数值模型,如图 6-2(b)所示,走向长 400 m,倾斜长 200 m,高 80 m,顶部施加 10 MPa 的均布载荷。模拟工作面长度 140 m,左右两条巷道宽 5 m、高 2.5 m,各岩层参数见表 6-2。

表 6-2　韩城矿区数值模型的各岩层参数

| 序号 | 岩性 | 厚度/m | 密度/(kg/m³) | 体积模量/GPa | 剪切模量/GPa | 内聚力/MPa | 内摩擦角/(°) | 抗拉强度/MPa |
|---|---|---|---|---|---|---|---|---|
| 1 | 上覆岩层 | 20.0 | 2 500 | 23.0 | 15.2 | 12.0 | 35 | 4.5 |
| 2 | 粉砂岩 | 3.5 | 2 500 | 12.6 | 9.6 | 5.2 | 36 | 2.5 |
| 3 | 细砂岩 | 4.0 | 2 500 | 12.9 | 8.9 | 4.8 | 39 | 2.8 |
| 4 | 2# 煤 | 1.0 | 1 450 | 1.8 | 1.2 | 1.5 | 30 | 1.0 |
| 5 | 砂质泥岩 | 2.5 | 2 300 | 6.8 | 4.3 | 2.6 | 32 | 1.8 |
| 6 | 粉砂岩 | 5.0 | 2 500 | 12.6 | 9.6 | 5.2 | 36 | 2.5 |
| 7 | 中砂岩 | 8.0 | 2 600 | 14.0 | 12.4 | 5.8 | 38 | 5.3 |
| 8 | 粉砂岩 | 2.0 | 2 500 | 12.6 | 9.6 | 5.2 | 36 | 2.5 |
| 9 | 3# 煤 | 6.0 | 1 400 | 1.8 | 1.2 | 1.5 | 30 | 1.0 |
| 10 | 砂质泥岩 | 3.0 | 2 300 | 6.8 | 4.3 | 2.6 | 32 | 1.8 |
| 11 | 细砂岩 | 5.0 | 2 500 | 12.9 | 8.9 | 4.8 | 39 | 2.8 |
| 12 | 下伏岩层 | 20.0 | 2 500 | 23.0 | 15.2 | 12.0 | 35 | 4.5 |

对于模型的初始应力，韩军等[236]就淮南矿区地应力的分布及最大最小主应力比值随深度的变化特征进行了研究。结果表明，最大、最小主应力为水平主应力，中间主应力为垂直应力，即应力场类型全部为大地动力场；且最大主应力与垂直应力比值随深度增加而减小，地应力场有从大地动力场向准静力场过渡的趋势。谢和平等[237]同样论述了地应力与埋藏深度的关系；提出了亚临界深度、临界深度、超临界深度等概念和定义，用于表征不同程度的深部开采；并且认为随着采深增大，原岩应力趋于静水应力状态是深部开采的一个典型和共同的特征。本书涉及的淮南矿区保护层与被保护层埋深均在 900 m 以上，可以认为地应力场是准静力场或者是静力场，因此本书中淮南矿区模拟的初始地应力按照静力场设置。而韩城矿区煤层埋深在 500～600 m 之间，最大主应力方向为水平方向，因此将韩城矿区水平应力设为垂直应力的 1.2 倍。

### 6.1.3 保护层开采高度的数值模拟确定

在层间距等地质条件一定的情况下，保护层开采高度的选择直接影响着卸压开采效果。保护层开采高度的确定一般与煤层倾角、煤层埋深、层间距、层间岩性以及有无层间关键层等因素有关[45]。由于考虑因素较多，直接采用理论公式计算或者根据经验公式估算的准确性较低。而目前一般采用数值模拟或相似模拟根据应力、应变及裂隙发育情况进行判断选择[48,238]。由于作为保护层的煤层一般为厚度较小的薄煤层，煤层采高很多情况下大于煤层厚度才能满足开采要求，为了尽可能减少破岩量，必须精确给出保护层的临界最小采高以及合理采高。本书在第 5 章的应力-裂隙-渗流耦合模型的基础上，无须通过应力、裂隙以及应变等间接反映被保护层增透情况，可以通过被保护层的渗透率演化情况直接判断保护层不同开采高度渗透率的演化规律。

根据上节所建淮南矿区下保护层及韩城矿区上保护层开采数值模型，分别模拟开采高度为 0.2～2.0 m 时(间隔 0.2 m；模拟下保护层开采时增加 2.5～5.0 m 的采高，间隔 0.5 m)，被保护层各监测点的渗透率变化规律。上下保护层不同开采高度的渗透率模拟结果如图 6-3 及图 6-4 所示。由于各分带的渗透率存在方向性，离层裂隙带及底鼓变形带内水平渗透率能够大幅度增加，垂直渗透率几乎不变，而贯穿裂隙带及底鼓裂隙带垂直渗透率及水平渗透率均大幅度增加。《防治煤与瓦斯突出细则》中给出如果被保护层的膨胀变形量能够大于 0.3%，则检验和考察结果可适用于其他区域的同一保护层和被保护层。因此，若被保护层的膨胀变形量能够大于 0.3%，即可认为煤层处于底鼓变形带及离层裂隙带内，水平渗透率大幅度升高。图中水平渗透率及垂直渗透率均为采空区压实稳定后的渗透率，只要确保压实状态下被保护层渗透率满足瓦斯抽采要求，既可以认为选用的保护层采高相对合理。

由图 6-3 及图 6-4 可以看出，上下保护层开采过后，被保护层渗透率大致呈"M"形分布：随离开切眼距离的增加，渗透率先增加后减小之后再次增加，在靠近工作面侧渗透率再次减小。不同区域渗透率的不同主要由应力分布及裂隙发育情况的不同造成。越靠近采空区中部，压实应力相对越大，对应的渗透率要明显减小。而靠近采空区两端渗透率在采高相对较大时大幅度增加的主要原因包括：① 该处压实程度低，水平应力及垂直应力小，且采高越大，应力降低程度越大。② 当裂隙发育至被保护层压实稳定后容易形成环形裂隙区，这由图 6-5 可以看出。无论是上保护层还是下保护层，保护层采高的增加均会使得被保护层渗透率增加。但采高的变化使得围岩分带区域发生变化，在下保护层采高增加过程中，被保护

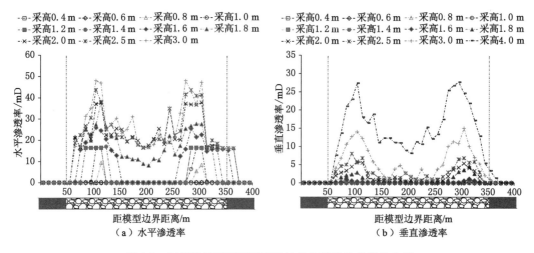

图 6-3　下保护层不同开采高度被保护层渗透率演化曲线

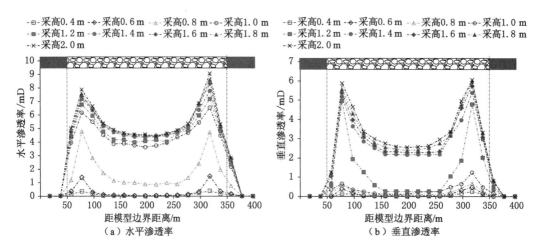

图 6-4　上保护层不同开采高度被保护层渗透率演化曲线

层将先后处于原始应力带、弯曲变形带、离层裂隙带、贯穿裂隙带直至垮落带(一般不考虑垮落带)。在上保护层采高增加过程中,被保护层将先后处于原始应力带、变形影响带、底鼓变形带直至底鼓裂隙带。被保护层在各带裂隙发育压实过后,一般容易形成环形裂隙区,之后随着采高的继续增加,裂隙区逐步向上部发展,具体如图 6-5 所示。

　　对比上下保护层开采过程中被保护层渗透率的分布曲线可以看出,上保护层开采造成的扰动相对较小,渗透率曲线相对平稳。在保护层开采过程中,被保护层水平渗透率始终要大于垂直渗透率。这一方面是由于垂直应力较水平应力降低幅度更大;另一方面是因为处于上覆离层裂隙带及下部底鼓变形带内的煤岩体水平渗透率大幅度升高而垂直渗透率增加较少,且被保护层优先进入离层裂隙带及底鼓变形带。这由图 6-3(a)及图 6-4(a)可以看出,当上保护层开采高度在 0.6~0.8 m,下保护层开采高度在 1.6~2.0 m 时,被保护层水平渗透率大幅度升高,表明上下被保护层逐渐进入离层裂隙带及底鼓变形带。同样地,当垂直渗透率大幅度增加时,表明上下被保护层逐渐进入贯穿裂隙带及底鼓裂隙带,具体如

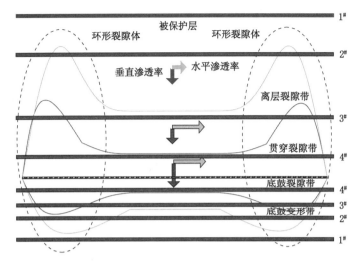

图 6-5 煤层回采稳定后裂隙渗透率发育情况

图 6-3(b)及图 6-4(b)中上保护层开采高度为 1.2～1.4 m,下保护层开采高度为 3.0～4.0 m 时。为了进一步确定上下保护层的合理采高,本书绘制了上下保护层不同采高条件下被保护层垂直及水平渗透率演化曲线,具体如图 6-6 所示。

图 6-6 中各分带区域表示被保护层处于该分带对应保护层的采高范围。由图可以看出,随着保护层开采高度的增加,被保护层渗透率呈"S"形变化,水平渗透率大于垂直渗透率且优先大幅度增加。根据被保护层渗透率曲线形状,采用 logistic 函数对其进行拟合,上下保护层不同开采高度被保护层渗透率的拟合公式如下:

$$k_{sh} = 0.075\ 3 + \frac{4.194\ 5}{1 + e^{-(h-0.958\ 2)/0.087\ 1}}, k_{sv} = 0.040\ 2 + \frac{2.450\ 3}{1 + e^{-(h-1.315\ 0)/0.096\ 1}} \quad (6\text{-}1)$$

$$k_{xh} = 0.002\ 9 + \frac{27.447\ 3}{1 + e^{-(h-1.732\ 8)/0.190\ 1}}, k_{xv} = 0.001\ 1 + \frac{23.456\ 8}{1 + e^{-(h-4.055\ 2)/0.345\ 6}} \quad (6\text{-}2)$$

式中,下标 s,x 表示上保护层及下保护层开采;下标 h,v 表示水平及垂直渗透率。

由式(6-1)及式(6-2)可以看出,随着开采高度 h 的无限增加,上保护层开采过程中被保护层最大水平及垂直渗透率可达 4.27 mD 及 2.49 mD。下保护层开采过程中被保护层最大水平及垂直渗透率可达 27.45 mD 及 23.46 mD(不考虑被保护层进入垮落带)。由于两个矿的地质及工程条件均存在区别,并不能直接对比下保护层及上保护层卸压效果的优劣。但一般而言,下保护层开采使得覆岩裂隙发育更加充分,但对煤岩结构破坏扰动大。在考虑被保护层卸压效果的时候一般主要考虑被保护层水平渗透率的增加情况,以便布置钻孔至被保护层进行直接抽采。根据第 3 章中煤层初始渗透率与可抽采分类指标可得,当煤层渗透率大于 0.25 mD 时,煤层为容易抽采煤层,代入式(6-1)及式(6-2)计算得到上下保护层最小开采高度分别为 0.68 m 及 0.87 m。但很显然的是,上述开采高度下仅是采空区压实后环形裂隙区域影响至被保护层,进而拉高了平均值,被保护层大部分区域水平渗透率仍然较低,具体如图 6-3 及图 6-4 所示,具体相当于图 6-5 中的 2# 煤层位置,即被保护层处于弯曲下沉带中的变形带内。但是,由于数值模拟结果是采空区压实稳定后的渗透率计算结果,而卸压抽采往往是与保护层开采相结合进行的,此时被保护层渗透率能够在较短时间内维持

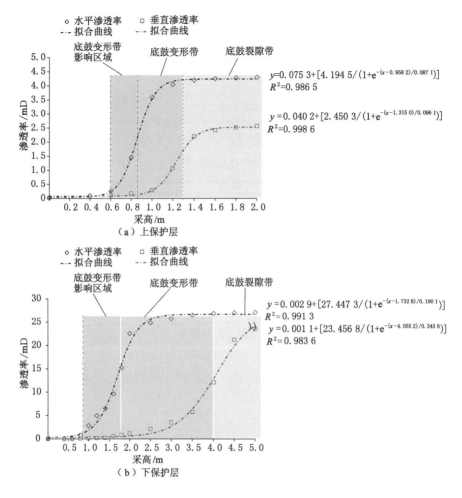

图 6-6　保护层采高与被保护层渗透率的关系曲线

在环形裂隙区域的水平。这在一定程度上能够起到对被保护层的卸压增透作用,因此韩城矿区上保护层开采及淮南矿区下保护层开采的临界最小采高分别为 0.68 m 及 0.87 m。

临界最小采高仅是被保护层能够达到抽采要求时的最小采高;为了实现煤与瓦斯共采,提高被保护层瓦斯抽采效率,应使得被保护层水平渗透率尽量提高,即被保护层能够完全进入离层裂隙带(图 6-5 中的 3# 煤层位置)。但是采高的持续增长必然会使得被保护层进入贯穿裂隙带(图 6-5 中的 4# 煤层位置),垂直渗透率大幅度增加,被保护层卸压瓦斯将会直接涌入保护层工作面,威胁保护层工作面的安全生产。因此,保护层的合理采高应将被保护层控制在离层裂隙带之内。但在实际情况中很难保证被保护层仅位于离层裂隙区,处于环形裂隙区域的被保护层垂直渗透率同样能够大幅度提升,这由图 6-3 及图 6-4 可以看出。环形裂隙区将会成为卸压瓦斯涌入邻近岩层及保护层工作面的主要渗流通道。但是只要确保被保护层处于贯穿裂隙带之外,其垂直渗透率增加有限。综上所述,保护层的合理采高范围应使得被保护层位于图 6-5 中的 3# 煤层与 4# 煤层之间。

为了确定上下保护层合理开采高度,本书结合 logistic 函数拟合公式的特点(函数单调递增,增长速度先增大后减小),确定当被保护层渗透率增长速度达到最高时,被保护层能够完全进入新的分带。即水平渗透率增长速度最高时,被保护层进入离层裂隙带或底鼓变形带;垂直渗透率增长速度最高时则进入贯穿裂隙带或底鼓裂隙带。根据式(6-1)及式(6-2)可以求出上被保护层进入离层裂隙带及贯穿裂隙带对应的采高分别为 1.73 m 及 4.06 m;下被保护层进入底鼓变形带及底鼓裂隙带的采高分别为 0.96 m 及 1.32 m,具体划分如图 6-6 所示。考虑尽量使贯穿裂隙发育高度降低,合理采高应为被保护层刚进入水平裂隙带时对应的采高。因此淮南矿区下保护层开采的合理采高为 1.73 m,韩城矿区上保护层开采的合理采高为 0.96 m。

淮南矿区保护层工作面均布置在 11-2 煤层中,煤厚为 0.2～2.2 m,平均 1.24 m,因此设计采高为 1.8 m,即不足 1.8 m 厚的煤层最低采高为 1.8 m,超过 1.8 m 煤层采全厚。韩城矿区保护层工作面均布置在 2# 煤层中,煤厚为 0.3～2.2 m,平均 1.0 m,按照上文分析,合理采高应为 1.0 m。但由于设备配套问题,最终工作面采高选为 1.2 m,即不足 1.2 m 厚的煤层最低采高为 1.2 m,超过 1.2 m 煤层采全厚,其平均采高仍然在合理范围内。

除此之外,在很多情况下需要判断保护层开采是否适用或者在不存在保护层条件下以开采软岩来对被保护层进行卸压增透。在这种情况下,为了尽可能减小破岩量,则需要选择合理的层间距。影响层间距对被保护层卸压效果的因素有很多,包括煤层倾角、层间岩体岩性(或层间硬岩含量系数)、层间有无关键层以及保护层工作面开采参数(采高、工作面长度等)。其中层间有无关键层对保护层的卸压效果具有重要的影响,如果层间存在关键层结构,则被保护层瓦斯涌出量受关键层周期破断影响:在关键层破断之前,被保护层卸压效果不显著,瓦斯涌出量少;在关键层破断之后,被保护层瓦斯涌出量大幅度增加[142]。刘洪永等[45]综合以上影响因素提出相对层间距的计算方法,用来判断保护层的卸压效果。本书则根据上文确定的上下保护层开采高度数值模拟结果给出更加精确的采高及其与层间距的相互关系,具体如图 6-7 所示。图中三条线分别为同一保护层采高情况下,渗透率达 0.25 mD 时裂隙发育高度(临界层间距)、离层裂隙带或底鼓变形带发育高度(合理层间距)以及贯穿或底鼓裂隙带发育高度。同时需要说明的是,本书采用的上下保护层计算工程条件中层间岩体并无关键层,但事实上采用应力-裂隙-渗流耦合模型能够进行层间有关键层条件下的渗流模拟。而且由于所建模型高度有限,上下保护层开采层间距最多仅能模拟 50 m 及 100 m。

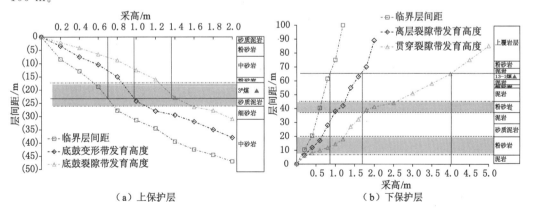

图 6-7  保护层采高与层间距的关系曲线

由图 6-7 可以看出,上下保护层采高与临界层间距以及各裂隙带发育高度(深度)基本上呈线性关系,这表明层间岩体在无关键层及其他工艺地质条件相同的情况下,工作面采高对卸压效果起主要作用。同时,由图可以看出,虽然层间没有关键层,但卸压范围在厚度较大的砂岩等硬岩处随采高增加的变化幅度相对较缓,而在泥岩等软岩处随采高增加的变化幅度相对较大,这由图 6-7 中上保护层开采层间软岩及下保护层开采层间硬岩对应的曲线可以看出。对应图 6-7,可以通过被保护层所在位置直接划线求出临界最小采高及合理采高,计算结果与上述理论计算结果基本一致。在实际生产过程中,在采高确定之后,被保护层与保护层层间距在临界层间距与贯穿裂隙带发育高度范围之内均有卸压效果,且在离层裂隙带与贯穿裂隙带发育高度之间卸压效果更好,但层间距低于贯穿裂隙带发育高度则会有大量卸压瓦斯通过贯穿裂隙涌入保护层工作面,不利于保护层工作面的安全生产。

# 6.2 卸压开采覆岩渗流特征的定量分析

根据上文确定的淮南矿区及韩城矿区保护层合理的工作面采高,结合流固耦合应力-裂隙-渗流模型以及相应的 Fish 语言程序进行了上下保护层卸压开采的数值模拟。通过数值模拟结果可以定量分析保护层工作面推进过程中覆岩渗流特征,以指导现场瓦斯抽采钻孔的布置。由于上下保护层模拟的方法一样,本书仅列出淮南矿区下保护层开采过程中水平渗透率的演化规律及分布特征,在此基础上给出上下保护层卸压瓦斯的主要渗流路径。

## 6.2.1 离层裂隙带内煤岩层渗透率的演化特征

(1)工作面推进方向渗透率演化特征

在模拟过程中,保护层工作面每次开挖 5 m,在每一次的开挖计算过程中,进行力学计算的同时按一定步数(比如 30 步)不间断地更新围岩渗透率。在每一次开挖结束后进行瓦斯的渗流计算,由于本节先进行覆岩渗透率演化规律及分布特征的分析,因此此处对渗流计算并不展开分析。每开挖一步之后将数据导入 Tecplot 中绘制出 $X=150$ m 截面处的水平方向渗透率等值线图。开挖距离分别为 50 m、150 m 及 300 m 时渗透率的分布情况如图 6-8 所示,图中双线位置分别为保护层及被保护层所在位置。

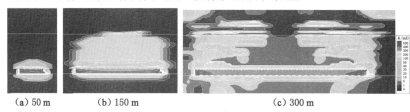

(a) 50 m     (b) 150 m     (c) 300 m

图 6-8 工作面不同推进距离时覆岩渗透率分布特征

由图 6-8 可知,保护层开采使被保护层及层间岩层的渗透率大幅度提高;且随着工作面不断推进,渗透率大于 1 mD 的范围逐渐向被保护层扩展,推进 50 m 时约达到被保护层与保护层间中部岩层,被保护层渗透率增加并不明显。这表明在工作面推进初期,如果采用地面钻井抽采对被保护层的抽采效果并不理想。当工作面推进 150 m 时,渗透率大于 1 mD 的范围扩展至被保护层,此时被保护层渗透率大幅度提高。这表明保护层开采对邻近层存在明显的卸压增透效应。随着保护层的继续推进,采空区中部开始逐步压实,覆岩各带渗透率有所降低,但仍然大于 1 mD,远高于煤层的原始渗透率。

根据以往研究,煤层开采压实过后各分带各区域渗透率变化存在一定区别。具体表现为覆岩各带渗透率升高部分约成倒"八"字形分布,处于离层裂隙带内两端的煤岩层水平渗透率要高于中部,这与数值模拟结果基本一致,具体如图 6-9 所示。整个裂隙带内渗透率可分为裂隙发育区、部分压实区及充分压实区,各区域渗透率依次减小。

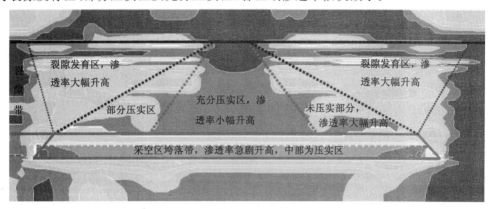

图 6-9    采空区覆岩分带渗透率分布特征

图 6-10(a)为保护层推进 300 m 运算稳定后被保护层的渗透率分布特征。由图可以看出,渗透率增加部分基本位于保护层正上方。由图可以清楚地看出,被保护层渗透率由内而外可以分为充分压实区、不完全压实区以及 O 形裂隙区三部分,渗透率逐渐增大,这与上述裂隙带内的三个区域基本一致。为了进一步分析保护层工作面推进过程中被保护层内渗透率的演化规律,在模型中设置了 5 个监测点,距保护层工作面开切眼水平距离分别为 50 m、100 m、150 m、200 m 以及 250 m,且均位于被保护层中线上,具体如图 6-10(a)所示。图 6-10(b)为保护层沿走向推进时被保护层各位置渗透率的演化曲线。由图中 C 监测点放大图可以看出,在保护层工作面推过监测点一定距离之前,被保护层渗透率缓慢减小,由初始的 0.002 mD 左右缩减至 0.000 25 mD 左右,这主要是由于保护层工作面开采引起围岩应力重新分布形成顶板超前支承压力;在推过监测点一定距离之后,该区域进入卸压区,使得被保护层渗透率急剧升高至 40 mD 左右,之后由于采空区的压实作用,被保护层渗透率逐渐减小直至稳定,稳定后的渗透率仍比原始渗透率要高出很多,表明保护层卸压增透效果显著。之所以推过一定距离后,渗透率才逐渐升高,是由于卸压角的存在。而随着工作面推进距离的增加,离层裂隙区超前保护层工作面扩展至被保护层使得被保护层渗透率开始升高,但由于压力并未降低,渗透率升高幅度并不会太大。除此之外,位于保护层工作面开切眼前方 50 m 的 A 监测点在工作面推过之后渗透率并未大幅度增加,只是随着应力的降低缓慢恢复,且渗透率大幅度升高过程要滞后 B 监测点。由上文分析可知,在工作面推进100 m 之前,离层裂隙区并未发育至被保护层,因此 A 监测点在工作面推过之后虽然应力有所降低,但由于并未发生离层破坏,其渗透率仍然处于较低水平。

（2）工作面倾斜方向渗透率的分布特征

图 6-11 是工作面倾向剖面渗透率的分布特征。由图可以看出,水平渗透率与垂直渗透

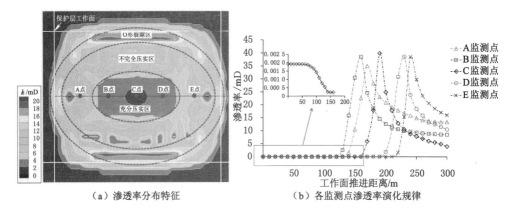

（a）渗透率分布特征　　　（b）各监测点渗透率演化规律

图 6-10　保护层开采过程中被保护层渗透率分布特征及演化规律

率发育程度相差较大,水平渗透率增加部分要显著大于垂直渗透率。由上文分析可知,当保护层采高为 1.73 m 时,离层裂隙带能够发育至被保护层,导致被保护层水平渗透率大幅度提升。而贯穿裂隙带并未发育至被保护层,导致垂直渗透率仅在环形裂隙区内增加。被保护层内部渗透率的方向性对卸压瓦斯抽采十分重要,被保护层水平渗透率明显大于垂直渗透率致使卸压瓦斯主要沿水平方向运移,既降低了进入保护层工作面的瓦斯含量,也有利于布置在被保护层内的卸压抽采钻孔的抽采。由图 6-11 可以看出,环形裂隙区的垂直渗透率同样较高,这就使得环形裂隙区成为卸压瓦斯进入邻近离层裂隙岩层及保护层工作面的主要渗流通道。

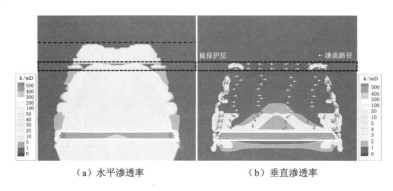

（a）水平渗透率　　　　　（b）垂直渗透率

图 6-11　覆岩渗透率分布情况的模拟结果

## 6.2.2　采空区垮落带内渗透率的演化规律

采空区垮落带一般由破碎煤岩体组成,根据实验室实测其孔隙率高达 $30\% \sim 45\%$[151]。根据 C. J. Booth 等[152]的研究,随着工作面的持续推进,上覆岩层不断下沉压实采空区垮落带,垮落带自身的应力、密度、孔隙率、渗透率等参数均会发生变化。采用上一章给出的垮落带压实变换公式(5-28)来模拟压实过程中应力-应变曲线,模拟结果如图 6-12 所示。

由图 6-12 可以看出,模拟结果与 Salamon 压实公式非常一致,表明本书所用模拟采空区垮落带应力-应变演化过程的方法的可行性及准确性。在此基础上,利用数值模拟结果进行保护层工作面开采过程中垮落带内渗透率变化情况的分析,不同推进距离垮落带内的渗

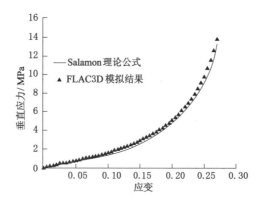

图 6-12　采空区压实过程中的应力-应变曲线

透率模拟结果如图 6-13 及图 6-14 所示。由于在模拟过程中,区分垮落带底部的残煤及上部的破碎矸石,两者采用不同的应力-渗透率模型,因此两者渗透率大小存在一定的区别。

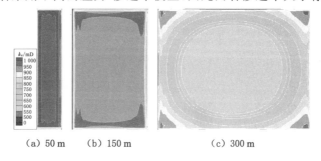

（a）50 m　　　（b）150 m　　　　（c）300 m

图 6-13　不同推进距离垮落带上部渗透率分布特征

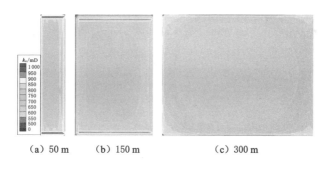

（a）50 m　　　（b）150 m　　　　（c）300 m

图 6-14　不同推进距离垮落带下部渗透率分布特征

由图 6-13 及图 6-14 可以看出,垮落带内的渗透率随着工作面推进距离的增加不断减小。当工作面推进 50 m 时,由于上部岩层对垮落带的压实作用较小,整个垮落带渗透率相差不大,都处于非常高的水平,相当于整个垮落带均处于第 1 章所述的破碎煤岩堆积区。当工作面推进 150 m 时,垮落带中部受上部岩层的下沉作用而逐渐压实,中部部分渗透率开始降低,垮落带中部开始进入逐渐压实区。当工作面推进 300 m 时,垮落带各区域渗透率继续降低,中部区域渗透率逐步稳定进入压实稳定区。整个垮落带渗透率大体呈 O 形分布,并且存在明显的分区现象,由内向外依次为压实稳定区、不完全压实区以及 O 形裂隙区,渗透率逐渐升高。对比垮落带上部及底部渗透率可以发现,垮落带上部渗透率要明显大于底部渗透率,这是由于残煤相比矸石更容易被压实压碎,且残煤的块度更小。整个数值模拟结果与前人通过理论计算分析、实验室测试以及现场实测所得结果基本一致,表明本书模拟的正确性[28,151,238-240]。

### 6.2.3 保护层开采卸压瓦斯渗流路径分析

由上文下保护层开采的渗透率模拟结果分析得出,卸压瓦斯主要沿着被保护层水平方向运移,之后通过环形裂隙体进入邻近煤岩层。进入邻近煤岩层内的卸压瓦斯在离层裂隙带范围内仍然沿着层间水平裂隙运移。而当卸压瓦斯进入贯穿裂隙带内的煤岩层后则会沿着贯穿裂隙向保护层采空区及工作面渗流,具体渗流路径如图 6-11(b)所示。因此,为了防止卸压瓦斯进入保护层工作面以及抽取丰富的卸压瓦斯资源,必须采取措施对卸压瓦斯进行抽采。

上保护层开采的瓦斯运移路径与下保护层开采基本类似,被保护层卸压析出的瓦斯主要沿采空区两端环形裂隙区向采空区及工作面渗流,涌入采空区内的瓦斯沿着采空区边缘O 形裂隙区域涌向工作面,最终通过工作面排出,具体瓦斯渗流路径如图 6-15 所示。通过瓦斯渗流路径可以清晰地看出,被保护层析出的瓦斯主要通过保护层工作面排出,很容易引发保护层工作面瓦斯超限事故,因此在保护层工作面开采过程中需要加强瓦斯监测,并且应采取相应的顶底板瓦斯钻孔抽采措施,以保证工作面的安全生产。

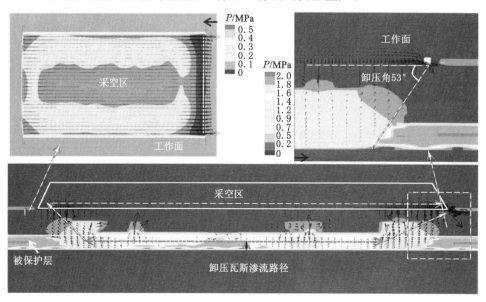

图 6-15　上保护层开采瓦斯渗流路径

## 6.3　卸压瓦斯抽采钻孔布置及抽采效果模拟分析

掌握卸压开采覆岩渗流特征主要是为了研究卸压开采过程中瓦斯抽采钻孔布置的时空关系。因此,本书在上文渗流特征分析的基础上进行卸压瓦斯抽采钻孔的布置分析。同时,通过数值模拟研究了地面钻井瓦斯抽采效果,渗流计算则采用第 5 章基于瓦斯压力变化的瓦斯抽采数值模拟程序进行渗透率的更新。

### 6.3.1　卸压瓦斯抽采钻孔的布置

（1）淮南矿区

由于工作面相对较多，且各工作面抽采方式基本相同，本书仅列举1112(1)工作面抽采钻井布置情况。

① 地面钻井瓦斯抽采

在1112(1)工作面施工地面钻井9个，钻井穿过11-2煤层，终孔至11-2煤层底板约12 m；钻井间距240 m，内错回风巷90 m；$1^#$—$9^#$钻井设计井深分别为977 m、972 m、963 m、960 m、955 m、973 m、982 m、971 m、980 m，$1^#$钻井距开切眼90 m，$9^#$钻井距停采线147 m。地面抽采钻井在工作面推过以后进行抽采，钻井结构如图6-16所示。由数值模拟可知，卸压瓦斯主要在13-1煤层水平运移，部分卸压瓦斯沿环形裂隙区涌入邻近岩层及保护层采空区。因此，地面钻井在工作面回采期间主要抽采13-1煤层卸压瓦斯、11-2煤层采空区瓦斯及11-1煤层卸压瓦斯。

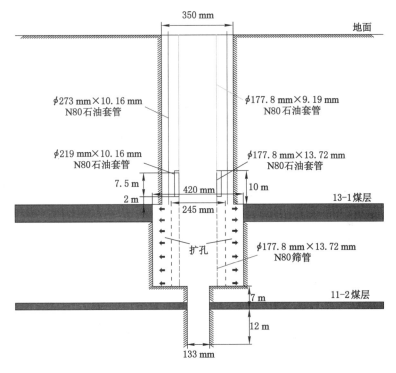

图6-16　地面钻井布置结构

② 穿层钻孔瓦斯抽采

由数值模拟计算可知，在保护层正上方内错巷道40 m左右煤层处于环形裂隙区，此处渗透率最大，适合卸压瓦斯的高效抽采。因此在回采期间，在下部辅助运输巷顶板巷施工13-1煤层穿层钻孔，对13-1煤层卸压瓦斯、11-2煤层顶板环形裂隙区瓦斯及离层带内部分瓦斯进行抽采。钻孔布置在辅助运输巷顶板巷，钻孔每20 m一组，每组2个，施工至13-1煤层顶板，共设计110组，每组工程量230 m，总工程量25 300 m，孔径均为113 mm。钻孔与辅助运输巷顶板巷一路D325 mm抽采管连接抽采，具体如图6-17所示。

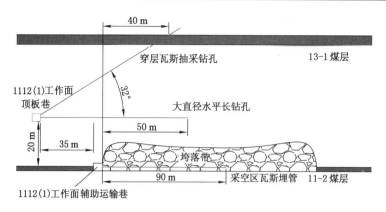

图 6-17　卸压瓦斯抽采钻孔布置

③ 大直径水平长钻孔瓦斯抽采

根据数值模拟计算可知,通过环形裂隙体涌入贯穿裂隙带内的卸压瓦斯会沿着贯穿裂隙涌入保护层采空区垮落带及工作面,从而影响保护层的安全开采。根据首采面 1111(1) 工作面地面钻井抽采情况,由于地面钻井有效抽采半径有限,在地面钻井接替期间,工作面上隅角瓦斯含量增大。因此,在下部辅助运输巷顶板巷向 11-2 煤层顶板贯穿裂隙带施工大直径水平长钻孔拦截 13-1 煤层卸压瓦斯,即主要抽采采空区贯穿裂隙带瓦斯。钻孔设计倾角 0°,钻孔直径 153 mm,具体如图 6-17 所示。

④ 留巷埋管瓦斯抽采

经过上述抽采钻孔抽采后,进入采空区垮落带的 13-1 煤层卸压瓦斯量已经非常小。但由数值模拟计算可知,11-2 煤层下部的 11-1 煤层处于底鼓裂隙带内,虽然 11-1 煤层瓦斯含量较小,但仍然会涌入采空区垮落带内。因此,有必要布置采空区埋管抽采垮落带内瓦斯。1242(1)工作面采用 U 形通风方式,仅在工作面上隅角布置采空区垮落带埋管抽采。其余采用 Y 形通风方式的工作面,在回采期间在辅助运输巷填充墙内每 20 m 预埋 1 根直径 20 cm 以上的铁管,与辅助运输巷两路 D325 mm 螺纹焊管抽采采空区垮落带积存瓦斯,具体如图 6-17 所示。

(2) 韩城矿区

由韩城矿区上保护层开采的卸压瓦斯运移路径可知,被保护层 3# 煤层卸压瓦斯会沿着环形裂隙区涌入保护层工作面及采空区。因此,虽然 2# 煤层瓦斯含量低,但在开采过程中由于 3# 煤层卸压瓦斯大量涌入保护层工作面及采空区,2# 煤层工作面瓦斯涌出量较大,其上隅角、回风巷也经常出现瓦斯超限,在二水平 2、3 采区,相对瓦斯涌出量达 33.05 m³/t。因此,应采取有效措施确保薄煤层保护层开采安全,实现薄煤层保护层与被保护层煤与瓦斯共采。为防止保护层工作面开采期间瓦斯超限及下方 3# 煤层瓦斯突出,把卸压瓦斯最大限度抽采出来,降低瓦斯含量及瓦斯压力,提出采用薄煤层沿空留巷底板卸压瓦斯抽采、顶板高位裂隙瓦斯抽采、顶板大直径长钻孔高位裂隙瓦斯抽采、采空区瓦斯抽采的瓦斯综合治理技术。工作面采用 φ273 mm 焊管作为抽采主管,由 +300 m 南总回风巷与 23209 工作面回风巷交岔点引入,经 23209 工作面回风斜巷、23209 工作面回风巷铺设至距开切眼 50 m 处(工作面 1# 高位裂隙钻场)为止,共计铺设管路 1 200 m。根据数值模拟结果,设计保护层工作面抽采管路及钻孔布置如图 6-18 所示(扫描右侧二维码获取彩图,下同)。

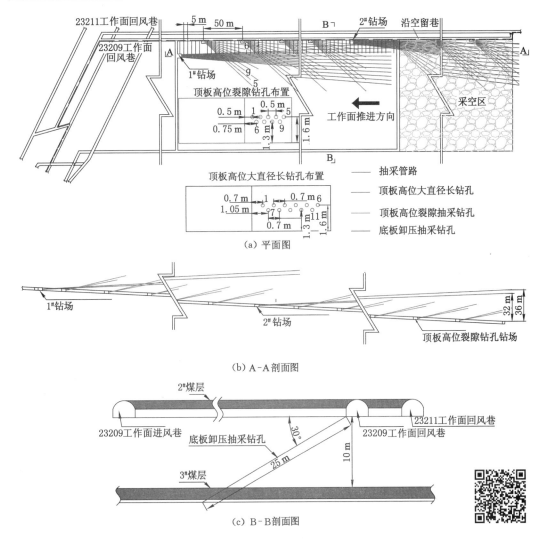

图 6-18 韩城矿区抽采管路及抽采钻孔布置图

① 薄煤层沿空留巷底板卸压瓦斯抽采

由 23209 工作面回风巷距开切眼 5 m 处开始每隔 5 m 沿工作面正帮向下部 3# 煤层施工一个底板卸压抽采钻孔,抽采工作面回采期间 3# 煤层卸压上涌瓦斯,抽采任务由地面 250 m³/min 抽采泵承担,抽采钻孔角度为 30°,布置在环形裂隙区内,如图 6-18(c)所示。

② 顶板高位裂隙瓦斯抽采

由 23209 工作面回风巷距开切眼 50 m 处开始每隔 50 m 在工作面帮施工一个尺寸为 3 m×3 m×3 m(深×宽×高)的抽采钻场,每个钻场内布置 9 个钻孔,解决工作面回采期间采空区及上隅角瓦斯超限问题,钻孔设计如图 6-18 所示。

③ 顶板大直径长钻孔高位裂隙瓦斯抽采

在工作面回风巷距开切眼 400 m 处和施工联巷内各施工一个专用抽采钻场,每个钻场内布置 11 个钻孔。采用 MK-7 型钻机向工作面开切眼靠近回风巷方向施工大孔径高位裂隙抽采钻孔,钻孔终孔点处于工作面开切眼上方 10～15 m 处,抽采因采动影响形成的贯穿裂隙带内瓦斯,钻孔设计如图 6-18 所示。

④ 采空区瓦斯抽采

工作面回采前将原 23211 工作面回风巷通过 23209 工作面开切眼联巷封闭,并在联巷封闭处向工作面采空区压入 $\phi$400 mm PE 抽采管路,抽采工作面回采期间垮落带瓦斯。

### 6.3.2 地面钻井抽采瓦斯的渗流路径及抽采效果

根据淮南矿区地面抽采钻井的布置方案,在渗透率计算结果的基础上进一步进行瓦斯的渗流计算,为了掌握被保护层瓦斯压力演化情况,对被保护层瓦斯压力进行实测,监测点布置如图 6-19 所示。考虑模型的对称性,共布置 14 个监测点,各个监测点的瓦斯压力监测结果如图 6-20 所示。结合上文被保护层渗透率的计算结果(图 6-10)可以看出,监测点 H1、H2、H3、V1 和 V2 位于保护层工作面对应区域以外,但仍处于卸压范围;H4 以及 V3 处于 O 形裂隙圈内,稳定后的渗透率最高;H5、H6、V4 以及 V5 处于部分压实区内,渗透率逐渐降低;H7、H8(V7)以及 V6 处于充分压实区内,渗透率最小。

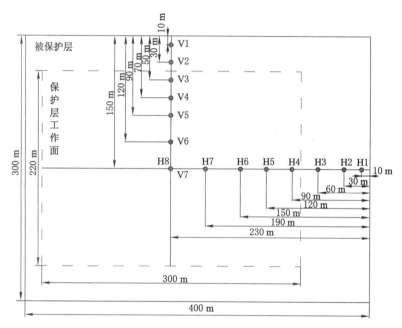

图 6-19    被保护层瓦斯监测点布置示意图

由图 6-20 可以看出,被保护层瓦斯压力大致呈负指数规律降低,与现场实际情况基本一致,表明了模拟的正确性。不同监测点瓦斯压力降低程度存在差别,处于保护层对应范围内的监测点的瓦斯压力降低速度要高于处于保护层对应区域外的。处于保护层对应区域内的监测点的瓦斯压力降低速度在抽采初期相当,这主要是由于被保护层各个监测点均经历渗透率升高及降低过程,但稳定后的渗透率存在差别致使被保护层后期瓦斯压力变化情况存在一定的区别。综上可以看出,在保护层卸压范围以内,残余瓦斯压力由内而外逐渐降低。而在卸压范围以外,残余瓦斯压力逐渐升高。即被保护层渗透率越高残余瓦斯压力越小,被保护层最终瓦斯压力分布情况如图 6-21 所示。

由图 6-21 可以看出,被保护层残余瓦斯压力与渗透率分布特征相似,同样可以分为三个区域:充分压实区、不完全压实区以及 O 形裂隙区,各分区残余瓦斯压力依次降低。与渗

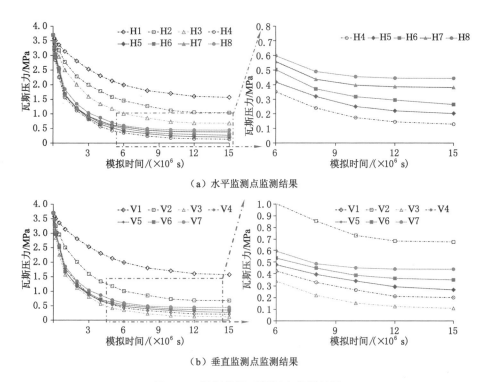

（a）水平监测点监测结果

（b）垂直监测点监测结果

图 6-20 被保护层瓦斯压力监测结果

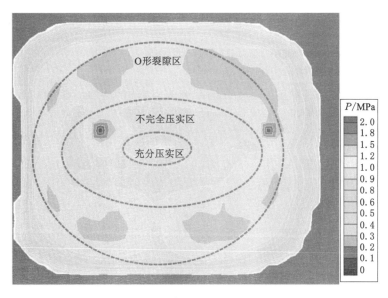

图 6-21 被保护层残余瓦斯压力分布情况

透率各区域分布范围相比,残余瓦斯压力的充分压实区与不完全压实区的范围明显减小,O形裂隙区的范围明显扩大。其主要原因是地面瓦斯钻井抽采加速了瓦斯压力的降低,使得不完全压实区的瓦斯压力同样大幅度降低,扩大了 O 形裂隙区的范围,同时能够进一步降低充分压实区的瓦斯压力。需要说明的是,由于模型大小有限,模型存在一定的边界效应,边界瓦斯压力计算结果与实际存在一定的差异。由图 6-21 可以看出,整个卸压区内的瓦斯压力基本上均降到 0.6 MPa 以下,抽采钻孔附近部分区域甚至降到了 0.2 MPa 左右,均低于突出瓦斯压力临界值(0.74 MPa)。这表明卸压开采瓦斯抽采能够消除被保护层瓦斯突出危险性,本书将在第 7 章利用瓦斯抽采数据结合现场被保护层残余瓦斯含量实测结果对数值模拟可靠性进行进一步的验证。

为了分析地面抽采钻井对被保护层卸压瓦斯抽采效果,本书模拟了进行地面瓦斯抽采与不进行地面瓦斯抽采两种情况下的瓦斯抽采效果,模拟结果如图 6-22 所示,两种情况进行的渗流模拟时间相等。由图 6-22 可以看出,保护层开采过后,被保护层由于卸压增透,赋存瓦斯通过环形裂隙区向邻近岩层扩散,瓦斯压力逐渐减小。在进行地面抽采的情况下,被保护层瓦斯压力在相同时间内减小速度明显大于不进行地面抽采的情况,特别是中部压实区内的瓦斯压力,这表明采用地面钻井抽采对被保护层卸压瓦斯抽采效果显著。对比图 6-22(a)和图 6-22(b)可以看出,整个钻井周围煤岩层瓦斯压力均明显减小,这表明地面钻井抽采能够抽采出被保护层通过环形裂隙区扩散至围岩裂隙带内的瓦斯,因此能够加快被保护层瓦斯压力的减小速度;同时,能进一步降低保护层工作面开采过程中的瓦斯浓度,以确保保护层工作面的安全开采。

 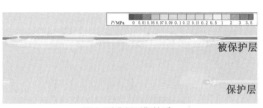

(a) 进行瓦斯抽采　　　　　　　　　　　　　　(b) 不进行瓦斯抽采

图 6-22　两种模拟条件下瓦斯压力分布情况

在上文分析过程中已经掌握了卸压瓦斯的主要运移路径,为了进一步分析采用地面钻井抽采卸压瓦斯的运移路径以及地面钻井抽采瓦斯的主要来源,本书绘制了采空区垮落带上部截面以及靠近工作面的 2# 地面抽采钻井截面的瓦斯渗流图,具体如图 6-23 所示。

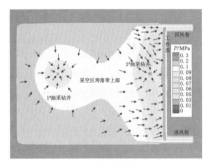 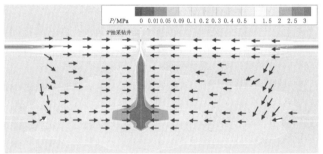

(a) 采空区垮落带上部截面　　　　　　　　　(b) 2# 地面抽采钻井截面

图 6-23　卸压开采抽采的瓦斯运移路径

由图 6-23(a)可以看出,两地面抽采钻井在采空区垮落带的抽采影响范围有重合部分。但两抽采钻井在此时所处区域的渗透率存在一定的区别[图 6-13(c)],靠近工作面处的抽采钻井所处区域的渗透率更大使得靠近工作面处的地面抽采钻井的抽采影响范围更大。除此之外,靠近工作面侧的抽采钻孔,其很大一部分抽采量来自进风侧的空气,因此瓦斯浓度相对偏低。但由于该处渗透率要大于靠近开切眼处抽采钻孔的渗透率,其抽采量更大。由 $2^{\#}$ 抽采钻井截面处的瓦斯渗流路径图 6-23(b)可以看出,对于地面抽采钻井而言,其抽采量主要来自被保护层及靠近被保护层的裂隙岩体和垮落带岩体,且来自裂隙岩体的抽采量占很大一部分,但浓度偏低。其主要原因在于:① 相对被保护层,抽采钻井与邻近裂隙岩体的抽采接触面积更大。② 裂隙岩体瓦斯压力要远低于被保护层,由实验室实测可知其渗透率要比被保护层的大。③ 裂隙岩体内不断有来自被保护层的瓦斯流入,而被保护层瓦斯压力则不断衰减。但邻近裂隙岩体除了有来自被保护层的瓦斯外,同样存在来自垮落带的空气,这就导致瓦斯浓度较低。为了验证上述观点,在渗流计算过程中,分别在采空区垮落带( $1^{\#}$ 监测点)、贯穿裂隙带内靠近垮落带处( $2^{\#}$ 监测点)、离层裂隙带内靠近被保护层处( $3^{\#}$ 监测点)以及被保护层中部( $4^{\#}$ 监测点)设监测点监测流速,监测点布置及各监测点流速具体如图 6-24 所示。

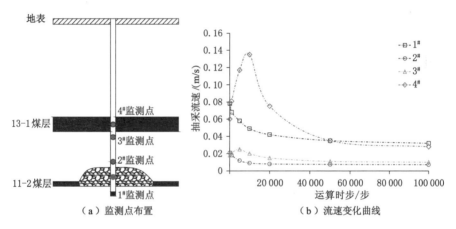

（a）监测点布置　　　　　　　　（b）流速变化曲线

图 6-24　各监测点布置及流速变化曲线图

由图 6-24(b)可以看出,在抽采初期位于垮落带内的 $1^{\#}$ 监测点处流速最快,且下降幅度相对较缓;位于裂隙带内的 $2^{\#}$ 与 $3^{\#}$ 监测点处起始流速相当,均经过短时间的上升后开始下降,整体上靠近被保护层的监测点流速变化幅度更大一点;位于被保护层处的 $4^{\#}$ 监测点初始流速仅次于采空区垮落带 $1^{\#}$ 监测点,随着抽采的进行,其渗透率快速升高,远超其他监测点,但衰减速度最快。虽然在计算时间范围内 $4^{\#}$ 监测点处流速仍要明显大于邻近岩体监测点,但考虑其抽采面积要远小于层间岩体,因此认为被保护层邻近岩体瓦斯抽采量在地面瓦斯抽采过程中占重要部分。被保护层及邻近煤岩层瓦斯抽采流速在抽采初期出现增加的现象主要由两方面因素造成:① 保护层开采过程中存在卸压角,在工作面推过抽采钻孔一定距离后该处的应力开始大幅度减小,渗透率迅速增加,这由上节所述渗透率的演化规律可以看出。② 在瓦斯抽采过程中,瓦斯压力的减小促使煤层的渗透率增高,继而流速出现增高现象。

综上所述,保护层卸压地面抽采过程中,被保护层瓦斯除了直接涌入抽采钻井外,还有一部分瓦斯通过环形裂隙区首先渗流至邻近岩体,再通过邻近岩体涌入瓦斯抽采钻井。但地面钻井抽采范围有限,且抽采速度在很多情况下要小于被保护层瓦斯涌出速度,很容易造成被保护层卸压瓦斯涌入保护层工作面及采空区,这不仅会对保护层工作面的正常生产带来危害,也会造成瓦斯资源浪费。因此,出上义分析可知,在生产过程中同时布置被保护层穿层抽采钻孔以及大直径水平长钻孔用于增强环形裂隙区内卸压瓦斯的抽采能力以及拦截未被抽采的卸压瓦斯进入保护层工作面。在实际生产过程中,地面抽采钻井抽采的主要是被保护层的瓦斯以及小部分裂隙带内的瓦斯。

# 6.4 卸压开采数值模拟结果的现场实测验证

本书通过基于实验室实验建立的应力-裂隙-渗流耦合模型模拟确定了上下保护层最小开采高度及合理开采高度,定量分析了卸压开采覆岩渗透率的演化规律及分布特征,掌握了卸压瓦斯的运移路径,在此基础上进行了瓦斯抽采钻孔的布置,为了进一步验证数值模拟的可靠性及正确性,本节利用上保护层卸压开采后被保护层渗透率的实测结果以及下保护层开采后覆岩裂隙带的发育情况进行验证分析。而本章中的卸压开采瓦斯抽采效果实测评价在第7章将详细分析。

### 6.4.1 被保护层及顶板渗透率分布的现场验证

本书选择袁亮等[25]得出的淮南矿区下保护层卸压开采裂隙带实测结果进行数值模拟结果的现场验证。该研究实测的 11-2 煤层,与本书研究煤层一样,覆岩岩性基本相同,具有很高的可靠性,保护层采高选择的是 3 m。通过对淮南矿区 11-2 煤层开采过程中顶板围岩孔隙流体压力变化进行监测,得到如图 6-25 所示的覆岩裂隙发育情况。由图 6-25 可以看出,当采高为 3 m 时,弯曲变形带影响区域可达 237 m,离层裂隙带发育高度为 145 m(超过 13-1 煤层),贯穿裂隙带发育高度为 43 m(未达到 13-1 煤层)。这与数值模拟采高为 3 m 时的各带发育高度保持一致:由图 6-7 可以拟合得出弯曲变形带、离层裂隙带以及贯穿裂隙带曲线的斜率分别为 78.2、45.9 以及 15.9;则当数值模拟采高为 3 m 时,弯曲变形带、离层裂隙带及贯穿裂隙带发育高度分别约 234.6 m、137.7 m 以及 47.7 m。除此之外,采空区呈现

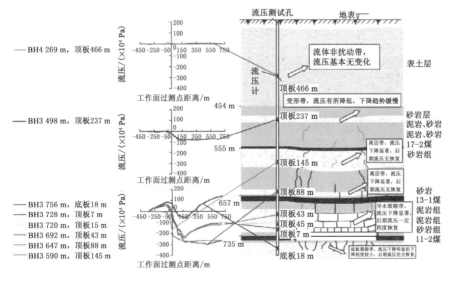

图 6-25 围岩孔隙流压变化监测结果及与裂隙分布之间的对应关系[25]

明显的环形裂隙区与压实区,与数值模拟形成的 O 形裂隙区与压实区结果基本一致。

　　除了淮南矿区覆岩顶板各分带发育高度的实测验证,本书对淮南矿区下保护层及韩城矿区上保护层开采后被保护层的渗透率、残余瓦斯含量及瓦斯压力进行实测验证。韩城矿区经过 2# 煤层卸压瓦斯综合抽采技术的应用,在 3# 煤层工作面回采前期对残余瓦斯含量和瓦斯压力进行测定,瓦斯含量最大值为 6.45 m³/t,残余瓦斯压力为 0.62 MPa,均在《防治煤与瓦斯突出细则》要求的瓦斯含量(8 m³/t)和瓦斯压力(0.74 MPa)以下,使得保护层工作面下方对应的被保护层工作面符合安全开采的要求。其平均渗透率也由开采保护层前的 0.022 5 mD 提高至 4.525 mD,这与本章第 1 节中数值模拟得到的采高为 1.2 m 时的渗透率(4.178 mD)基本相等,从而表明数值模拟的正确性及可靠性。

　　淮南矿区经过 11-2# 煤层卸压瓦斯抽采后,其渗透率由原来的 0.002 mD 升高至 14.35 mD,这也与本章第 1 节中数值模拟得到的采高为 1.8 m 时的渗透率(15.78 mD)基本相等。同时,实测得到被保护层卸压抽采后的平均残余瓦斯含量及瓦斯压力分别为 2.59 m³/t 及 0.312 MPa,与上文地面钻井抽采结束后数值模拟所得瓦斯压力基本相等。综上所述,本书采用的应力-裂隙-渗流耦合模型能够很好地指导煤层群卸压开采工作面及抽采钻孔的布置。

## 6.4.2　地面钻井抽采速度的现场验证

　　本书选择淮南矿区工作面 1# 与 2# 地面抽采钻井抽采数据进行模拟结果的验证。瓦斯抽采演化规律如图 6-26 所示。由图 6-26 可以看出,两个钻井抽采速度随着抽采时间的延长先急剧增长,之后缓慢减小,最后趋于稳定,这与图 6-24 所示被保护层处监测点的流速演化规律基本一致。抽采浓度则表现为抽采初期较小,之后趋于稳定。这与图 6-23 所示瓦斯抽采过程中瓦斯渗流路径相吻合,在抽采初期由于靠近工作面,且垮落带渗透率非常高,大量空气进入抽采钻孔降低了瓦斯抽采浓度,之后由于工作面的持续推进,钻孔周围瓦斯浓度保持相对稳定。因此,卸压开采地面瓦斯抽采的数值模拟能够很好地描述卸压开采地面抽采过程中瓦斯运移规律及抽采效果,从而指导地面钻井的布置。

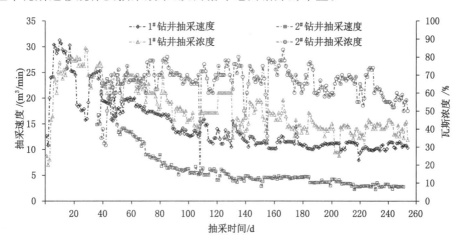

图 6-26　地面抽采钻井抽采数据曲线

# 6.5 本章小结

（1）分析了淮南矿区下保护层及韩城矿区上保护层不同开采高度对被保护层卸压效果的影响，给出了上下保护层开采高度与被保护层渗透率的定量关系；进而确定了上下保护层的临界最小采高分别为 0.68 m 及 0.87 m，以及合理采高为 0.96 m 及 1.73 m；同时给出了保护层采高与被保护层间距对应的关系曲线。

（2）进行了卸压开采覆岩渗流特征的定量分析，给出了保护层工作面推进过程中覆岩各分带渗透率的演化规律及压实稳定后的分布特征：水平渗透率增高范围要明显大于垂直渗透率。模拟得出了卸压瓦斯的主要渗流路径：卸压瓦斯主要沿被保护层水平运移，同时通过环形裂隙区涌入邻近岩层及保护层工作面。涌入离层裂隙带内的瓦斯仍然沿水平方向运移，涌入贯穿裂隙带及垮落带内的瓦斯则会进一步涌入保护层工作面。

（3）设计了淮南矿区及韩城矿区保护层卸压瓦斯抽采钻孔。分析了地面钻井抽采效果，掌握了保护层卸压地面抽采过程中瓦斯渗流路径，认为被保护层瓦斯除了直接涌入抽采钻井外，部分瓦斯还渗流至邻近岩体。利用现场覆岩渗透率分布情况及实测卸压抽采瓦斯演化规律验证了本书提出的应力-裂隙-渗流耦合模型的正确性。以本章研究成果为基础发表的论文详见参考文献[21,269-271]。

# 7 卸压开采效果评价及采动覆岩稳定时空关系研究

有关卸压开采及卸压抽采效果的评价手段及评价模型较多,一般通过卸压开采过程中被保护层应力释放量、渗透率升高状况、膨胀变形量、瓦斯压力及瓦斯含量减小情况来反映卸压开采的效果。本书通过实验室实验及数值模拟建立了应力-裂隙-渗流耦合模型,从而定量给出卸压开采覆岩渗透率的演化规律、分布特征以及卸压瓦斯的渗流路径,为卸压开采工作面及巷道设计、瓦斯抽采钻孔布置提供理论基础。但在被保护层开采之前仍需要进一步实测被保护层残余瓦斯含量、残余瓦斯压力以及覆岩压实特征来评价卸压抽采效果,评估被保护层的瓦斯突出危险性以及确定被保护层工作面布置的时空关系,同时验证数值模拟及理论分析的正确性。本章以淮南矿区卸压瓦斯抽采数据为基础,建立瓦斯分源模型,以分析卸压瓦斯抽采的演化规律及采空区垮落带的压实特征,进而评价被保护层的卸压效果以及掌握覆岩稳定的时空关系,以利于被保护层及后续煤层的进一步开采;另外,利用现场实测结果对理论模型及数值模拟进行进一步验证。

## 7.1 卸压瓦斯抽采演化特征及其影响因素分析

### 7.1.1 地面钻井抽采分源瓦斯模型的建立

由第6章地面瓦斯抽采来源的分析可知,由于采用多种抽采方式进行被保护层卸压瓦斯的抽采,地面钻井抽采瓦斯主要来自被保护层截面以及采空区垮落带截面。本书为了简化计算,建立了如图7-1所示的简化模型。

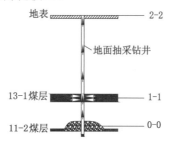

图 7-1 地面钻井抽采简化模型

图中,0-0 断面为钻井在采空区垮落带中间的水平断面;1-1 断面为钻井在被保护层13-1煤层中间的水平断面;2-2 断面为钻井在地表的水平断面。周福宝等[241]采用类似简化模型,根据质量守恒和能量守恒定律,建立了确定地面钻井抽采卸压煤层及采空区瓦斯流量的数学模型,采用该模型可以对保护层开采区域钻井抽采的不同瓦斯源的流量进行计算,模型公式如下:

$$
\begin{cases}
4v_0\rho_0 h_0 + 4\rho v_1 h_1 = v_2\rho_2 d \\
\rho_0 v_0(1-c_0) - \rho_2 v_2(1-c_2),\ \rho_0 - \alpha c_0 + \rho_k(1-c_0) \\
v_0\rho_0\dfrac{\pi d^2}{4}\left(\dfrac{v_0^2}{2}+\dfrac{P_0}{\rho_0}+Z_0 g\right)+v_1\rho\pi d h_1\left(\dfrac{v_1^2}{2}+\dfrac{P_1}{\rho}+Z_1 g\right)= \\
v_2\rho_2\dfrac{\pi d^2}{4}\left(\dfrac{v_2^2}{2}+\dfrac{P_2}{\rho_2}+Z_2 g\right)+\alpha_1\pi d\rho\zeta\dfrac{v_1^3 h_1}{2}+\alpha'_2\rho_2\lambda\dfrac{Hv_2^3}{2d}
\end{cases}
\tag{7-1}
$$

式中    $Z_0,Z_1,Z_2$——0-0,1-1,2-2 断面相对井底的高度,m;

         $\rho_0,\rho_2$——0-0,2-2 断面的气体密度,kg/m³;

         $\rho,\rho_k$——纯瓦斯密度和标准状况下空气的密度,kg/m³;

         $h_0,h_1$——采空区垮落带高度以及 13-1 煤层厚度,m;

         $d$——地面钻井的直径,m;

         $v_0,v_1,v_2$——0-0,1-1,2-2 断面的气体平均速度,m/s;

         $c_0,c_2$——0-0,2-2 断面处瓦斯的浓度,%;

         $\zeta$——局部阻力系数;

         $\alpha_1$——阻力校正系数;

         $\alpha'_2$——等效沿程阻力校正系数。

通过式(7-1),可以利用煤矿实测数据计算不同瓦斯源的流量,从而给出被保护层及采空区垮落带的地面钻井抽采情况,但计算相对较为复杂,不仅要涉及多种假设,而且在各个阻力系数取值方面比较困难,涉及因素也相对较多,不适合大量数据的处理计算。本书在充分利用现场实测资料的同时对式(7-1)作如下简化。

由 0-0 断面到 2-2 断面的质量守恒定律得到:

$$Q_0\rho_0 + Q_1\rho_1 = Q_2\rho_2 \tag{7-2}$$

将 $Q$ 展开得到:

$$4v_0\rho_0 h_0 + 4\rho v_1 h_1 = v_2\rho_2 d \tag{7-3}$$

由 0-0 断面到 2-2 断面瓦斯的质量守恒定律得到:

$$Q_0\rho_0(1-c_0) = Q_2\rho_2(1-c_2) \tag{7-4}$$

将 $Q$ 展开得到:

$$4\rho_0 v_0 h_0(1-c_0) = \rho_2 v_2 d(1-c_2) \tag{7-5}$$

气体的密度和瓦斯体积分数之间的关系为:

$$\rho_0 = \alpha c_0 + \rho_k(1-c_0) \tag{7-6}$$

联立式(7-3)、式(7-5)及式(7-6)得到 $v_0$ 与 $v_1$ 的表达式:

$$
\begin{cases}
v_0 = \dfrac{d(-1+c_2)v_2(-\rho_k+c_2\rho_k-\rho c_2)}{4(-1+c_0)h_0(-\rho_k+c_0\rho_k-\rho c_0)} \\
v_1 = -\dfrac{d(c_0-c_2)v_2(-\rho_k+c_2\rho_k-\rho c_2)}{4\rho(-1+c_0)h_1}
\end{cases}
\tag{7-7}
$$

式中,垮落带的高度 $h_0$ 可以由式(5-27)确定。通过式(7-7)可以求出垮落带及被保护层的流量。由式(7-7)可以看出,未知参数均可以通过现场实测抽采管路数据获得,并不需要额外进行测量,这就能大幅度节省成本。表 7-1 为 1242(1)工作面每日抽采监测数据,由于记录数据过多,本书仅列举 1 月 1 日至 1 月 7 日与计算相关的抽采监测数据。

结合表 7-1 的地面钻井抽采数据进行模型的求解:具体为瓦斯抽采平均混合流量 $Q_2 =$

16.43 m³/min，$c_0 = 15.84\%$，$c_2 = 43.57\%$，钻井直径 $d = 0.2$ m，$h_1 = 4.03$ m，采高 $h = 1.8$ m，根据 $Q_2$ 与 $c_2$ 计算得出 $v_2 = 8.72$ m/s，根据式(5-27)求得 $h_0 = 6.55$ m。标准状况下的瓦斯密度 $\rho$ 和空气密度 $\rho_k$ 分别为 0.717 g/L 和 1.237 g/L。将上述数据代入式(7-7)计算得出 $v_0 = 0.039\ 058\ 4$ m/s，$\rho_0 = 1.154\ 63$ g/L，$v_1 = 0.050\ 236$ m/s，$\rho_2 = 1.010\ 44$ g/L。

表 7-1 实测抽采监测数据

| 日期 | 地面 1# 钻井抽采 | | | | | 采空区埋管抽采 | | 总退尺 /m | 工作面剩余可采长度/m |
| --- | --- | --- | --- | --- | --- | --- | --- | --- | --- |
| | 瓦斯浓度/% | 距工作面距离/m | 瓦斯抽采量 /(m³/min) | 抽采混合量 /(m³/min) | 管道负压 /mmHg | 瓦斯浓度/% | 瓦斯抽采量 /(m³/min) | | |
| 1月1日 | 40 | 507.7 | 5.88 | 14.69 | 415 | 17.1 | 1.41 | 590.7 | 699.3 |
| 1月2日 | 48 | 514.9 | 8.13 | 16.94 | 415 | 16.8 | 1.82 | 597.9 | 692.1 |
| 1月3日 | 43 | 521.5 | 7.24 | 16.83 | 410 | 15.3 | 2.25 | 604.5 | 685.5 |
| 1月4日 | 40 | 527.0 | 6.66 | 16.66 | 421 | 14.2 | 1.90 | 610.0 | 680.0 |
| 1月5日 | 40 | 533.0 | 6.66 | 16.66 | 421 | 15.9 | 1.97 | 616.0 | 674.0 |
| 1月6日 | 45 | 537.5 | 7.37 | 16.37 | 423 | 15.9 | 1.89 | 620.5 | 669.5 |
| 1月7日 | 49 | 539.5 | 8.27 | 16.87 | 415 | 15.7 | 1.98 | 622.5 | 667.5 |

注：1 mmHg＝133.3 Pa。

### 7.1.2 被保护层瓦斯抽采量的演化特征及其影响因素分析

运用瓦斯分源流量计算模型计算各工作面从回采初期至回采结束后地面抽采钻井的被保护层瓦斯抽采量，计算得出的推进过程中的被保护层瓦斯抽采量如图 7-2 所示。由图 7-2 可以看出，各工作面的抽采钻孔的瓦斯抽采量均经历了三个阶段：急剧升高阶段、缓慢衰减阶段以及稳定阶段。急剧升高阶段经历的时间在 0～28 天，平均为 9.97 天；缓慢衰减阶段经历的时间在 41～143 天，平均为 85.81 天，这与上一章的数值模拟结果相似。瓦斯抽采出现上述分段现象主要是由于被保护层抽采过程中的瓦斯衰减以及采空区压实造成的渗透率减小，且各个阶段的主要影响因素并不一样。

本书结合气体达西渗流公式进行瓦斯抽采阶段的主要影响因素分析。将第 2 章中的渗透率测试公式(2-1)以流速 $v$ 的形式写成：

$$v = \frac{k(P_1^2 - P_2^2)}{2P_0 \mu L} \tag{7-8}$$

由式(7-8)可以看出，在抽采负压($P_2$)稳定的情况下，地面抽采钻井的瓦斯抽采量主要取决于被保护层渗透率($k$)及瓦斯压力($P_1$)。在地面钻井抽采初期被保护层瓦斯压力相对较高，因此地面钻井瓦斯抽采量的急剧升高阶段主要由于被保护层渗透率的急剧升高，这与第 6 章被保护层渗透率的数值模拟结果(图6-10)相符。而被保护层渗透率的急剧增加主要由于保护层的开采使得抽采钻井周围的被保护层出现离层裂隙区且垂直应力大幅度减小。因此，被保护层瓦斯抽采的急剧升高阶段也是被保护层渗透率的急剧升高阶段。基于这个概念，本书在下一节中通过采空区垮落带的抽采混合量结合达西定律式(7-8)反算得出垮落带地面抽采钻井处的渗透率。

图 7-3 为保护层开采过程中的覆岩运动示意图。由于卸压角的存在，在工作面刚推过地面抽采钻井时，钻孔周围的被保护层并未进入卸压区，渗透率增长缓慢[242-243]。随着工作

面的继续推进,地面抽采钻井逐步进入卸压区,此时渗透率急剧升高,保护层地面钻井瓦斯抽采量达到最大。之后由于采空区的逐渐压实,地面抽采钻井逐渐进入压实区,渗透率缓慢减小,这也是地面钻井瓦斯抽采量衰减的一个因素。当抽采钻井进入压实稳定区时,渗透率

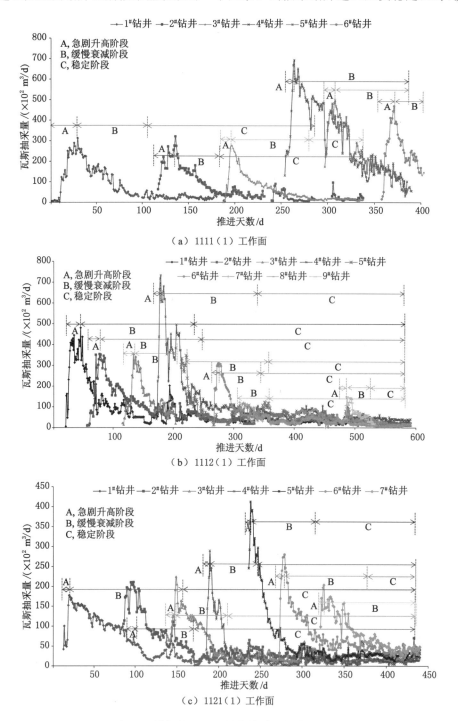

（a）1111（1）工作面

（b）1112（1）工作面

（c）1121（1）工作面

图 7-2 被保护层地面钻井抽采瓦斯演化规律

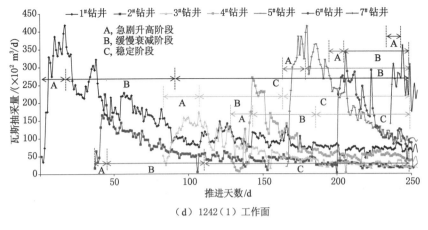

（d）1242（1）工作面

图 7-2（续）

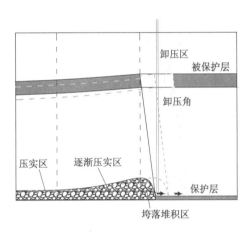

图 7-3 保护层开采过程中覆岩运动示意图

逐渐稳定,瓦斯抽采同样进入稳定阶段。除此之外,瓦斯急剧升高阶段还与被保护层抽采过程中瓦斯压力的减小有关。由实验室实测及数值模拟可知,煤体在瓦斯压力减小过程中,其对应的渗透率将逐渐增加,进而使得瓦斯抽采量逐渐升高。

在缓慢衰减阶段,相比被保护层渗透率的缓慢降低,被保护层瓦斯压力的降低起主要作用。这主要有两方面的原因:首先,被保护层瓦斯压力的降低致使煤基质的解析膨胀会提高被保护层的渗透率,进而可以降低被保护层渗透率因为采空区压实的减小速度,这由上文的实验室实测及数值模拟分析可知。其次,虽然被保护层渗透率有所减小,但由于被保护层处于离层裂隙带内,其渗透率仍然可以维持在很高的水平,这点由数值模拟结果同样可以看出。现场实测表明,地面抽采钻井瓦斯抽采量与抽采时间呈负指数关系[244]:

$$q_t = q_0 e^{-\beta t} \tag{7-9}$$

式中 $q_t$——抽采时间为 $t$ 时的瓦斯抽采量;

$q_0$——煤层的初始瓦斯抽采量;

$\beta$——衰减系数;

$t$——瓦斯抽采时间。

根据式(7-9)对各工作面地面瓦斯抽采钻井衰减阶段的瓦斯抽采数据进行了拟合,拟合结果如图 7-4 所示。考虑各钻井拟合结果基本一致,本书仅列举各工作面的 1#—3# 抽采钻井的拟合结果。由图 7-4 可以看出,拟合曲线的相关系数均能达到 0.8 以上,对于现场大量生产数据的拟合而言,拟合效果较好。

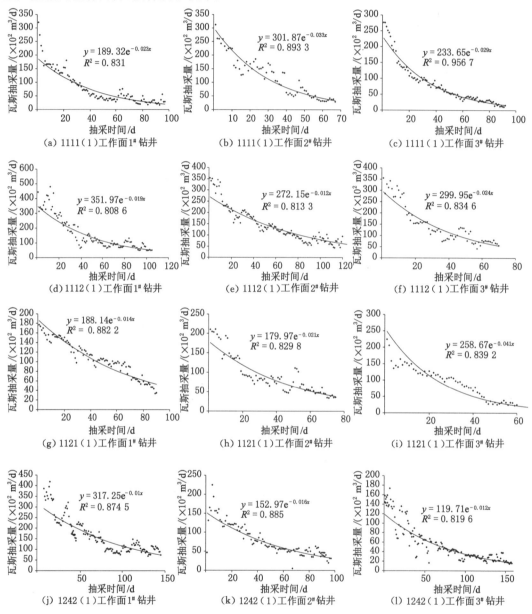

图 7-4　地面瓦斯抽采钻井衰减阶段的拟合曲线

各抽采钻孔拟合衰减系数见表 7-2。表中 1112(1)工作面的 8# 抽采钻孔的衰减系数达到 0.077,明显高于其余抽采钻孔,导致 1112(1)工作面对应的被保护层平均衰减系数稍微偏高。其余各工作面所对应的被保护层平均瓦斯抽采衰减系数为 0.025 左右,这表明各保护层工作面对被保护层的卸压效果相当。

表 7-2　不同工作面地面抽采钻井抽采量拟合衰减系数　　　　单位:d$^{-1}$

| 工作面编号 | 1$^{\#}$钻井 | 2$^{\#}$钻井 | 3$^{\#}$钻井 | 4$^{\#}$钻井 | 5$^{\#}$钻井 | 6$^{\#}$钻井 | 7$^{\#}$钻井 | 8$^{\#}$钻井 | 9$^{\#}$钻井 | 平均值 |
|---|---|---|---|---|---|---|---|---|---|---|
| 1111(1) | 0.033 | 0.023 | 0.029 | 0.016 | 0.024 | 0.031 | 0.026 | | | 0.026 |
| 1112(1) | 0.019 | 0.012 | 0.024 | 0.014 | 0.039 | 0.021 | 0.020 | 0.077 | 0.039 | 0.029 |
| 1121(1) | 0.014 | 0.021 | 0.041 | 0.041 | 0.035 | 0.011 | 0.017 | | | 0.026 |
| 1242(1) | 0.010 | 0.016 | 0.013 | 0.026 | 0.020 | 0.037 | 0.038 | | | 0.023 |

事实上,瓦斯抽采衰减系数主要与煤层中的瓦斯含量、煤层的渗透率以及抽采钻孔的直径有关[244]。对于本书中的地面钻井抽采,各钻井的直径相等,因此影响瓦斯衰减系数的主要因素为煤层中的瓦斯含量及煤层的渗透率。而由上文分析可知,被保护层工作面渗透率的演化规律基本上相同,即本书各抽采钻井的瓦斯衰减系数存在差别的主要原因是钻井周围瓦斯含量存在区别。对于同一煤层而言,煤层的初始瓦斯含量基本能够保持一致。因此,钻井抽采范围内煤层瓦斯含量的不同表明各钻井之间的有效抽采半径出现叠加现象。本书中任意两个抽采钻井的平均间距约为 200 m,因此本书地面钻井的抽采半径大概在 100 m 以上。这基本符合 C. Ö. Karacan 采用传统的试井分析技术实测的结果:抽采影响半径为 100～859 m,后来进一步缩小至 330～380 m[164,245]。但是,对于保护层卸压开采而言,钻井抽采影响范围一般为一个椭圆形,走向的抽采影响半径一般要大于倾向的抽采影响半径。这主要是由于保护层工作面走向推进长度一般要远大于工作面长度,因此走向卸压范围要大于倾向的。辛国安等[246]通过示踪气体监测得出淮南矿区倾向及走向抽采影响半径分别大于 160 m 及 240 m。因此,本书综合上述研究结合实际工程背景,假设地面钻井抽采影响范围为椭圆形,确定走向及倾向所对应的长短轴比为 1.5,走向抽采影响半径为 330 m。

## 7.2　垮落带压实特征的时空演化关系研究

通过数值模拟结合现有研究已经基本掌握采空区垮落带渗透率的分布特征及演化规律。本节基于瓦斯分源模型进一步分析求得采空区垮落带内混合气体的抽采量,进而反算出采空区垮落带渗透率的分布特征以及随着工作面推进的压实特征,同时利用现场实测结果对其进行验证。分析结果既可以与数值模拟相互验证,也有助于掌握采动覆岩稳定的时空关系,为后续煤层的开采提供指导。

### 7.2.1　采空区垮落带渗透率的计算方法

根据式(7-7)可以求得采空区垮落带内瓦斯抽采流速 $v_0$,代入式(7-8)即可求出采空区垮落带的渗透率 $k_g$:

$$k_g = \frac{2v_0 P_0 \mu l}{(P_1^2 - P_2^2)} \tag{7-10}$$

为了简化模型计算,作出如下假设:① 采空区气体压力近似等于大气压力[241]。这由数值模拟及现场实测可以得出。② 对于渗流距离 $l$,本书研究钻井影响范围周围渗透率的变化情况,因此为方便计算以抽采钻井影响范围短轴半径 220 m 为渗流距离,计算得出钻孔抽采的平均渗透率。③抽采钻井中的抽采负压保持不变。采空区垮落带的大气压力与工作面所处埋深 $H$ 相关,一般由式(7-11)计算:

$$P_1 = P_0 + 1.108H \tag{7-11}$$

式中 $H$——采空区埋深,930 m。

根据 $P_0 = 10\ 132.5$ Pa 以及 $H$ 可以计算得到 $P_1 = 11\ 162.94$ Pa。根据表 7-1 得到管道负压为 5 561.9 Pa,将计算得到的 $v_0 = 0.039\ 058\ 4$ m/s,以及动力黏度代入式(7-10)计算得出采空区垮落带等效渗透率 $k_g = 1\ 313.94$ mD。计算结果在文献[145]总结的采空区渗透率范围之内,同时与数值模拟计算结果基本一致,表明了计算模型的正确性。

### 7.2.2 采空区垮落带压实特征及渗透率的演化规律

(1)采空区垮落带渗透率的演化规律及压实特征

为了进一步研究保护层开采过程中采空区垮落带渗透率随着工作面推进的演化情况,利用 1111(1)工作面等 4 个工作面每个地表钻井每天的抽采监测数据计算垮落带渗透率,计算结果如图 7-5 所示。

由图 7-5 可以很明显地看出采空区渗透率演化过程主要分为两个阶段:逐渐压实阶段以及压实稳定阶段。需要说明的是,在每个钻井抽采初期存在一个渗透率急剧上升阶段,工

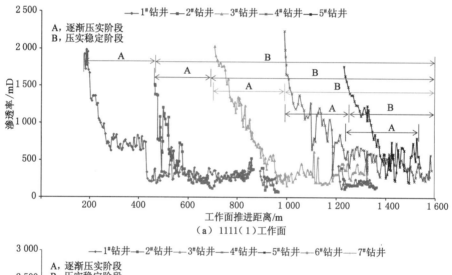

(a)1111(1)工作面

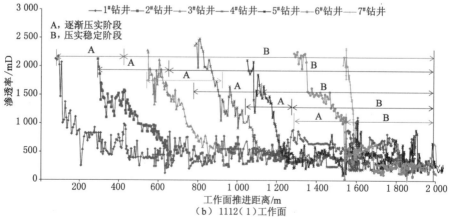

(b)1112(1)工作面

图 7-5 采空区垮落带渗透率与工作面推进距离的相关关系

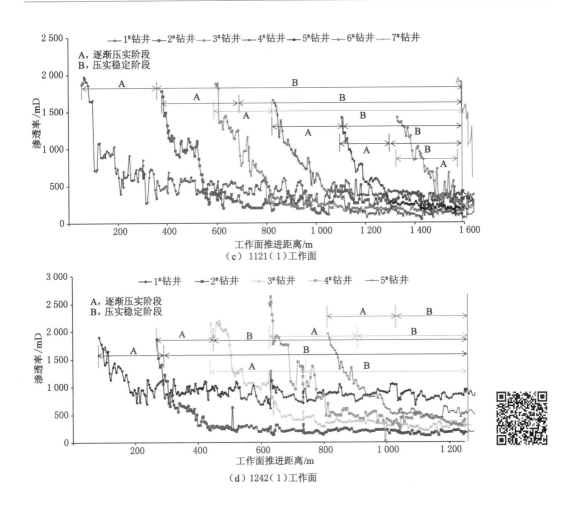

图 7-5（续）

作面推进长度约为 10～20 m。这主要是由于在工作面刚推过时，直接顶与基本顶并未垮落，采空区垮落带并未完全形成，而随着工作面的继续推进，顶板逐渐垮落破碎形成垮落带，在此过程中采空区垮落带的渗透率逐渐升高。因此，急剧升高阶段的推进距离与顶板周期垮落步距相当。

　　本书主要分析垮落带压实过程中渗透率的变化情况，因此并不考虑抽采钻井周围采空区破碎带形成之前渗透率的变化情况。采空区垮落带渗透率的减小主要由于采空区垮落带的逐渐压实，各工作面各钻井达到稳定阶段距工作面的距离见表 7-3。采空区垮落带压实过程受压实时间的影响，即距工作面相同距离处的采空区垮落带由于工作面推进速度不一样其压实程度不同，两者渗透率存在区别。但是，由于距开切眼距离的不同，其最终压实程度也会存在区别，这就导致采空区垮落带各区域压实时间及压实程度存在区别。因此，表 7-3 同时给出了逐渐压实阶段经历的时间。

表7-3 采空区垮落带压实时间(单位:d)及距工作面的距离(单位:m)

| 工作面编号 | 1# 钻孔 (m/d) | 2# 钻孔 (m/d) | 3# 钻孔 (m/d) | 4# 钻孔 (m/d) | 5# 钻孔 (m/d) | 6# 钻孔 (m/d) | 平均 (m/d) |
|---|---|---|---|---|---|---|---|
| 1111(1) | 203/33 | 228/42 | 278/52 | 259/54 | 231/47 | 不明 | 239.8/45.6 |
| 1112(1) | 232/31 | 303/45 | 331/49 | 358/55 | 328/53 | 289/54 | 306.8/47.8 |
| 1121(1) | 164/28 | 219/43 | 245/50 | 265/51 | 240/46 | 235/50 | 228.0/44.7 |
| 1242(1) | 125/28 | 189/41 | 235/47 | 259/52 | 218/48 | 不明 | 205.2/43.2 |

由表7-3可以看出,各个工作面采空区垮落带压实区域距工作面的平均距离相差较大,最大为1112(1)工作面的306.8 m,最小为1242(1)工作面的205.2 m。但采空区垮落带压实时间相差不大,最大为1112(1)工作面的47.8天,最小为1242(1)工作面的43.2天。这主要是由于各工作面推进速度相差较大,即在压实所需的推进距离相差较大的情况下,推进速度存在区别,不同压实距离所经历的时间相差较小。推进速度越大,垮落带完全压实所需的时间越长,但整体影响较小,具体如图7-6所示。因此,在工作面推进过程中,以采空区垮落带压实时间来衡量采空区压实程度要比采空区距工作面的距离更为准确。但工作面推进速度对采空区压实时间存在影响,工作面推进速度越快所需压实时间越长,但影响程度相对较小。

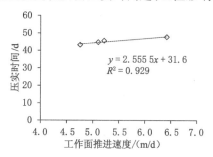

图7-6 压实时间与工作面推进速度关系曲线

除此之外,对于每一个工作面而言,不同抽采钻井处垮落带对应的压实时间也存在区别,一般为距开切眼的距离越近,所需压实时间越短。这主要是由于采空区各区域压实程度存在区别,越靠近开切眼处垮落带最终压实后的垂直应力越小,压实程度越低,这由上节的数值模拟结果可以看出。为了进一步掌握采空区垮落带压实程度及压实时间,同时进一步验证上述采空区垮落带渗透率计算模型的正确性,本书利用钻孔应力计对采空区地面抽采钻井附近压实过程中的应力进行实测,1112(1)工作面1#—5#地面抽采钻井附近垮落带垂直应力与渗透率随着工作面抽采天数变化的曲线在后文中给出,采空区垮落带内各监测点的位置如图7-7所示。由于工作面具有对称性,沿工作面走向布置监测点至中部5#抽采钻井,每个抽采钻井处及钻井之间各布置一个监测点。倾向则只布置在靠近留巷一侧,且在开切眼附近及5#钻井附近各布置一排监测点。监测点监测结果如图7-8所示,假设采空区垮落带边缘处顶板不垮落,因此压实时间及应力均为0。

由图7-8可知,采空区垮落带的压实程度及其对应的压实时间与距采空区垮落带边缘的距离密切相关,越靠近采空区垮落带边缘对应的压实程度越低,压实应力越小,达到该应力所需的压实时间也越短。本书利用各监测点的实测数据,拟合得出了距采空区边缘不同

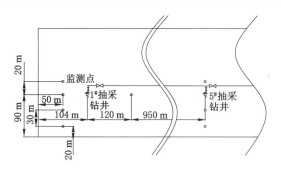

图 7-7 垮落带应力监测点布置图

距离的压实应力及压实时间的拟合公式,具体如图 7-8 所示。由图中拟合公式的拟合相关系数 $R>0.98$ 可以看出,选用的拟合公式能够很好地描述距采空区边缘距离与压实应力及压实时间的关系。运用图中的拟合公式结合差值算法就可以求得采空区垮落带内任意一点对应的压实时间及压实应力。为了更加直观地描述采空区垮落带的压实特征,本书利用 Suffer 绘图软件根据实测结果结合拟合公式及差值算法,绘制出采空区压实时间及压实应力等值线云图,具体如图 7-9 所示。图中仅绘制出了工作面推进方向一半长度的垮落带压实特征等值线云图。

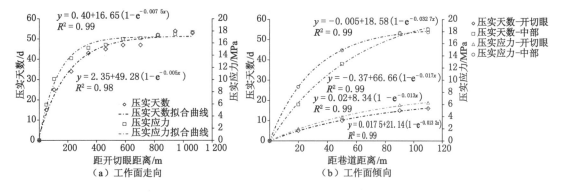

图 7-8 采空区垮落带压实特征与距垮落带边界距离的相关关系

由图 7-9 可以看出,垮落带压实时间与压实应力分布特征基本一致,高压实应力对应长压实时间。采空区垮落带整体压实程度呈横 O 形分布,由内而外压实程度依次降低,这与数值模拟结果(图 7-10)基本一致。由数值模拟可以看出,采空区中部压实应力在 $10\sim12$ MPa,这要明显小于现场实测的采空区垮落带中部应力($16\sim18$ MPa)。其最主要的原因是数值模拟过程中的推进距离只有 350 m,对应图 7-9(b)中距开切眼 175 m 处中部的压实应力也在 $10\sim14$ MPa 之间,这进一步表明工作面推进距离对压实程度存在影响,同时证明本书进行的数值模拟能够非常好地贴合现场实测结果。除此之外,对比图 7-9(a)和图 7-9(b)可以看出,压实应力与压实时间具有明显的正相关性,为了进一步分析两者之间的定量关系,绘制了压实时间与压实应力的关系曲线,具体如图 7-11 所示。由图 7-11 可以看出,垮落带达到稳定的压实天数与压实应力线性相关,两者的线性拟合相关系数超过了 0.98。利用图 7-11 中线性公式,可以根据数值模拟结果得出的采空区稳定后的压实应力推算出垮落带稳定所需时间。

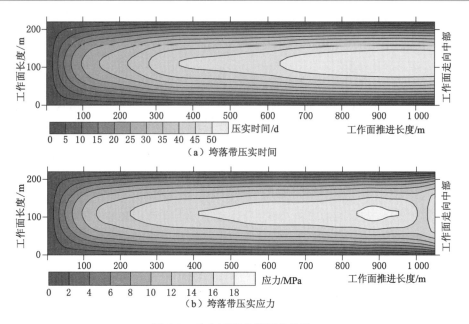

（a）垮落带压实时间

（b）垮落带压实应力

图 7-9　采空区垮落带压实特征

图 7-10　垮落带垂直应力的数值模拟结果

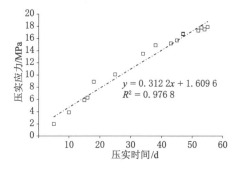

图 7-11　压实应力与压实时间的相关关系

（2）采空区垮落带压实区渗透率分布特征

为了研究工作面回采结束后不同压实程度采空区垮落带各位置渗透率的具体分布情况，求出 1112(1) 工作面 1#—5# 地面抽采钻井稳定阶段渗透率，具体如图 7-12 所示。上文假设采空区边缘处压实应力为 0，则利用渗透率拟合公式求得渗透率为 1 087 mD，当然实际情况下采空区边缘处的渗透率很难准确计算。由图 7-12 可以看出，垮落带距离开切眼越远，渗透率越低，且在垮落带边缘处渗透率急剧减小。利用 Suffer 绘图软件近似画出如图 7-13 所示的采空区垮落带渗透率分布等值线图。

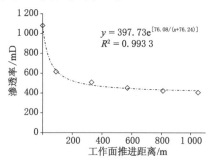

$$y = 397.73\mathrm{e}^{[76.08/(x+76.24)]}$$
$$R^2 = 0.9933$$

图 7-12　充分压实区域不同抽采钻孔位置渗透率值

如图 7-13 所示，通过渗透率计算模型得出的采空区垮落带渗透率的分布情况与数值模拟结果基本一致；采空区中部的渗透率要比采空区边缘的渗透率小得多，大体呈 O 形分布；采空区垮落带渗透率大小也与数值模拟计算结果相当，这进一步表明了数值模拟的可靠性。对比上文采空区垮落带的压实特征可以看出，压实程度越高的区域，渗透率越低。

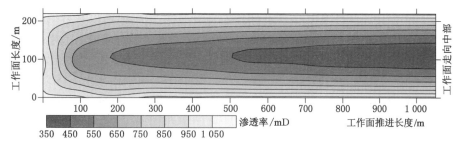

图 7-13　垮落带充分压实区域渗透率的分布特征

### 7.2.3　模型计算、数值模拟及现场实测的相互验证

为了研究采空区垮落带渗透率与实测垂直应力的相关关系、采空区垮落带压实稳定后的渗透率分布规律与垂直应力分布的相关关系，同时验证本书数值模拟所采用的实验室模型以及基于抽采数据的渗透率计算模型的正确性，利用上文在垮落带压实过程中的应力实测数据，绘制出工作面地面抽采钻井附近垮落带垂直应力与渗透率随着工作面抽采时间变化的曲线，具体如图 7-14 所示。

由图 7-14 可以看出，各抽采钻井处采空区垮落带的垂直应力随着抽采时间的延长逐渐增加，渗透率则不断减小。采空区垮落带垂直应力呈 S 形变化，随着抽采时间的增加，垂直应力先缓慢增加，到一定程度后急剧增加，之后缓慢增加直至稳定。这与上文采空区垮落带压实特征的定性分析结果基本一致：垮落带一开始处于垮落岩体堆积状态，破碎煤岩体并未

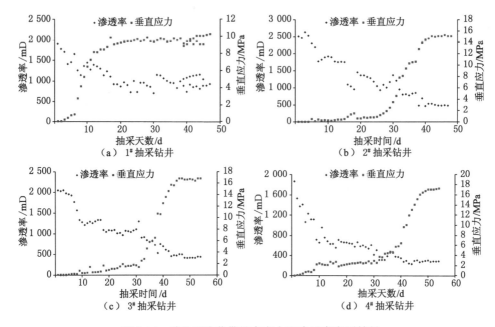

图 7-14　采空区垮落带垂直应力和渗透率实测结果

接顶,垂直应力增加缓慢;随着推进距离的增加,顶板垮落下沉压实采空区,此时垂直应力急剧增加;之后上覆岩层逐渐稳定,垮落带内垂直应力逐渐达到平衡。

　　同时由图 7-14 可以看出,各个抽采钻井附近区域达到稳定后的垂直应力相差较大,4个钻井处的垂直应力分别为 10.1 MPa、15.2 MPa、16.7 MPa 以及 17.3 MPa。对应稳定后的渗透率分别为 715 mD、332 mD、319 mD 以及 299 mD。对应的压实时间分别为 25 d、43 d、47 d 以及 52 d,这与上文根据垮落带计算模型得出的各钻孔压实时间基本一致。由此可见,采空区垮落带渗透率与垂直应力有关,采空区垮落带渗透率的 O 形分布特征是基于垂直应力分布特征而形成的,这与上文实测结果一致。

　　根据实测采空区垮落带应力及渗透率的计算模型计算得出的渗透率绘制渗透率-垂直应力曲线,与以实验室实测破碎煤岩样应力-渗透率模型为基础的数值模拟结果以及 Carman-Kozeny 和 Happel 采空区渗透率压实公式进行对比,具体如图 7-15 所示。由图 7-15 可以看出,Carman-Kozeny 和 Happel 公式所得结果与渗透率计算模型及数值模拟

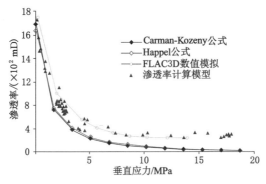

图 7-15　采空区垮落带应力-渗透率各测试模拟结果对比曲线

结果略微存在区别，Carman-Kozeny 和 Happel 公式计算结果相对偏小，特别是在高应力的条件下，渗透率趋近 0。这主要是由于 Carman-Kozeny 和 Happel 公式采用的是负指数公式，当垂直应力升高时，渗透率持续降低，且并不像本书第 4 章考虑压缩性随有效应力的增大而变小的情况。因此，这显然与实测结果存在一定差距。而本书以实验室实测模型为基础的数值模拟结果与基于现场实测的渗透率计算模型计算结果相符性非常好。这表明本书以实验为基础的数值模拟结果能够很好地描述现场，同时也表明基于现场抽采数据的采空区垮落带渗透率计算模型的可靠性。

## 7.3 卸压开采瓦斯抽采效果评价及实测验证

保护层卸压开采及卸压瓦斯抽采主要有两个目的：一是对被保护层进行卸压增透，使其瓦斯大量释放，消除煤与瓦斯突出危险性；二是抽采被保护层丰富的瓦斯资源，实现煤与瓦斯共采。针对保护层卸压机理，被保护层卸压增透情况、被保护层瓦斯运移路径及残余瓦斯压力等，已经通过上文的实验室测试、数值模拟及现场实测掌握。因此，本节基于现场实测抽采数据对卸压瓦斯抽采效果进行进一步分析，同时对数值模拟结果进行进一步的验证。

### 7.3.1 综合抽采方式的抽采效果分析

（1）各瓦斯抽采方式的主要作用

本书主要分析淮南矿区 1112(1)工作面瓦斯抽采效果，根据上一章的数值模拟结果，工作面主要采用 4 种瓦斯抽采方式，分别为地面钻井瓦斯抽采、穿层钻孔瓦斯抽采、大直径水平长钻孔瓦斯抽采以及留巷埋管瓦斯抽采。很显然，各个抽采方式在瓦斯抽采中的主要角色并不一样，各自的抽采区域、抽采时间、抽采能力、布置方式等均存在区别。抽采布置方式在上一章中已经说明，本节主要结合图 7-16，分析 4 种抽采方式各自的抽采作用。4 种抽采方式对卸压瓦斯的抽采能力由高到低分别为地面钻井瓦斯抽采、穿层钻孔瓦斯抽采、大直径水平长钻孔瓦斯抽采以及留巷埋管瓦斯抽采，相应的地面钻井抽采的卸压瓦斯抽采量也最大。地面钻井瓦斯抽采主要覆盖整个采空区，包括被保护层所处的离层裂隙带、贯穿裂隙带、垮落带以及下部的 11-1 煤层。作为最主要的卸压瓦斯抽采措施，地面抽采钻井的抽采时间最持久，从保护层刚推过一直到被保护层采完，即第 1 章绪论中提到的"一井三用"。由于地面抽采钻井从被保护层推过后才开始抽采，保护层推过之前产生的卸压瓦斯将会涌入保护层工作面。除此之外，在工作面刚推过地面瓦斯抽采钻井时，被保护层渗透率急剧升高，大量瓦斯通过环形裂隙体涌入裂隙带，其远大于地面钻井的抽采能力及范围。因此，很容易造成保护层工作面瓦斯超限。为了解决这个问题，以及最大限度地抽采被保护层卸压瓦斯，向被保护层中布置穿层抽采钻孔。穿层抽采钻孔主要抽采被保护层及环形裂隙体内的卸压瓦斯。作为地面抽采钻井的辅助抽采手段，穿层抽采钻孔在保护层工作面开采结束后停止抽采。

以上两种抽采方式主要作用是抽采被保护层卸压瓦斯，在保护层工作面开采阶段瓦斯的抽采浓度能够维持在 50% 左右。大直径水平长钻孔的主要作用并不是抽采贯穿裂隙带内的瓦斯资源，它作为被保护层与保护层之间的最后一道屏障，主要用于拦截地面抽采钻井及穿层抽采钻孔未抽采完的卸压瓦斯(图 7-16)。因此，大直径水平长钻孔瓦斯抽采浓度较低，相应的可利用程度也较低。上述三种抽采方式的抽采，可最大限度地减少由被保护层涌入采空区垮落带的卸压瓦斯量。因此,留巷埋管主要抽采垮落带内保护层及下部11-1煤层释放的瓦斯(图7-16),以降低工作面瓦斯浓度。因此,大直径水平长钻孔瓦斯抽采和留巷埋管瓦斯抽采主要是为了进一步确保保护层工作面安全开采,两种抽采方式随着保护层工作面开采结束停止抽采。

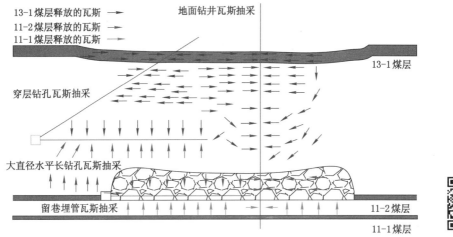

图 7-16  各种卸压瓦斯抽采手段抽采瓦斯来源示意图

(2)瓦斯抽采效率分析

本书对上述4种抽采方式从保护层开始回采到停采之间的所有抽采数据以及工作面风排瓦斯量均进行了监测,监测结果如图7-17至图7-19所示。图中瓦斯涌出量等于瓦斯抽采总量加上风排瓦斯涌出量。

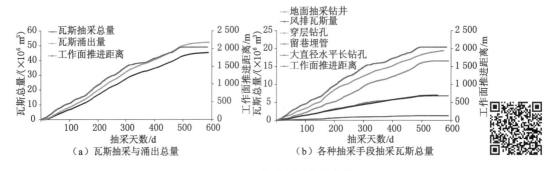

图 7-17  瓦斯抽采涌出量曲线

由图7-17(a)可以看出,瓦斯抽采总量及瓦斯涌出量随着工作面的推进不断增加直至工作面推进结束。在工作面推进结束之后仅有地面抽采钻井继续抽采,其余各抽采手段均已停采,而由于被保护层卸压范围不再增长,地面抽采钻井瓦斯抽采量增长速度同样减小。在整个保护层开采阶段的瓦斯抽采总量为 $4.5 \times 10^7$ m³,平均每天的瓦斯抽采总量能够达到90 000 m³,最大能够达到 150 000 m³(图7-19)。同等时间段内的瓦斯抽采效率远超过普通的煤层气抽采井[164]。与此同时,瓦斯的高效抽采能够大大降低工作面的风排瓦斯含量,使得瓦斯抽采率(瓦斯抽采总量/瓦斯涌出量)能够维持在85%左右(图7-18),以确保工作面的瓦斯浓度低于0.5%。

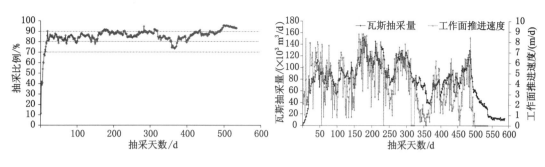

图 7-18　瓦斯抽采比例曲线　　　图 7-19　瓦斯抽采量与工作面推进速度关系

由于各种抽采手段的主要抽采目的及抽采区域的不同,瓦斯抽采量及抽采浓度相差较大。作为卸压瓦斯主要抽采手段的地面钻井抽采及穿层钻孔抽采,其瓦斯抽采量远高于以保护工作面安全生产为主要目的的大直径水平长钻孔抽采以及留巷埋管抽采,如图 7-17(b)所示。前两者瓦斯抽采量之和约占抽采总量的 80%,瓦斯抽采浓度均能够维持在较高水平。除此之外,许多学者认为工作面推进速度直接影响工作面的瓦斯涌出量,推进速度越快瓦斯涌出量越多[248-250]。因此,工作面推进速度是工作面瓦斯涌出量预测公式的主要参数。由上文分析可知,瓦斯抽采总量的 85% 以上来自被保护层。这就意味着被保护层卸压瓦斯涌出量可能与工作面推进速度密切相关。图 7-19 为工作面推进速度与瓦斯抽采量的变化曲线,由图可以看出,两者的变化趋势基本一致。高的工作面推进速度一般对应着高的瓦斯抽采量,低的工作面推进速度同样对应着低的瓦斯抽采量。这表明工作面推进速度直接影响被保护层瓦斯涌出量,保护层工作面推进速度越快,被保护层瓦斯涌出量越多。

### 7.3.2　被保护层残余瓦斯压力及瓦斯含量的计算

高效的卸压瓦斯资源的抽采表明卸压开采能够实现煤与瓦斯共采。为进一步研究卸压开采在被保护层消突方面的作用,本书基于抽采数据以物料守恒原理计算被保护层残余瓦斯压力及瓦斯含量。根据保护层开采卸压范围可知,瓦斯涌出总量主要来自被保护层、保护层以及 11-1 煤层。

(1) 保护层工作面瓦斯涌出量的计算

保护层工作面瓦斯涌出量主要取决于工作面的产量,由式(7-12)计算[248-249,251]:

$$Q_1 = K_1 K_2 K_3 K_4 K_5 (x_0 - x_1) mld\rho \tag{7-12}$$

式中　$m$——煤层厚度,m;

　　　$l$——工作面长度,m;

　　　$d$——工作面推进长度,m;

　　　$\rho$——煤的密度,t/m³;

　　　$x_0, x_1$——煤层原始及残余瓦斯含量,m³/t;

　　　$K_1$——围岩的瓦斯涌出系数,全部垮落法取 1.2;

　　　$K_2$——残余煤瓦斯涌出系数,取 1.05;

　　　$K_3$——巷道掘进过程中的瓦斯涌出系数,取 0.93;

　　　$K_4$——通风方式对瓦斯涌出量的影响系数,Y 形通风方式为 1.5,U 形通风方式取 1.0;

　　　$K_5$——采煤方法对瓦斯涌出量的影响系数,本书取 1.5。

根据实验室实测获得保护层残余瓦斯含量为 0.61 m³/t，将上述数据代入式(7-12)得保护层工作面瓦斯涌出量 $Q_1$ 为 $8.76×10^6$ m³。

（2）11-1 煤层瓦斯涌出量

由于与保护层工作面距离仅为 4 m 左右，11-1 煤层的卸压瓦斯基本上进入了保护层采空区[252]。11-1 煤层瓦斯涌出量的计算公式为：

$$Q_2 = \eta(x_0 - x_1)M \tag{7-13}$$

式中 $Q_2$——11-1 煤层瓦斯涌出量，m³；

　　　$\eta$——瓦斯抽采率，95%；

　　　$M$——卸压范围的煤层质量，t。

保护层上下底板的卸压角分别为 75°及 55°。利用钻孔取样实测获得 11-1 煤层的残余瓦斯含量为 0.95 m³/t。将上述数据代入式(7-13)求得 11-1 煤层瓦斯涌出量为 $1.4×10^6$ m³。

根据物料守恒原理，利用瓦斯涌出总量减去 11-1 及 11-2 煤层的瓦斯涌出量，可以得到被保护层的瓦斯涌出量为 $4.212×10^7$ m³。很明显，这大大超过了按照卸压角计算得出的被保护层卸压范围的瓦斯总含量。其主要原因为卸压瓦斯抽采技术使得被保护层卸压范围大幅度扩界[164,168]。为了简化计算，本书以地面抽采钻井的有效抽采半径来计算被保护层的卸压范围。在本章第 1 节中分析得出淮南矿区地面抽采钻井的抽采范围为椭圆形，抽采长短轴半径分别为 330 m 及 220 m，具体如图 7-20 所示。

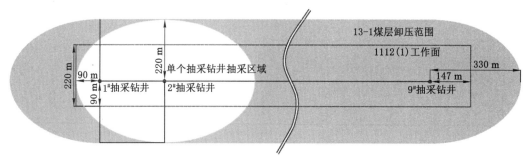

图 7-20　被保护层卸压范围

经计算，被保护层卸压区域的煤炭质量为 $6.88×10^6$ t，卸压范围内的平均残余瓦斯含量为 2.34 m³/t。残余瓦斯压力可以根据 13-1 煤层的基本参数及残余瓦斯含量进行求解，计算公式为[253]：

$$W_{CY} = \frac{ab(P_{CY}+0.1)}{1+b(P_{CY}+0.1)} × \frac{100-A_{ad}-M_{ad}}{100} × \frac{1}{1+0.31M_{ad}} + \frac{\varphi(P_{CY}+0.1)}{\gamma P_a}$$

$$\tag{7-14}$$

式中 $W_{CY}$——残余瓦斯含量，m³/t；

　　　$a,b$——煤层的吸附常数；

　　　$P_{CY}$——残余瓦斯压力，MPa；

　　　$A_{ad}$——煤的灰分，%；

　　　$M_{ad}$——煤的水分，%；

　　　$\varphi$——煤的孔隙率。

根据第 2 章表 2-1 计算可得残余瓦斯压力为 0.285 MPa。这与被保护层开采结束后的残余瓦斯压力(0.312 MPa)及残余瓦斯含量(2.59 m³/t)的现场实测结果基本一致,表明了计算的可靠性。我国煤与瓦斯突出矿井的指标分别为瓦斯压力大于 0.74 MPa 或者瓦斯含量大于 8 m³/t,远大于本书计算得出的卸压范围内的残余瓦斯含量(2.34 m³/t)及瓦斯压力(0.285 MPa)。这表明卸压开采及瓦斯抽采消除了被保护层瓦斯突出危险性。

综上所述,卸压开采瓦斯抽采技术能够显著降低被保护层的瓦斯压力及瓦斯含量,从而消除被保护层的瓦斯突出危险性。同时,高效的瓦斯抽采表明卸压开采及瓦斯抽采能够实现煤与瓦斯共采。

### 7.3.3  卸压瓦斯抽采增透增产效果评价及实测验证

(1)卸压瓦斯抽采增透及增产效果评价

X. T. Nguyen 等[247]给出了初始瓦斯抽采量 $q_0$ 的计算公式,将公式代入式(7-9)同时进行积分,即可以求出整个衰减阶段的瓦斯抽采总量,具体公式如下:

$$Q = \frac{q_0}{\beta}(1 - e^{-\beta t}) = \frac{2\pi mk(P_1^2 - P_2^2)}{\beta P_0 \ln\dfrac{R}{r_0}}(1 - e^{-\beta t}) \tag{7-15}$$

式中　$Q$——衰减阶段的瓦斯抽采总量;

　　　$R$——地面抽采钻井有效抽采半径,取 220 m;

　　　$r_0$——地面抽采钻井半径;

　　　$m$——钻孔与煤层交错长度,4.03 m。

根据单一地面钻井抽采的拟合曲线图 7-4 以及地面抽采钻井抽采量占总抽采量的比例为55.3%,可以求出平均初始瓦斯抽采量 $q_0$ 为 43 879.73 m³/d,以及衰减系数 $\beta_n$(下标 n 表示进行卸压开采后的参数,用于区别煤层原始参数,下文类似)为 0.026 d⁻¹;根据上文计算得到残余瓦斯压力为 0.285 MPa。将所有参数代入式(7-15)可以求出抽采阶段的平均渗透率 $k_n$ 为11.75 mD,要略小于上文保护层采高为 1.8 m 时数值模拟及现场实测得到的平均渗透率,这主要是由于卸压瓦斯抽采手段的抽采率在 85% 左右。现场实测煤层的原始渗透率 $k$ 以及衰减系数 $\beta$ 分别为 0.002 mD 以及 0.046 2 d⁻¹。因此,卸压开采使得抽采过程中的平均渗透率扩大了 5 875 倍,衰减系数缩小为原来的 56.3%,这表明卸压开采具有显著的增透效果。瓦斯抽采量的扩大倍数可由式(7-16)计算:

$$a = \frac{Q_n}{Q} = \frac{k_n\beta(1 - e^{-\beta_n t})}{k\beta_n(1 - e^{-\beta t})} \tag{7-16}$$

由式(7-16)可以看出,随着抽采时间的增加 $e^{-\beta t}$ 将会趋于 0,进行卸压开采的瓦斯抽采总量在相同时间内是直接对被保护层进行瓦斯抽采的 10 435 倍。这标志着卸压开采不仅能够对被保护层进行消突,也能实现高瓦斯低透气性煤层煤与瓦斯共采。

(2)被保护层瓦斯含量的现场实测验证

为了验证上述理论计算结果的正确性以及数值模拟的可靠性,本书在袁亮等[168]研究的基础上利用瓦斯含量实测钻孔现场实测了被保护层卸压之后的瓦斯含量。瓦斯含量实测钻孔布置如图 7-21 所示,根据保护层工作面的相对位置,将实测钻孔分成三组布置:上巷道区域、下巷道区域以及开切眼区域,各区域钻孔布置数分别为 10 个、10 个以及 15 个。根据实测结果,利用 Suffer 软件绘制出了被保护层残余瓦斯含量的分布图,具体如图 7-22 所示。

由图 7-22 可以看出,被保护层残余瓦斯含量随着保护层的开采及相应的瓦斯抽采大幅

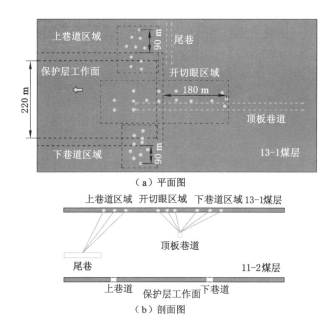

（a）平面图

（b）剖面图

图 7-21　瓦斯含量实测钻孔布置示意图

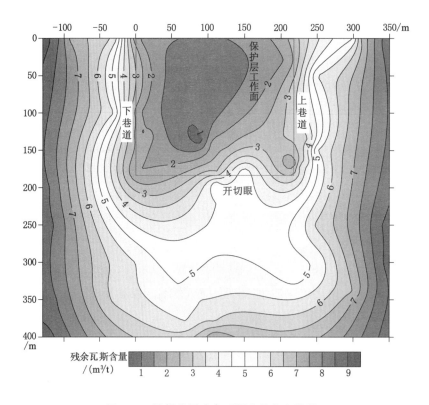

图 7-22　被保护层残余瓦斯含量分布情况

度降低。处于保护层正上方区域的被保护层瓦斯含量均降至 3 m³/t 以内,最小的区域甚至低于 1 m³/t。在保护层区域外的被保护层瓦斯含量同样有所降低,但距离保护层越远瓦斯含量降低幅度越小。根据被保护层原始瓦斯含量 8.78 m³/t 划分得出被保护层卸压瓦斯抽采影响区域:垂直方向距离上下两巷道的距离为 110~120 m,水平方向距离开切眼的距离约为 200 m。因此,现场实测结果表明了上述理论分析及数值模拟的正确性,同时进一步证实了卸压开采及瓦斯抽采能够消除被保护层的煤与瓦斯突出危险性。

## 7.4 本章小结

(1) 建立了简捷的瓦斯分源模型,计算得出了被保护层及采空区垮落带分源瓦斯抽采流量。给出了被保护层瓦斯抽采量的演化规律,认为卸压开采被保护层地面抽采量经历三个阶段:急剧升高阶段、缓慢衰减阶段以及稳定阶段。分析了抽采三个阶段的影响因素及主控因素:被保护层渗透率以及瓦斯压力是影响瓦斯抽采量的主要因素。

(2) 提出了采空区垮落带渗透率的计算方法,计算得出了工作面推进过程中垮落带渗透率,掌握了垮落带渗透率的演化规律及分布特征。分析得出了采空区垮落带的压实特征,给出了采空区垮落带不同区域的压实时间、压实应力及渗透率的相互关系。掌握了保护层工作面参数对垮落带压实特征的影响规律。利用现场实测数据对实验结果、数值模拟以及理论计算模型进行了验证,结果表明了本书所建模型及数值模拟方法的正确性。

(3) 分析了各卸压抽采手段的抽采效率。计算得出了被保护层残余瓦斯含量(2.34 m³/t)及残余瓦斯压力(0.285 MPa)。求出了被保护层平均渗透率为 11.75 mD,比原始渗透率扩大了 5 875 倍;结合拟合衰减系数 0.026 d⁻¹ 以及现场实测参数求出了保护层卸压开采瓦斯抽采量最大将增加 10 435 倍,验证了数值模拟的可靠性,同时表明了保护层卸压增透增产效果十分显著,是实现高瓦斯低透气性煤层煤与瓦斯共采的有力手段。以本章研究成果为基础发表的论文详见参考文献[33,40,67,272-276]。

# 8  主要结论与展望

## 8.1  主要结论

卸压开采结合瓦斯抽采是实现高瓦斯煤层群安全高效开采的有效方法。而应力-裂隙-渗流耦合作用机理是高瓦斯煤层群卸压开采的基础问题,直接影响着卸压开采的成败和效果。为此,本书采用理论分析、实验室实验、数值模拟以及现场实测相结合的研究方法建立了煤层群重复采动应力-裂隙-渗流耦合模型,分析了其耦合作用机理,提出了卸压开采效果评价方法,掌握了采动围岩稳定与渗透率演化的时空关系。研究成果为高瓦斯煤层群煤与瓦斯共采提供了理论基础。主要研究结论如下:

(1) 自主研制了受载煤体注气驱替瓦斯测试实验系统,实现了采动损伤煤岩体轴向及径向渗透率的测试以及不同应力条件下注气驱替瓦斯实验。提出了覆岩"三带"损伤裂隙煤岩体试样分类及制备方法,将损伤煤体分为弹性煤样、贯穿裂隙煤样以及破碎煤岩样,根据煤层群卸压开采及瓦斯抽采过程中的应力路径设计了实验室渗流实验的加卸载方案。

(2) 弹性煤样的各向异性导致其沿面节理方向的渗透率要明显大于垂直于面节理方向的渗透率。裂隙煤样渗透率远大于煤样原始渗透率,表明卸压开采有助于处于裂隙带内的低透气性煤层瓦斯抽采。破碎煤样颗粒与颗粒之间的结构再调整、颗粒的再次破碎以及颗粒之间的挤压变形是破碎煤样渗透率损失的主要原因。在卸载过程中恢复的渗透率主要为颗粒变形引起的渗透率损失,根据 Hertz 接触变形原理给出了加卸载过程中的渗透率模型,同时求出了卸载过程中破碎煤样的割线模量。破碎煤样颗粒粒径越大,对应渗透率越高,应力敏感性越强。弹性煤样、贯穿裂隙煤样以及破碎煤岩样第一次加卸载过程中的渗透率损失远大于第二、三次加卸载过程,且随着加卸载次数的增加,渗透率损失量逐渐减小。

(3) 弹性煤样及贯穿裂隙煤样轴向渗透率的围压敏感性远大于轴压敏感性。在轴压及围压一定的情况下,随着瓦斯压力的增加,弹性煤样轴向及径向渗透率先减小后增加,存在临界瓦斯压力。贯穿裂隙煤样渗透率在瓦斯压力测试范围内随着瓦斯压力的增大始终减小。随着瓦斯压力及外部应力的增加,渗透率的瓦斯压力敏感性逐渐减小。同时给出了不同应力状态下弹性煤样及贯穿裂隙煤样瓦斯压力-渗透率的计算模型。

(4) 提出了弹性煤样(各向同性及各向异性煤样)及贯穿裂隙煤样离散元流固耦合参数的选取方法,包括固定节理刚度以及变节理刚度的计算方法。得出了各向同性及各向异性煤体不同渗流方向应力敏感性差异的内在影响机理。获得了贯穿大裂隙形态参数对贯穿裂隙煤样渗透率应力敏感性的影响机制。分析了非等压偏应力条件下弹性煤样及贯穿裂隙煤样轴向渗透率对围压及轴压敏感性差异的主要原因。同时给出了反演实验室三轴流固耦合渗流实验的程序,掌握了三轴加载流固耦合应力-裂隙-渗流演化特征。

(5)给出了不同损伤煤岩样重复采动的实验室应力-渗透率拟合模型。根据不同粒径破碎煤样的拟合参数进一步构建了基于破碎煤样颗粒粒径的应力-渗透率模型。提出了绝对应力敏感性系数及相对应力敏感性系数,定量评价了不同损伤程度煤岩样渗透率应力敏感性。不同损伤程度煤样在第一次加载阶段的绝对应力敏感性均要远大于之后的加卸载阶段。在应力加载初期,贯穿裂隙煤样的绝对应力敏感性大于破碎煤样且远大于弹性煤样,而弹性煤样的相对应力敏感性大于破碎煤样与贯穿裂隙煤样;在应力加载后期,破碎煤样的绝对与相对应力敏感性均要大于贯穿裂隙煤样及弹性煤样。

(6)根据不同损伤程度煤岩样重复采动渗透率模型、采空区压实理论以及瓦斯压力与渗透率的拟合公式,结合FLAC3D内嵌的Fish语言对渗流模式进行了二次开发,建立了重复采动应力-裂隙-渗流耦合模型。给出了韩城矿区及淮南矿区上下保护层开采高度与被保护层渗透率的定量关系。进而确定了上下保护层的临界最小采高分别为0.68 m及0.87 m,以及合理采高为0.96 m及1.73 m。同时阐明了保护层采高与层间距的相关关系。

(7)定量分析了卸压开采覆岩渗流特征。给出了保护层工作面推进过程中覆岩各分带渗透率的演化规律及压实稳定后的分布特征,得出了卸压瓦斯的主要渗流路径。根据覆岩渗透率的分布特征及卸压瓦斯的运移路径布置了淮南矿区及韩城矿区保护层卸压瓦斯抽采钻孔。分析了地面钻井抽采效果,掌握了保护层卸压地面抽采过程中瓦斯渗流路径。

(8)建立了瓦斯分源模型,提出了卸压开采效果评价方法,计算得出卸压开采使得被保护层渗透率扩大了5 875倍,瓦斯抽采量最大将增加10 435倍,瓦斯含量及瓦斯压力分别降为2.34 $m^3$/t及0.285 MPa。得出了采空区垮落带各区域的压实时间、压实程度及渗透率分布特征,掌握了卸压开采围岩稳定的时空关系。定量分析了工作面开采参数与采空区垮落带压实特征的内在联系。给出了采空区垮落带压实应力、压实时间及渗透率三者之间的定量关系。研究成果为高瓦斯煤层群卸压开采及瓦斯抽采提供了理论基础,对促进煤与瓦斯共采具有重要意义。

# 8.2 展 望

(1)本书提出的理论计算方法及应力-裂隙-渗流耦合模型在瓦斯渗流特征的描述中更加直观,方便进行工作面及抽采钻孔布置参数的对比,但现场应用量仍然不够。因此,在将来的研究工作中,应深入更多的矿区进行煤层群开采的应用及验证,从而进一步提升模型及理论计算方法的可靠性和适用性。

(2)本书利用离散元方法所建的各向异性应力模型主要基于轴向及径向渗流实验的二维模型,默认煤层水平方向上裂隙节理发育类似。在将来的研究中将借助真三轴渗流设备[127,254]进行不同取心方向各向异性煤样的应力-渗流实验。同时运用3DEC模拟软件自带的DFN裂隙划分方法[255]或者Voronoi多面体划分方法[256]将2D离散元模型反演方法进一步扩展至三维状态,用以反演真三轴渗流实验。而本书提出的节理参数的标定方法同样适用于3D模型参数的选取。将修正的2D或3D模型进一步用于现场实际条件下的数值模拟预测。

（3）为了描述破碎煤岩样在压实过程中颗粒再次破碎及结构调整对其渗透率和物理力学性质的影响，需要借助 PFC3D 离散元数值模拟软件通过建立颗粒簇（Cluster）来描述破碎煤岩样的再次压缩及结构破坏变形过程[257-258]。笔者在近期已初步完成二维 PFC 的数值模拟工作[277-278]，后期将着手研究三维状态下破碎煤岩体的压实破碎特征，进一步研究采空区垮落带压实过程中的流固耦合特征。

# 参 考 文 献

[1] 中华人民共和国国土资源部. 中国矿产资源报告[M]. 北京:地质出版社,2019.

[2] 袁亮. 卸压开采抽采瓦斯理论及煤与瓦斯共采技术体系[J]. 煤炭学报,2009,34(1):1-8.

[3] ZHOU F B,XIA T Q,WANG X X,et al. Recent developments in coal mine methane extraction and utilization in China:a review[J]. Journal of natural gas science and engineering,2016,31:437-458.

[4] 许家林,钱鸣高,金宏伟. 基于岩层移动的"煤与煤层气共采"技术研究[J]. 煤炭学报,2004,29(2):129-132.

[5] HAO F C,LIU M J,ZUO W Q. Coal and gas outburst prevention technology and management system for Chinese coal mines:a review[C]//Mine Planning and Equipment Selection,2014:581-600.

[6] 张子敏. 瓦斯地质学[M]. 徐州:中国矿业大学出版社,2009.

[7] 俞启香,程远平,蒋承林,等. 高瓦斯特厚煤层煤与卸压瓦斯共采原理及实践[J]. 中国矿业大学学报,2004,33(2):127-131.

[8] 谢和平,周宏伟,薛东杰,等. 我国煤与瓦斯共采:理论、技术与工程[J]. 煤炭学报,2014,39(8):1391-1397.

[9] 蒋金泉,孙春江,尹增德,等. 深井高应力难采煤层上行卸压开采的研究与实践[J]. 煤炭学报,2004,29(1):1-6.

[10] WANG F T,REN T,TU S H,et al. Implementation of underground longhole directional drilling technology for greenhouse gas mitigation in Chinese coal mines [J]. International journal of greenhouse gas control,2012,11:290-303.

[11] 付建华,程远平. 中国煤矿煤与瓦斯突出现状及防治对策[J]. 采矿与安全工程学报,2007,24(3):253-259.

[12] 国家安全生产监督管理总局,国家煤矿安全监察局. 煤矿安全规程[M]. 北京:煤炭工业出版社,2016.

[13] CHENG Y P,WANG L,ZHANG X L. Environmental impact of coal mine methane emissions and responding strategies in China[J]. International journal of greenhouse gas control,2011,5(1):157-166.

[14] XIA T Q,ZHOU F B,LIU J S,et al. A fully coupled coal deformation and compositional flow model for the control of the pre-mining coal seam gas extraction [J]. International journal of rock mechanics and mining sciences,2014,72:138-148.

[15] ZHANG L,AZIZ N,REN T,et al. Nitrogen injection to flush coal seam gas out of

coal:an experimental study[J]. Archives of mining sciences,2015,60(4):1013-1028.

[16] ZHANG L,ZHANG C,TU S H,et al. A study of directional permeability and gas injection to flush coal seam gas testing apparatus and method[J]. Transport in porous media,2016,111(3):573-589.

[17] 袁亮.低透气性煤层群无煤柱煤与瓦斯共采理论与实践[M].北京:煤炭工业出版社,2008.

[18] ENEVER J R,HENNING A. The relationship between permeability and effective stress for Australian coal and its implications with respect to coalbed methane exploration and reservoir model[C]//Proceedings of the 1997 International Coalbed Methane Symposium. Alabama,1997:13-22.

[19] MAVOR M J,VAUGHN J E. Increasing coal absolute permeability in the San Juan basin fruitland formation[J]. SPE reservoir evaluation & engineering,1998,1(3): 201-206.

[20] 汪有刚,李宏艳,齐庆新,等.采动煤层渗透率演化与卸压瓦斯抽放技术[J].煤炭学报, 2010,35(3):406-410.

[21] 张村,屠世浩,袁永,等.卸压开采地面钻井抽采的数值模拟研究[J].煤炭学报,2015, 40(增刊2):392-400.

[22] 袁亮.低透气煤层群首采关键层卸压开采采空侧瓦斯分布特征与抽采技术[J].煤炭学报,2008,33(12):1362-1367.

[23] TU S H,TU H S,YUAN Y,et al. Optimization of layout modes of mining roadways of a working face in single and thick high gas outburst seam[J]. Disaster advances, 2013,6:55-65.

[24] SANG S X,XU H J,FANG L C,et al. Stress relief coalbed methane drainage by surface vertical wells in China[J]. International journal of coal geology,2010,82(3/4):196-203.

[25] 袁亮,郭华,沈宝堂,等.低透气性煤层群煤与瓦斯共采中的高位环形裂隙体[J].煤炭学报,2011,36(3):357-365.

[26] KARACAN C Ö,GOODMAN G. Hydraulic conductivity changes and influencing factors in longwall overburden determined by slug tests in gob gas ventholes[J]. International journal of rock mechanics and mining sciences,2009,46(7):1162-1174.

[27] 程志恒,齐庆新,李宏艳,等.近距离煤层群叠加开采采动应力-裂隙动态演化特征实验研究[J].煤炭学报,2016,41(2):367-375.

[28] KARACAN C Ö. Prediction of porosity and permeability of caved zone in longwall gobs[J]. Transport in porous media,2010,82(2):413-439.

[29] 李树刚,丁洋,安朝峰,等.近距离煤层重复采动覆岩裂隙形态及其演化规律实验研究[J].采矿与安全工程学报,2016,33(5):904-910.

[30] PALCHIK V. Time-dependent methane emission from vertical prospecting boreholes drilled to abandoned mine workings at a shallow depth[J]. International journal of rock mechanics and mining sciences,2014,72:1-7.

[31] 高建良,王海生.采空区渗透率分布对流场的影响[J].中国安全科学学报,2010,

20(3):81-85.

[32] 袁亮,郭华,李平,等.大直径地面钻井采空区采动区瓦斯抽采理论与技术[J].煤炭学报,2013,38(1):1-8.

[33] 屠世浩,张村,杨冠宇,等.采空区渗透率演化规律及卸压开采效果研究[J].采矿与安全工程学报,2016,33(4):571-577.

[34] 孟召平,侯泉林.煤储层应力敏感性及影响因素的试验分析[J].煤炭学报,2012,37(3):430-437.

[35] 林柏泉,崔恒信.矿井瓦斯防治理论与技术[M].徐州:中国矿业大学出版社,1998.

[36] 王省身.矿井灾害防治理论与技术[M].徐州:中国矿业大学出版社,1991.

[37] 俞启香.矿井瓦斯防治[M].徐州:中国矿业大学出版社,1992.

[38] 卢平,方良才,童云飞,等.深井煤层群首采层Y型通风工作面采空区卸压瓦斯抽采与综合治理研究[J].采矿与安全工程学报,2013,30(3):456-462.

[39] 程远平,俞启香,袁亮,等.煤与远程卸压瓦斯安全高效共采试验研究[J].中国矿业大学学报,2004,33(2):132-136.

[40] ZHANG C,TU S H,ZHANG L,et al. A methodology for determining the evolution law of gob permeability and its distributions in longwall coal mines[J]. Journal of geophysics and engineering,2016,13(2):181-193.

[41] 王凯,李波,魏建平,等.水力冲孔钻孔周围煤层透气性变化规律[J].采矿与安全工程学报,2013,30(5):778-784.

[42] 李俊平,王红星,王晓光,等.卸压开采研究进展[J].岩土力学,2014,35(增刊2):350-358.

[43] 李树刚,钱鸣高,石平五.综放开采覆岩离层裂隙变化及空隙渗流特性研究[J].岩石力学与工程学报,2000,19(5):604-607.

[44] 石必明,俞启香,周世宁.保护层开采远距离煤岩破裂变形数值模拟[J].中国矿业大学学报,2004,33(3):259-263.

[45] 刘洪永,程远平,赵长春,等.保护层的分类及判定方法研究[J].采矿与安全工程学报,2010,27(4):468-474.

[46] WANG H F,CHENG Y P,YUAN L. Gas outburst disasters and the mining technology of key protective seam in coal seam group in the Huainan coalfield[J]. Natural hazards,2013,67(2):763-782.

[47] 王海锋,程远平,刘桂建,等.被保护层保护范围的扩界及连续开采技术研究[J].采矿与安全工程学报,2013,30(4):595-599.

[48] 卢守青,程远平,王海锋,等.红菱煤矿上保护层最小开采厚度的数值模拟[J].煤炭学报,2012,37(增刊1):43-47.

[49] 胡国忠,王宏图,袁志刚.保护层开采保护范围的极限瓦斯压力判别准则[J].煤炭学报,2010,35(7):1131-1136.

[50] 胡国忠,王宏图,范晓刚,等.俯伪斜上保护层保护范围的瓦斯压力研究[J].中国矿业大学学报,2008,37(3):328-332.

[51] 王宏图,范晓刚,贾剑青,等.关键层对急斜下保护层开采保护作用的影响[J].中国矿

业大学学报,2011,40(1):23-28.

[52] 涂敏,付宝杰.关键层结构对保护层卸压开采效应影响分析[J].采矿与安全工程学报,2011,28(4):536-541.

[53] 刘三钧,林柏泉,高杰,等.远距离下保护层开采上覆煤岩裂隙变形相似模拟[J].采矿与安全工程学报,2011,28(1):51-55.

[54] 马占国,涂敏,马继刚,等.远距离下保护层开采煤岩体变形特征[J].采矿与安全工程学报,2008,25(3):253-257.

[55] 涂敏,缪协兴,黄乃斌.远程下保护层开采被保护煤层变形规律研究[J].采矿与安全工程学报,2006,23(3):253-257.

[56] 石必明,俞启香,王凯.远程保护层开采上覆煤层透气性动态演化规律试验研究[J].岩石力学与工程学报,2006,25(9):1917-1921.

[57] KARACAN C Ö,RUIZ F A,COTÈ M,et al. Coal mine methane:a review of capture and utilization practices with benefits to mining safety and to greenhouse gas reduction[J]. International journal of coal geology,2011,86(2/3):121-156.

[58] ZUBER M D. Production characteristics and reservoir analysis of coalbed methane reservoirs[J]. International journal of coal geology,1998,38(1/2):27-45.

[59] LU T K,YU H,ZHOU T Y,et al. Improvement of methane drainage in high gassy coal seam using waterjet technique[J]. International journal of coal geology,2009,79(1/2):40-48.

[60] ZOU Q L,LIN B Q,LIU T,et al. Variation of methane adsorption property of coal after the treatment of hydraulic slotting and methane pre-drainage:a case study[J]. Journal of natural gas science and engineering,2014,20:396-406.

[61] REN T,WANG F T. Gas reservoir simulation for enhanced gas recovery with nitrogen injection in low permeability coal seams[J]. International journal of oil,gas and coal technology,2015,10(3):272.

[62] REEVES S,OUDINOT A. The tiffany unit $N_2$-ECBM pilot:a reservoir modeling study[R].[S. l.],2004.

[63] PACKHAM R,CINAR Y,MOREBY R. Simulation of an enhanced gas recovery field trial for coal mine gas management[J]. International journal of coal geology,2011,85(3/4):247-256.

[64] YANG W,LIN B Q,YAN Q,et al. Stress redistribution of longwall mining stope and gas control of multi-layer coal seams[J]. International journal of rock mechanics and mining sciences,2014,72:8-15.

[65] 程远平,俞启香.煤层群煤与瓦斯安全高效共采体系及应用[J].中国矿业大学学报,2003,32(5):471-475.

[66] 左建平,孙运江,姜广辉,等.煤与油页岩上行卸荷联合开采破坏行为及模拟分析[J].煤炭学报,2017,42(3):567-573.

[67] ZHANG C,TU S H,BAI Q S,et al. Evaluating pressure-relief mining performances based on surface gas venthole extraction data in longwall coal mines[J]. Journal of

natural gas science and engineering,2015,24:431-440.

[68] WANG L,CHENG Y P,AN F H,et al. Characteristics of gas disaster in the Huaibei coalfield and its control and development technologies[J]. Natural hazards,2014,71: 85-107.

[69] KARACAN C Ö,ESTERHUIZEN G S,SCHATZEL S J,et al. Reservoir simulation-based modeling for characterizing longwall methane emissions and gob gas venthole production[J]. International journal of coal geology,2007,71(2/3):225-245.

[70] KARACAN C Ö. Reconciling longwall gob gas reservoirs and venthole production performances using multiple rate drawdown well test analysis[J]. International journal of coal geology,2009,80(3/4):181-195.

[71] KARACAN C Ö, LUXBACHER K. Stochastic modeling of gob gas venthole production performances in active and completed longwall panels of coal mines[J]. International journal of coal geology,2010,84(2):125-140.

[72] PALCHIK V. Use of Gaussian distribution for estimation of gob gas drainage well productivity[J]. Mathematical geology,2002,34(6):743-765.

[73] SCHATZEL S J,KARACAN C Ö,DOUGHERTY H,et al. An analysis of reservoir conditions and responses in longwall panel overburden during mining and its effect on gob gas well performance[J]. Engineering geology,2012,127:65-74.

[74] 梁运培.淮南矿区地面钻井抽采瓦斯技术实践[J].采矿与安全工程学报,2007,24(4): 409-413.

[75] 胡千庭,孙海涛.煤矿采动区地面井逐级优化设计方法[J].煤炭学报,2014,39(9): 1907-1913.

[76] 涂敏.低渗透性煤层群卸压开采地面钻井抽采瓦斯技术[J].采矿与安全工程学报, 2013,30(5):766-772.

[77] 张蕊,姜振泉,李秀晗,等.大采深厚煤层底板采动破坏深度[J].煤炭学报,2013, 38(1):67-72.

[78] 王海锋,程远平,吴冬梅,等.近距离上保护层开采工作面瓦斯涌出及瓦斯抽采参数优化[J].煤炭学报,2010,35(4):590-594.

[79] 高保彬,李回贵,王洪磊.UDEC下保护层开采裂隙演化及瓦斯渗流规律[J].河南理工大学学报(自然科学版),2013,32(5):518-522.

[80] 张勇,刘传安,张西斌,等.煤层群上行开采对上覆煤层运移的影响[J].煤炭学报, 2011,36(12):1990-1995.

[81] 杨天鸿,徐涛,刘建新,等.应力-损伤-渗流耦合模型及在深部煤层瓦斯卸压实践中的应用[J].岩石力学与工程学报,2005,24(16):2900-2905.

[82] CUI X J,BUSTIN R M. Volumetric strain associated with methane desorption and its impact on coalbed gas production from deep coal seams[J]. AAPG bulletin,2005, 89(9):1181-1202.

[83] PALMER I, MAVOR M, GUNTER B. Permeability changes in coal seams during production and injection[C]//International Coalbed Methane Symposium. Tuscaloosa,

Alabama,2007.

[84] SHI J Q,DURUCAN S. Exponential growth in San Juan basin fruitland coalbed permeability with reservoir drawdown:model match and new insights[J]. SPE reservoir evaluation & engineering,2010,13(6):914-925.

[85] 陈刚,秦勇,杨青,等.不同煤阶煤储层应力敏感性差异及其对煤层气产出的影响[J].煤炭学报,2014,39(3):504-509.

[86] 陈术源,秦勇,申建,等.高阶煤渗透率温度应力敏感性试验研究[J].煤炭学报,2014,39(9):1845-1851.

[87] 孟雅,李治平.覆压下煤的孔渗性实验及其应力敏感性研究[J].煤炭学报,2015,40(1):154-159.

[88] 孟召平,侯泉林.高煤级煤储层渗透性与应力耦合模型及控制机理[J].地球物理学报,2013,56(2):667-675.

[89] GRAY I. Reservoir engineering in coal seams:part 1-the physical process of gas storage and movement in coal seams[J]. SPE reservoir engineering,1987,2(1):28-34.

[90] WOLD M B,JEFFREY R G. A comparison of coal seam directional permeability as measured in laboratory core tests and in well interference tests[C]//SPE Rocky Mountain Regional Meeting. Gillette,Wyoming,1999.

[91] LAMA R D,BODZIONY J. Outbursts of gas,coal and rock in underground coal mines[R].[S. l.],1996.

[92] ZHANG L,REN T,AZIZ N,et al. Triaxial permeability testing and microstructure study of hard-to-drain coal from Sydney Basin,Australia[J]. International journal of oil,gas and coal technology,2014,8(4):432-448.

[93] CHEN H D,CHENG Y P,ZHOU H X,et al. Damage and permeability development in coal during unloading[J]. Rock mechanics and rock engineering,2013,46(6):1377-1390.

[94] BROWN E T. Fundamentals of rock mechanics[J]. Tectonophysics,1977,38(3/4):367-368.

[95] LIU H H,RUTQVIST J. A new coal-permeability model:internal swelling stress and fracture-matrix interaction[J]. Transport in porous media,2010,82(1):157-171.

[96] LV Y. Test studies of gas flow in rock and coal surrounding a mined coal seam[J]. International journal of mining science and technology,2012,22(4):499-502.

[97] YIN G Z,JIANG C B,WANG J G,et al. Geomechanical and flow properties of coal from loading axial stress and unloading confining pressure tests[J]. International journal of rock mechanics and mining sciences,2015,76:155-161.

[98] LI B,WEI J P,WANG K,et al. A method of determining the permeability coefficient of coal seam based on the permeability of loaded coal[J]. International journal of mining science and technology,2014,24(5):637-641.

[99] 杨金保,冯夏庭,潘鹏志.考虑应力历史的岩石单裂隙渗流特性试验研究[J].岩土力

学,2013,34(6):1629-1635.

[100] 肖维民,夏才初,邓荣贵.岩石节理应力-渗流耦合试验系统研究进展[J].岩石力学与工程学报,2014,33(增2):3456-3465.

[101] SINGH K K,SINGH D N,RANJITH P G. Laboratory simulation of flow through single fractured granite[J]. Rock mechanics and rock engineering,2015,48(3): 987-1000.

[102] ZOU L F,TARASOV B G,DYSKIN A V,et al. Physical modelling of stress-dependent permeability in fractured rocks[J]. Rock mechanics and rock engineering,2013,46(1):67-81.

[103] PAN Z J,CONNELL L D,CAMILLERI M. Laboratory characterisation of coal reservoir permeability for primary and enhanced coalbed methane recovery[J]. International journal of coal geology,2010,82(3/4):252-261.

[104] 刘杰,李建林,胡静,等.劈裂砂岩有、无砂粒填充条件下的多因素对渗流量影响对比分析[J].岩土力学,2014,35(8):2163-2170.

[105] HOEK E,BRAY J D. Rock slope engineering[M].[S. l.:s. n.],1981.

[106] WHITTAKER B N,SINGH R N,NEATE C J. Effect of longwall mining on ground permeability and subsurface drainage[C]//Proceedings of the First International Mine Drainage Symposium,1979:161-183.

[107] 王登科,魏建平,尹光志.复杂应力路径下含瓦斯煤渗透性变化规律研究[J].岩石力学与工程学报,2012,31(2):303-310.

[108] YIN G Z,LI M H,WANG J G,et al. Mechanical behavior and permeability evolution of gas infiltrated coals during protective layer mining[J]. International journal of rock mechanics and mining sciences,2015,80:292-301.

[109] 魏建平,秦恒洁,王登科.基于水分影响的加-卸载围压条件下含瓦斯煤渗流特性研究[J].采矿与安全工程学报,2014,31(6):987-994.

[110] 许江,李波波,周婷,等.循环荷载作用下煤变形及渗透特性的试验研究[J].岩石力学与工程学报,2014,33(2):225-234.

[111] 李东印,王文,李化敏,等.重复加-卸载条件下大尺寸煤样的渗透性研究[J].采矿与安全工程学报,2010,27(1):121-125.

[112] MIN K B,RUTQVIST J,TSANG C F,et al. Stress-dependent permeability of fractured rock masses:a numerical study[J]. International journal of rock mechanics and mining sciences,2004,41(7):1191-1210.

[113] BAGHBANAN A,JING L R. Stress effects on permeability in a fractured rock mass with correlated fracture length and aperture[J]. International journal of rock mechanics and mining sciences,2008,45(8):1320-1334.

[114] 蒋明镜,张宁,申志福,等.含裂隙岩体单轴压缩裂纹扩展机制离散元分析[J].岩土力学,2015,36(11):3293-3300.

[115] RAMANDI H L,MOSTAGHIMI P,ARMSTRONG R T,et al. Porosity and permeability characterization of coal:a micro-computed tomography study[J].

International journal of coal geology,2016,154/155:57-68.

[116] JU Y, YANG Y M, SONG Z D, et al. Λ statistical model for porous structure of rocks[J]. Science in China series E:technological sciences,2008,51(11):2040-2058.

[117] LI Y, CHEN Y F, ZHOU C B. Hydraulic properties of partially saturated rock fractures subjected to mechanical loading[J]. Engineering geology,2014,179:24-31.

[118] BAGHBANAN A, JING L R. Hydraulic properties of fractured rock masses with correlated fracture length and aperture[J]. International journal of rock mechanics and mining sciences,2007,44(5):704-719.

[119] ZHAO Y X, ZHAO G F, JIANG Y D. Experimental and numerical modelling investigation on fracturing in coal under impact loads[J]. International journal of fracture,2013,183(1):63-80.

[120] 周创兵,陈益峰,姜清辉.岩体表征单元体与岩体力学参数[J].岩土工程学报,2007,29(8):1135-1142.

[121] 刘晓丽,王恩志,王思敬,等.裂隙岩体表征方法及岩体水力学特性研究[J].岩石力学与工程学报,2008,27(9):1814-1821.

[122] 朱万成,张敏思,张洪训,等.节理岩体表征单元体尺寸确定的数值模拟[J].岩土工程学报,2013,35(6):1121-1127.

[123] YAO C, JIANG Q H, SHAO J F. A numerical analysis of permeability evolution in rocks with multiple fractures[J]. Transport in porous media,2015,108(2):289-311.

[124] 尹立明,郭惟嘉,陈军涛.岩石应力-渗流耦合真三轴试验系统的研制与应用[J].岩石力学与工程学报,2014,33(增1):2820-2826.

[125] ZOU J P, CHEN W Z, YANG D S, et al. The impact of effective stress and gas slippage on coal permeability under cyclic loading[J]. Journal of natural gas science and engineering,2016,31:236-248.

[126] 刘震,李增华,杨永良,等.水分对煤体瓦斯吸附及径向渗流影响试验研究[J].岩石力学与工程学报,2014,33(3):586-593.

[127] LI M H, YIN G Z, XU J, et al. Permeability evolution of shale under anisotropic true triaxial stress conditions [J]. International journal of coal geology, 2016, 165:142-148.

[128] GU F G, CHALATURNYK R. Permeability and porosity models considering anisotropy and discontinuity of coalbeds and application in coupled simulation[J]. Journal of petroleum science and engineering,2010,74(3/4):113-131.

[129] REN F, MA G W, FU G Y, et al. Investigation of the permeability anisotropy of 2D fractured rock masses[J]. Engineering geology,2015,196:171-182.

[130] KOENIG R A, SCHRAUFNAGEL R A. Application of the slug test in coalbed methane testing[J]. Paper,1987,43:195-205.

[131] SHU D M, CHAMBERLAIN J A, LAKSHMANAN C C, et al. Estimation of in-situ coal permeability and modeling of methane pre-drainage from in-seam holes[C]// International Symposium on Cum Workshop on Management and Control of High

Gas Emissions and Outbursts in Underground Coal Mines. Wollongong,1995: 303-310.

[132] BAPTISTE N,CHAPUIS R P. What maximum permeability can be measured with a monitoring well? [J]. Engineering geology,2015,184:111-118.

[133] BARRASH W, CLEMO T, FOX J J, et al. Field, laboratory, and modeling investigation of the skin effect at wells with slotted casing,Boise Hydrogeophysical Research Site[J]. Journal of hydrology,2006,326(1/2/3/4):181-198.

[134] 孙庆先,牟义,杨新亮.红柳煤矿大采高综采覆岩"两带"高度的综合探测[J].煤炭学报,2013,38(增刊2):283-286.

[135] 张军,王建鹏.采动覆岩"三带"高度相似模拟及实证研究[J].采矿与安全工程学报,2014,31(2):249-254.

[136] 许兴亮,张农,田素川.采场覆岩裂隙演化分区与渗透性研究[J].采矿与安全工程学报,2014,31(4):564-568.

[137] 张勇,张春雷,赵甫.近距离煤层群开采底板不同分区采动裂隙动态演化规律[J].煤炭学报,2015,40(4):786-792.

[138] 刘洪涛,赵志强,张胜凯,等.近距离煤层群围岩碎裂特征与裂隙分布关系[J].煤炭学报,2015,40(4):766-773.

[139] 王文学,隋旺华,董青红.应力恢复对采动裂隙岩体渗透性演化的影响[J].煤炭学报,2014,39(6):1031-1038.

[140] 涂敏,付宝杰.低渗透性煤层卸压瓦斯抽采机理研究[J].采矿与安全工程学报,2009,26(4):433-436.

[141] 张拥军,于广明,路世豹,等.近距离上保护层开采瓦斯运移规律数值分析[J].岩土力学,2010,31(增刊1):398-404.

[142] 吴仁伦.关键层对煤层群开采瓦斯卸压运移"三带"范围的影响[J].煤炭学报,2013,38(6):924-929.

[143] 高建良,王海生.采空区渗透率分布对流场的影响[J].中国安全科学学报,2010,20(3):81-85.

[144] 尹光志,李铭辉,李生舟,等.基于含瓦斯煤岩固气耦合模型的钻孔抽采瓦斯三维数值模拟[J].煤炭学报,2013,38(4):535-541.

[145] WHITTLES D N,LOWNDES I S,KINGMAN S W,et al. Influence of geotechnical factors on gas flow experienced in a UK longwall coal mine panel[J]. International journal of rock mechanics and mining sciences,2006,43(3):369-387.

[146] ESTERHUIZEN G S, KARACAN C Ö. Development of numerical models to investigate permeability changes and gas emission around longwall mining panels [C]//The 40th US Symposium on Rock Mechanics,2005.

[147] ESTERHUIZEN G S, KARACAN C Ö. A methodology for determining gob permeability distributions and its application to reservoir modeling of coal mine longwalls[C]//2007 SME Annual Meeting. Denver,2007.

[148] SI G Y,JAMNIKAR S,LAZAR J,et al. Monitoring and modelling of gas dynamics

in multi-level longwall top coal caving of ultra-thick coal seams, part Ⅰ: borehole measurements and a conceptual model for gas emission zones [J]. International journal of coal geology, 2015, 144/145: 98-110.

[149] YANG T H, XU T, LIU H Y, et al. Stress-damage-flow coupling model and its application to pressure relief coal bed methane in deep coal seam [J]. International journal of coal geology, 2011, 86(4): 357-366.

[150] 王宏图, 黄光利, 袁志刚, 等. 急倾斜上保护层开采瓦斯越流固-气耦合模型及保护范围 [J]. 岩土力学, 2014, 35(5): 1377-1382.

[151] PAPPAS D M, MARK C. Load deformation behavior of simulated longwall gob material [C]//12th Conference on Ground Control in Mining, 1993.

[152] BOOTH C J, GREER C B. Application of MODFLOW using TMR and discrete-step modification of hydraulic properties to simulate the hydrogeologic impact of longwall mining subsidence on overlying shallow aquifers [C]//Mine Water—Managing the Challenges, Aachen, 2011: 211-215.

[153] JOZEFOWICZ R R. The post-failure stress-permeability behaviour of coal measure rocks [D]. Nottingham: University of Nottingham, 1997.

[154] SALAMON M D G. Displacements and stresses induced by longwall mining in coal [C]//7th ISRM Congress. Aachen, 1991.

[155] YAVUZ H. An estimation method for cover pressure re-establishment distance and pressure distribution in the goaf of longwall coal mines [J]. International journal of rock mechanics and mining sciences, 2004, 41(2): 193-205.

[156] FAN L, LIU S M. A conceptual model to characterize and model compaction behavior and permeability evolution of broken rock mass in coal mine gobs [J]. International journal of coal geology, 2017, 172: 60-70.

[157] LI X Y, LOGAN B E. Permeability of fractal aggregates [J]. Water research, 2001, 35(14): 3373-3380.

[158] CHU T X, YU M G, JIANG D Y. Experimental investigation on the permeability evolution of compacted broken coal [J]. Transport in porous media, 2017, 116(2): 847-868.

[159] 马占国, 缪协兴, 陈占清, 等. 破碎煤体渗透特性的试验研究 [J]. 岩土力学, 2009, 30(4): 985-988.

[160] 李顺才, 陈占清, 缪协兴, 等. 破碎岩体中气体渗流的非线性动力学研究 [J]. 岩石力学与工程学报, 2007, 26(7): 1372-1380.

[161] 吴金随. 破碎岩体非达西渗流研究及其应用 [D]. 武汉: 中国地质大学, 2015.

[162] REN T X, EDWARDS J S. Three-dimensional computational fluid dynamics modelling of methane flow through permeable strata around a longwall face [J]. Mining technology, 2000, 109(1): 41-48.

[163] ADHIKARY D P, GUO H. Modelling of longwall mining-induced strata permeability change [J]. Rock mechanics and rock engineering, 2015, 48(1): 345-359.

[164] KARACAN C Ö. Analysis of gob gas venthole production performances for strata gas control in longwall mining[J]. International journal of rock mechanics and mining sciences,2015,79:9-18.

[165] KRAUSE E, SKIBA J. Formation of methane hazard in longwall coal mines with increasingly higher production capacity[J]. International journal of mining science and technology,2014,24(3):403-407.

[166] SAGHAFI A, PINETOWN K L. A new method to determine the depth of the destressed gas-emitting zone in the underburden of a longwall coal mine[J]. International journal of coal geology,2015,152:156-164.

[167] 谢和平,高峰,周宏伟,等.煤与瓦斯共采中煤层增透率理论与模型研究[J].煤炭学报,2013,38(7):1101-1108.

[168] 袁亮,薛生.煤层瓦斯含量法确定保护层开采消突范围的技术及应用[J].煤炭学报,2014,39(9):1786-1791.

[169] 刘彦伟,李国富.保护层开采及卸压瓦斯抽采技术的可靠性研究[J].采矿与安全工程学报,2013,30(3):426-431.

[170] 程远平,周德永,俞启香,等.保护层卸压瓦斯抽采及涌出规律研究[J].采矿与安全工程学报,2006,23(1):12-18.

[171] 范晓刚,王宏图,胡国忠,等.急倾斜煤层俯伪斜下保护层开采的卸压范围[J].中国矿业大学学报,2010,39(3):380-385.

[172] 薛东杰,周宏伟,孔琳,等.采动条件下被保护层瓦斯卸压增透机理研究[J].岩土工程学报,2012,34(10):1910-1916.

[173] 钱鸣高,石平五.矿山压力与岩层控制[M].徐州:中国矿业大学出版社,2003.

[174] 陈磊,薛韦一,袁和勇,等.朱集矿 13-1 煤瓦斯参数规律研究[J].中国安全生产科学技术,2013,9(8):22-26.

[175] 谢和平,周宏伟,刘建锋,等.不同开采条件下采动力学行为研究[J].煤炭学报,2011,36(7):1067-1074.

[176] 谢和平,张泽天,高峰,等.不同开采方式下煤岩应力场-裂隙场-渗流场行为研究[J].煤炭学报,2016,41(10):2405-2417.

[177] ZHANG C, TU S H, ZHANG L,et al. A study on effect of seepage direction on permeability stress test[J]. Arabian journal for science and engineering,2016,41(11):4583-4596.

[178] 许江,张敏,彭守建,等.不同温度条件下气体压力升降过程中瓦斯运移规律的试验研究[J].岩土力学,2016,37(6):1579-1587.

[179] 王登科.含瓦斯煤岩本构模型与失稳规律研究[D].重庆:重庆大学,2009.

[180] 雷刚,董平川,杨书,等.基于岩石颗粒排列方式的低渗透储层应力敏感性分析[J].岩土力学,2014,35(增刊 1):209-214.

[181] GANGI A F. Variation of whole and fractured porous rock permeability with confining pressure[J]. International journal of rock mechanics and mining sciences & geomechanics abstracts,1978,15(5):249-257.

［182］ 李传亮.应力敏感对油井产能的影响［J］.西南石油大学学报（自然科学版）,2009, 31(1):170-172.

［183］ 徐高巍,白世伟.岩体弹性模量尺寸效应的拟合研究［J］.铜业工程,2006(3):17-20.

［184］ 王家来,左宏伟.岩体弹性模量的尺寸效应初步研究［J］.岩土力学,1998,19(1): 60-64.

［185］ 赵庆新,孙伟,郑克仁,等.水泥、磨细矿渣、粉煤灰颗粒弹性模量的比较［J］.硅酸盐学报,2005,33(7):837-841.

［186］ SERESHKI F. Improving coal mine safety by identifying factors that influence the sudden release of gases in outburst prone zones［D］. Wollongong: University of Wollongong,2005.

［187］ 袁梅,许江,李波波,等.气体压力加卸载过程中无烟煤变形及渗透特性的试验研究［J］.岩石力学与工程学报,2014,33(10):2138-2146.

［188］ 唐巨鹏,潘一山,李成全,等.有效应力对煤层气解吸渗流影响试验研究［J］.岩石力学与工程学报,2006,25(8):1563-1568.

［189］ 魏建平,李波,王凯,等.受载含瓦斯煤渗透性影响因素分析［J］.采矿与安全工程学报,2014,31(2):322-327.

［190］ 王环玲,徐卫亚,巢志明,等.致密岩石气体渗流滑脱效应试验研究［J］.岩土工程学报,2016,38(5):777-785.

［191］ 王尤富,乐涛涛.气层岩石流速敏感性评价实验的新方法［J］.天然气工业,2009, 29(10):80-82.

［192］ 李庶林,尹贤刚,王泳嘉,等.单轴受压岩石破坏全过程声发射特征研究［J］.岩石力学与工程学报,2004,23(15):2499-2503.

［193］ 赵兴东,李元辉,袁瑞甫,等.基于声发射定位的岩石裂纹动态演化过程研究［J］.岩石力学与工程学报,2007,26(5):944-950.

［194］ 董玉芬,王来贵,刘向峰,等.岩石变形过程中红外辐射的实验研究［J］.岩土力学, 2001,22(2):134-137.

［195］ NICKSIAR M. Effective parameters on crack initiation stress in low porosity rocks［D］. Edmonton: University of Alberta,2013.

［196］ CHRISTIANSON M,BOARD M,RIGBY D. UDEC simulation of triaxial testing of lithophysal tuff［C］//The 41st US Symposium on Rock Mechanics(USRMS),2006.

［197］ KAZERANI T,ZHAO J. Micromechanical parameters in bonded particle method for modelling of brittle material failure［J］. International journal for numerical and analytical methods in geomechanics,2010,34(18):1877-1895.

［198］ ITASCA CONSULTING GROUP INC. UDEC(universal distinct element code), version 5.1［R］.［S.l.］,2013.

［199］ 白庆升.复杂结构特厚煤层综放面围岩采动影响机理与控制［D］.徐州:中国矿业大学,2015.

［200］ HUDSON J A,HARRISON J P,POPESCU M E. Engineering rock mechanics:an introduction to the principles［J］. Applied mechanics reviews,2002,55(2):30.

[201] GITMAN I M,ASKES H,SLUYS L J. Representative volume:existence and size determination[J]. Engineering fracture mechanics,2007,74(16):2518-2534.

[202] MIN K B,JING L R. Numerical determination of the equivalent elastic compliance tensor for fractured rock masses using the distinct element method[J]. International journal of rock mechanics and mining sciences,2003,40(6):795-816.

[203] MIN K B,JING L R,STEPHANSSON O. Determining the equivalent permeability tensor for fractured rock masses using a stochastic REV approach:method and application to the field data from Sellafield,UK[J]. Hydrogeology journal,2004,12(5):497-510.

[204] LAN H X,MARTIN C D,HU B. Effect of heterogeneity of brittle rock on micromechanical extensile behavior during compression loading[J]. Journal of geophysical research:solid earth,2010,115(B1):415-431.

[205] 姚池,姜清辉,邵建富,等.一种模拟岩石破裂的细观数值计算模型[J].岩石力学与工程学报,2013,32(增2):3146-3153.

[206] KAZERANI T. Effect of micromechanical parameters of microstructure on compressive and tensile failure process of rock[J]. International journal of rock mechanics and mining sciences,2013,64:44-55.

[207] 王志良,申林方,徐则民,等.岩体裂隙面粗糙度对其渗流特性的影响研究[J].岩土工程学报,2016,38(7):1262-1268.

[208] GUO S F,QI S W. Numerical study on progressive failure of hard rock samples with an unfilled undulate joint[J]. Engineering geology,2015,193:173-182.

[209] ZHANG Z Y,NEMCIK J,QIAO Q Q,et al. A model for water flow through rock fractures based on friction factor[J]. Rock mechanics and rock engineering,2015,48(2):559-571.

[210] 刘日成,蒋宇静,李博,等.岩体裂隙网络非线性渗流特性研究[J].岩土力学,2016,37(10):2817-2824.

[211] TSANG Y W. The effect of tortuosity on fluid flow through a single fracture[J]. Water resources research,1984,20(9):1209-1215.

[212] 朱红光,易成,谢和平,等.基于立方定律的岩体裂隙非线性流动几何模型[J].煤炭学报,2016,41(4):822-828.

[213] ZHAO Z H,LIB,JIANG Y J. Effects of fracture surface roughness on macroscopic fluid flow and solute transport in fracture networks[J]. Rock mechanics and rock engineering,2014,47(6):2279-2286.

[214] CHEN D,PAN Z J,SHI J Q,et al. A novel approach for modelling coal permeability during transition from elastic to post-failure state using a modified logistic growth function[J]. International journal of coal geology,2016,163:132-139.

[215] 曹树刚,李勇,郭平,等.型煤与原煤全应力-应变过程渗流特性对比研究[J].岩石力学与工程学报,2010,29(5):899-906.

[216] SEIDLE J P,JEANSONNE M W,ERICKSON D J,et al. Application of matchstick

geometry to stress dependent permeability in coals[C]//SPE Rocky Mountain Regional Meeting,1992.

[217] WARREN J E,ROOT P J. The behavior of naturally fractured reservoirs[J]. Society of petroleum engineers journal,1963,3(3):245-255.

[218] MCKEE C R, BUMB A C, KOENIG R A. Stress-dependent permeability and porosity of coal and other geologic formations[J]. SPE formation evaluation,1988, 3(1):81-91.

[219] CHEN D,PAN Z J,YE Z H. Dependence of gas shale fracture permeability on effective stress and reservoir pressure:model match and insights[J]. Fuel,2015, 139:383-392.

[220] CHEN D,PAN Z J,YE Z H,et al. A unified permeability and effective stress relationship for porous and fractured reservoir rocks[J]. Journal of natural gas science and engineering,2016,29:401-412.

[221] 黄远智,王恩志.低渗透岩石渗透率对有效应力敏感系数的试验研究[J].岩石力学与工程学报,2007,26(2):410-414.

[222] 白庆升,屠世浩,袁永,等.基于采空区压实理论的采动响应反演[J].中国矿业大学学报,2013,42(3):355-361.

[223] 屠世浩.长壁综采系统分析的理论与实践[M].徐州:中国矿业大学出版社,2004.

[224] 裴桂红,冷静,刘玉学,等.采空区漏风及残煤瓦斯涌出对采场气流的影响[J].西南石油大学学报(自然科学版),2015,37(3):160-167.

[225] 姚向荣,程功林,石必明.深部围岩遇弱结构瓦斯抽采钻孔失稳分析与成孔方法[J].煤炭学报,2010,35(12):2073-2081.

[226] 黄磊,卢义玉,夏彬伟,等.深埋软弱岩层钻孔围岩应变软化弹塑性分析[J].岩土力学,2013,34(增刊1):179-186.

[227] CHEN J H,WANG T,ZHOU Y,et al. Failure modes of the surface venthole casing during longwall coal extraction:a case study[J]. International journal of coal geology,2012,90/91:135-148.

[228] WHITTLES D N,LOWNDES I S,KINGMAN S W,et al. The stability of methane capture boreholes around a long wall coal panel[J]. International journal of coal geology,2007,71(2/3):313-328.

[229] XUE F,ZHANG N,FENG X,et al. Strengthening borehole configuration from the retaining roadway for greenhouse gas reduction:a case study[J]. Plos one,2015, 10(1):317-325.

[230] 彭守建,张超林,梁永庆,等.抽采瓦斯过程中煤层瓦斯压力演化规律的物理模拟试验研究[J].煤炭学报,2015,40(3):571-578.

[231] 王维忠,刘东,许江,等.瓦斯抽采过程中钻孔位置对煤层参数演化影响的试验研究[J].煤炭学报,2016,41(2):414-423.

[232] 陈金刚,徐平,赖永星,等.煤储层渗透率动态变化效应研究[J].岩土力学,2011, 32(8):2512-2516.

［233］王登科,彭明,付启超,等.瓦斯抽采过程中的煤层透气性动态演化规律与数值模拟 [J].岩石力学与工程学报,2016,35(4):704-712.

［234］MAZUMDER S,SCOTT M,JIANG J. Permeability increase in Bowen Basin coal as a result of matrix shrinkage during primary depletion[J]. International journal of coal geology,2012,96/97:109-119.

［235］TAO S,WANG Y B,TANG D Z, et al. Dynamic variation effects of coal permeability during the coalbed methane development process in the Qinshui Basin, China[J]. International journal of coal geology,2012,93:16-22.

［236］韩军,张宏伟,宋卫华,等.煤与瓦斯突出矿区地应力场研究[J].岩石力学与工程学报,2008,27(增2):3852-3859.

［237］谢和平,高峰,鞠杨,等.深部开采的定量界定与分析[J].煤炭学报,2015,40(1):1-10.

［238］张少龙,李树刚,宁建民,等.开采不同厚度上保护层对下伏煤层卸压瓦斯渗流特性的影响[J].辽宁工程技术大学学报(自然科学版),2013,32(5):587-591.

［239］YU B Y,CHEN Z Q,DING Q L, et al. Non-Darcy flow seepage characteristics of saturated broken rocks under compression with lateral constraint[J]. International journal of mining science and technology,2016,26(6):1145-1151.

［240］PALCHIK V. Formation of fractured zones in overburden due to longwall mining [J]. Environmental geology,2003,44(1):28-38.

［241］周福宝,夏同强,刘应科,等.地面钻井抽采卸压煤层及采空区瓦斯的流量计算模型 [J].煤炭学报,2010,35(10):1638-1643.

［242］王志强,周立林,月煜程,等.无煤柱开采保护层实现倾向连续、充分卸压的实验研究 [J].采矿与安全工程学报,2014,31(3):424-429.

［243］张农,薛飞,韩昌良.深井无煤柱煤与瓦斯共采的技术挑战与对策[J].煤炭学报,2015,40(10):2251-2259.

［244］ZHANG Z,ZHOU M. Study on initial speed of methane emission computation[C]// Proceedings of the International Conference on Information Engineering and Applications(IEA) 2012.[S. l.:s. n.],2013:493-498.

［245］KARACAN C Ö. Forecasting gob gas venthole production performances using intelligent computing methods for optimum methane control in longwall coal mines [J]. International journal of coal geology,2009,79(4):131-144.

［246］辛国安,张友博,朱海军.地面群孔瓦斯抽采技术应用研究[J].安徽理工大学学报(自然科学版),2011,31(4):65-70.

［247］NGUYEN X T,NGUYEN T T,TRAN D K. Some problems on the research and development of the application of methane draining boring technology to prevent hazards in underground coal mines in Vietnam[J]. Journal of coal science and engineering(China),2009,15(2):129-133.

［248］戴广龙,汪有清,张纯如,等.保护层开采工作面瓦斯涌出量预测[J].煤炭学报,2007,32(4):382-385.

[249] 吕伏,梁冰,孙维吉,等.基于主成分回归分析法的回采工作面瓦斯涌出量预测[J].煤炭学报,2012,37(1):113-116.

[250] NOACK K. Control of gas emissions in underground coal mines[J]. International journal of coal geology,1998,35(1/2/3/4):57-82.

[251] 李化敏,王文,熊祖强.采动围岩活动与工作面瓦斯涌出关系[J].采矿与安全工程学报,2008,25(1):11-16.

[252] 孟祥瑞,徐铖辉,高召宁,等.采场底板应力分布及破坏机理[J].煤炭学报,2010,35(11):1832-1836.

[253] 刘三钧,马耕,卢杰,等.基于瓦斯含量的相对压力测定有效半径技术[J].煤炭学报,2011,36(10):1715-1719.

[254] 张羽,张遂安,杨立源,等.煤样三维渗透率应力敏感性试验研究[J].煤田地质与勘探,2016,44(3):51-56.

[255] ESMAIELI K,HADJIGEORGIOU J,GRENON M. Estimating geometrical and mechanical REV based on synthetic rock mass models at Brunswick Mine[J]. International journal of rock mechanics and mining sciences,2010,47(6):915-926.

[256] QUEY R,DAWSON P R,BARBE F. Large-scale 3D random polycrystals for the finite element method:generation,meshing and remeshing[J]. Computer methods in applied mechanics and engineering,2011,200(17/18/19/20):1729-1745.

[257] 陈镠芬,朱俊高,殷建华.三轴试样高径比对试验影响的颗粒流数值模拟[J].中南大学学报(自然科学版),2015,46(7):2643-2649.

[258] 刘君,胡宏.砂土地基锚板基础抗拔承载力PFC数值分析[J].计算力学学报,2013,30(5):677-682.

[259] ZHANG C,ZHANG L. Permeability characteristics of broken coal and rock under cyclic loading and unloading[J]. Natural resources research,2019,28(3):1055-1069.

[260] ZHANG C,TU S H,ZHANG L. Analysis of broken coal permeability evolution under cyclic loading and unloading conditions by the model based on the hertz contact deformation principle[J]. Transport in porous media,2017,119(3):739-754.

[261] ZHANG C,ZHANG L,WANG W. The axial and radial permeability testing of coal under cyclic loading and unloading[J]. Arabian journal of geosciences,2019,12(11):371-389.

[262] ZHANG C,ZHANG L,ZHAO Y X,et al. Experimental study of stress-permeability behavior of single persistent fractured coal samples in the fractured zone[J]. Journal of geophysics and engineering,2018,15(5):2159-2170.

[263] 张村,屠世浩,赵毅鑫,等.基于渗流实验的三轴流固耦合离散元数值模拟研究[J].矿业科学学报,2019,4(1):23-33.

[264] ZHANG C,REN Z P,ZHANG L. Discrete element numerical simulation method for permeability stress sensitivity of persistent fractured coal samples[J]. Geotechnical and geological engineering,2020,38(2):1591-1603.

[265] QIAO Y D,ZHANG C,ZHANG L,et al. Numerical simulation of fluid-solid

coupling of fractured rock mass considering changes in fracture stiffness[J]. Energy science & engineering,2020,8(1):28-37.

[266] ZHANG C,ZHANG L,TU S H,et al. Experimental and numerical study of the influence of gas pressure on gas permeability in pressure relief gas drainage[J]. Transport in porous media,2018,124(3):995-1015.

[267] ZHANG C,LIU J B,ZHAO Y X,et al. A fluid-solid coupling method for the simulation of gas transport in porous coal and rock media[J]. Energy science & engineering,2019,7(5):1913-1924.

[268] 张村,屠世浩,张磊.覆岩不同采动损伤煤样应力敏感性研究[J].中国矿业大学学报, 2018,47(3):502-511.

[269] BAI Q S,WANG F T,TU S H,et al. The numerical simulation of permeability rules in protective seam mining[J]. International journal of oil,gas and coal technology, 2016,13(3):243-259.

[270] ZHANG C,TU S H,ZHANG L. Mining thickness determination of upper and lower protective coal seam in pressure relief mining[J]. Geotechnical and geological engineering,2019,37(3):1813-1827.

[271] WANG F T,ZHANG C,LIANG N N. Gas permeability evolution mechanism and comprehensive gas drainage technology for thin coal seam mining[J]. Energies, 2017,10(9):1382.

[272] ZHANG C,TU S H,ZHAO Y X. Compaction characteristics of the caving zone in a longwall goaf:a review[J]. Environmental earth sciences,2019,78(1):27-42.

[273] ZHANG C,TU S H,CHEN M,et al. Pressure-relief and methane production performance of pressure relief gas extraction technology in the longwall mining[J]. Journal of geophysics and engineering,2017,14(1):77-89.

[274] ZHANG C,ZHANG L,LI M X,et al. A gas seepage modeling study for mitigating gas accumulation risk in upper protective coal seam mining process[J]. Geofluids, 2018(3):1-11.

[275] 张村,屠世浩,袁永,等.卸压瓦斯抽采的工作面推进速度敏感性分析[J].采矿与安全 工程学报,2017,34(6):1240-1248.

[276] ZHANG C,TU S H,ZHANG L. Field measurements of compaction seepage characteristics in longwall mining goaf[J]. Natural resources research,2020,29:905-917.

[277] ZHANG C,LIU J B,ZHAO Y X,et al. Numerical simulation of broken coal strength influence on compaction characteristics in goaf[J]. Natural resources research,2020, 29:2495-2511.

[278] 张村,赵毅鑫,屠世浩,等.采空区破碎煤岩样压实再次破碎特征的数值模拟研究[J]. 岩土工程学报,2020,42(4):696-704.